"十三五"江苏省高等学校重点教材
高等职业教育机电类专业新形态教材

数控车床编程与操作项目教程

第 2 版

主　编　罗平尔　顾　涛
副主编　许　岚　李春雷
　　　　孔　茗　顾　晓
参　编　黄晓华　匡　清
　　　　徐立华　戴春华
主　审　石皋莲

机 械 工 业 出 版 社

本书是根据教育部颁布的高等职业学校数控技术专业教学标准编写的，是配合省级示范院校数控技术专业教学改革的系列教材之一，是江苏省高等学校重点教材。

本书按照项目任务编写模式组织编写，共分 4 个项目，项目 2~项目 4 设置若干个工作任务，每个工作任务依据企业工作流程，分为图样分析加工工艺分析、工装夹具的选择、程序编制、加工及检测等环节，以完成零件的加工。分别制作完成螺钉调节座、螺旋千斤顶和单出杆气缸 3 个部件。

本书可作为高等职业教育数控技术、计算机应用工程技术和模具设计与制造等专业的教材或教学参考用书，也可以作为企业培训用教材或有关工程技术人员的参考用书。

本书配有二维码，用手机扫码可观看完成各项目的难点讲解。本书还配有电子教案、电子课件以及题库，凡使用本书作为教材的教师可登录机械工业出版社教育服务网（http：//www. cmpedu. com）注册后进行下载，或发送电子邮件至 cmpgaozhi@ sina. com 索取。咨询电话：010-88379375。

图书在版编目（CIP）数据

数控车床编程与操作项目教程/罗平尔，顾涛主编．—2 版．—北京：机械工业出版社，2021. 10（2025. 1 重印）

高等职业教育机电类专业新形态教材

ISBN 978-7-111- 69415-1

Ⅰ.①数…　Ⅱ.①罗…②顾…　Ⅲ.①数控机床-车床-程序设计-高等职业教育-教材②数控机床-车床-操作-高等职业教育-教材　Ⅳ.①TG519. 1

中国版本图书馆 CIP 数据核字（2021）第 213098 号

机械工业出版社（北京市百万庄大街 22 号　邮政编码 100037）

策划编辑：王　丹　　　　责任编辑：王　丹　陈　宾

责任校对：潘　蕊　王　延　封面设计：王　旭

责任印制：单爱军

北京虎彩文化传播有限公司印刷

2025 年 1 月第 2 版第 5 次印刷

184mm×260mm · 15. 25 印张 · 373 千字

标准书号：ISBN 978-7-111- 69415-1

定价：49. 80 元

电话服务　　　　　　　　网络服务

客服电话：010-88361066　　机　工　官　网：www. cmpbook. com

010-88379833　　机　工　官　博：weibo. com/cmp1952

010-68326294　　金　　书　　网：www. golden-book. com

　机工教育服务网：www. cmpedu. com

前　言

本书是为贯彻高等职业教育教学改革要求，结合项目化 教学改革的精神，在企业的大力支持下，由职业院校一线教师与企业工程技术人员共同编写的。本书包括编程基础、制作螺钉调节座、制作螺旋千斤顶和制作单出杆气缸四个项目，分别介绍了外圆、内孔、外螺纹、内螺纹、梯形螺纹、配合件、盘盖类等零件的加工。

本书具有以下特点：

1. 采用项目引领型课程作为主体结构，以任务驱动，按照实际工作任务、工作过程和工作情境组织课程。以工作任务为中心来整合相应的知识、技能，实现理论与实践的统一，为学生提供完整工作过程的学习体验。

2. 通过任务下发、图样分析、加工工艺分析、工装夹具的选择、程序编制、加工及检测等环节，训练学生的程序编制能力、工艺分析能力和数控机床的操作能力。

3. 每个项目着重展示一个基本的知识内容。将理论知识融入项目的相关知识中，让学生在操作的过程中主动进行学习与理解，以适合学生学习过程，培养学生良好的学习习惯。

本书由罗平尔负责统稿，并负责项目1和项目2中的任务1、任务3、任务4的编写；顾涛负责项目4的编写；许岚负责项目2中的任务2的编写；李春雷负责项目3中的任务1的编写；孔茗、顾晓、黄晓华负责项目3中的任务3的编写；匡清、徐立华和戴春华负责项目3中的任务2的编写。

本书的编写，得到了苏州微创关节医疗科技有限公司戴春华工程师的大力支持和帮助，企业专家不仅提供了书中的全部案例，还参与了部分内容的编写工作，在此，对专家的辛勤付出表示诚挚的感谢！

由于编者的水平有限，书中难免存在错误和不妥之处，恳请读者批评与指正。

编　者

二维码索引

目　　录

绪　论

0.1 数控机床的发展概况

1. 数控机床的起源

数控机床是在20世纪40年代后期，为适应加工复杂外形零件而发展起来的一种自动化加工机床。其研究起源于飞机制造业。1947年，美国的帕森斯公司为了精确地制作直升机机翼、桨叶和飞机框架，提出了用数字信息来控制机床自动加工外形复杂零件的设想，他们利用计算机对机翼加工路径进行数据处理，并考虑到刀具直径对加工路径的影响，使得加工精度达到了 ±0.0381mm，这以当时的水平来看是相当高的。1949年，美国空军为了能在短时间内制造出火箭零件，与帕森斯公司和麻省理工学院伺服机构研究所合作，于1952年研制成功世界上第一台数控机床——三坐标立式铣床。它可以控制铣刀进行连续空间曲面的加工，揭开了数控机床发展的序幕。

2. 数控机床的发展历程

（1）点位控制机床　1960年以后，点位控制的数控机床得到了迅速发展。因为点位控制的数控系统比轮廓控制的数控系统简单得多。因此，数控铣床、压力机和坐标镗床迅速发展。统计资料表明，到1966年，实际使用的约6000台数控机床中，85%是点位控制的机床。

（2）加工中心　加工中心是一种具有自动换刀装置的数控机床，它能实现工件一次装夹而进行多工序的加工。这种产品最初是在1959年，由美国卡耐·特雷克公司开发出来的。这种机床在刀库中装有丝锥、钻头、铰刀、铣刀等刀具，根据穿孔纸带的指令自动选择刀具，并通过机械手将刀具装在主轴上，对工件进行加工。它可缩短机床上零件的装卸时间和更换刀具的时间。

（3）柔性制造系统　1967年，英国把几台数控机床连接成柔性加工系统，这就是柔性制造系统（FMS）的雏形。

（4）柔性制造单元　20世纪80年代，出现了以1~4台加工中心或车削中心为主体，再配上工件自动装卸和监控检验装置的柔性制造单元（FMC）。这种单元投资少，见效快，既可单独长时间少人看管运行，也可集成到FMS或更高级的集成制造系统中使用。

（5）智能化数控机床　进入21世纪后，智能化数控机床开始萌芽。随着新一代信息技术和新一代人工智能技术的发展，智能传感、物联网、大数据、数字孪生、云计算和人工智能等新技术与数控机床深度结合，向智能化数控机床迈进。

0.2 数控车床的组成

数控车床一般由车床主体、数控装置、伺服系统、辅助装置等几部分组成。

1. 车床主体

车床主体主要包括主轴箱、进给机构、导轨和刀架等，如图0-2-1所示。它是数控车床的主要机械结构部分。

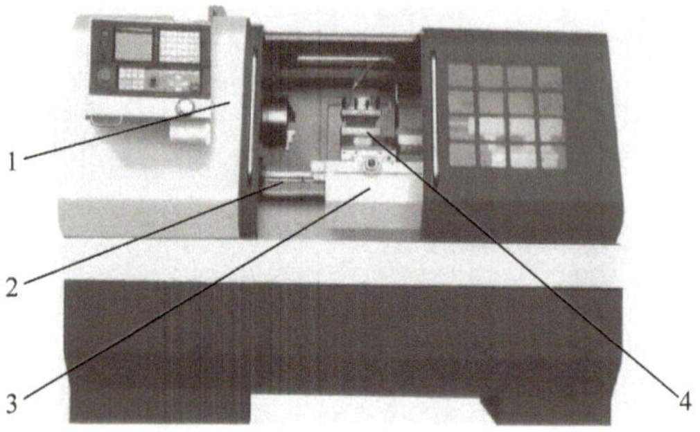

图0-2-1 数控车床结构
1—主轴箱 2—导轨 3—进给机构 4—刀架

(1) 主轴箱 对于一般数控车床而言，主轴电动机采用了无级变速系统，减少了机械变速装置，比普通车床的主轴箱在结构上大为简化。但同时主轴箱的材料要求较高，制造和装配的精度也比普通车床要求高。

(2) 进给机构 数控车床省去了普通车床的交换齿轮箱、进给箱、溜板箱等齿轮传动机构，直接由伺服电动机带动滚珠丝杠实现进给传动，不仅结构简单，而且提高了进给机构的运动精度，但制造工艺复杂，不能自锁，需添加制动装置。

(3) 导轨 导轨是保证进给运动准确性的重要部件，在很大程度上影响车床的刚度、精度及低速进给时的运动平稳性，是影响零件加工质量的重要部件之一。部分数控车床仍然采用传统的滑动导轨，但很多专门设计的数控车床已采用了贴塑导轨。贴塑导轨的摩擦系数小，耐磨、耐腐蚀，而且吸振性好，易润滑。

(4) 刀架 数控车床上常见的刀架结构形式有回转刀架和动力刀架。回转刀架有方刀架和转塔式刀架两种。

图0-2-2a所示为四工位的方刀架，其转位动作灵活、重复定位精度高、夹紧力大，但其工艺范围较小，适用于经济型数控车床和普通车床的数控改造。

图0-2-2b所示为多刀位转塔式刀架，其刀位数有6刀位、8刀位、12刀位等，装刀数量多，加工范围广，所以在数控车床中得到广泛使用。

图0-2-2c所示为车削中心用的动力转塔刀架。刀盘上1为动力刀夹，可夹持刀具进行主动切削，可以加工工件的端面，也可以加工圆柱面上与工件不同轴的表面，它能配合主轴完成车、铣、钻、镗等各种复杂的工序。刀盘上2为非动力刀夹，可以夹持刀具进行一般的车削加工。

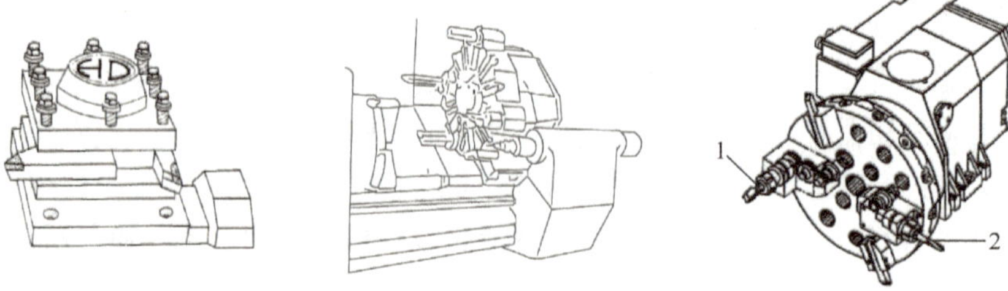

a) b) c)

图0-2-2 数控车床的刀架形式
1—动力刀夹 2—非动力刀夹

(5) 床身 床身是支承各运动部件的载体，通常有平床身、平床身斜滑板、斜床身和立床身四种形式，如图0-2-3所示。

图0-2-3a所示为平床身，平床身工艺性好，便于导轨面的加工。平床身配上水平放置的刀架提高了刀架的运动精度，一般用于大型数控车床或小型精密数控车床。但是，平床身下部空间小，排屑困难；而且，水平放置的刀架使滑板横向尺寸较大，加大了机床宽度方向的结构尺寸。

图0-2-3b所示为斜床身，斜床身排屑容易，热切屑不会堆积在导轨上，也便于安装自动排屑装置；操作方便，易于安装机械手，易实现单机自动化；机床占地面积小，外形简洁、美观，易实现封闭式防护；在中、小型数控机床中得到普遍采用。其导轨倾斜角度有30°、45°、60°、75°和90°，以60°应用较多。倾斜角度小，排屑不便，但导轨的导向性和受力情况较好；倾斜角度大，导轨的导向性差，受力情况也差。

图0-2-3c所示为平床身配斜滑板，它具有平床身工艺性好的特点；同时，机床宽度方向尺寸较小，而且排屑很方便，适用于中、小型数控机床。

图0-2-3d所示为立床身，相当于导轨倾斜角度为90°的斜床身。

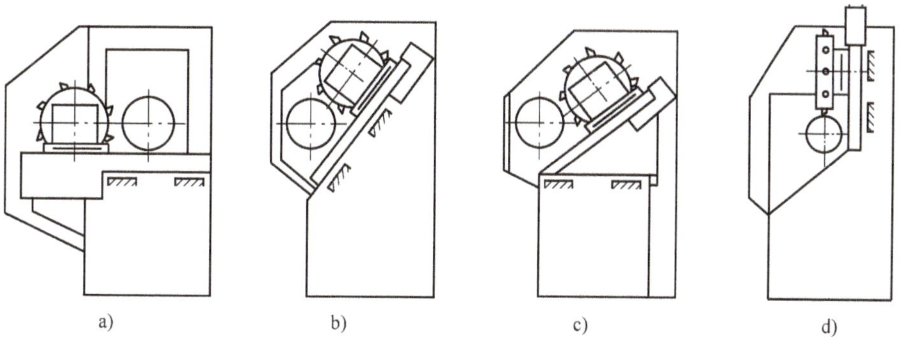

图0-2-3　数控卧式车床床身布局形式

注意：这里的立床身仍然属于卧式数控车床，它不同于立式数控车床。立式数控车床的主轴垂直于水平面，并有一个直径较大的回转工作台，一般用于加工径向尺寸大、轴向尺寸小的大型复杂零件。

2. 数控装置和伺服系统

数控车床与普通车床的主要区别就在于是否具有数控装置和伺服系统这两大部分。数控装置和伺服系统一起组成一个完整的数控系统。该系统和车床主体同属于数控车床的硬件部分。

（1）数控装置　数控装置是数控车床的核心部分，主要用来接收加工程序的各种信息，然后向伺服系统发出执行指令。一般设独立的专用装置，内部有专用计算机、线路板等；外部有程控单元（CNC Control Unit）、操作面板（Operation Panel）以及显示器（CRT）等。

（2）伺服系统　伺服系统是数控车床的重要组成部分，主要用来准确地执行数控装置发出的各种命令，通过驱动电路和执行元件（如步进电动机、伺服电动机等），完成所要求的各种工作，并可对其位置、速度等进行控制。

3. 辅助装置

辅助装置是指数控车床的一些配套部件，包括液压、气动装置、冷却系统和排屑装置等。

0.3 数控车床的分类

数控车床的分类方法较多，归纳起来，主要有以下几种。

1. 按主轴位置分类

（1）立式数控车床　其主轴轴线垂直于水平面，并配有回转工作台，主要用于加工径向尺寸大、轴向尺寸小的大型工件。

（2）卧式数控车床　其主轴轴线平行于水平面，主要用于加工回转体工件。

2. 按加工零件的基本类型分类

（1）卡盘式数控车床　不设尾座，适合车削盘类（含短轴类）零件，采用电动或液压方式夹紧工件，卡盘多采用可调卡爪或不淬火卡爪（即软卡爪）。

（2）顶尖式数控车床　配有普通尾座或数控尾座，适合车削较长的轴类零件及直径不太大的盘、套类零件。

3. 按刀架数量分类

（1）单刀架数控车床　普通的数控车床一般配置单刀架。

（2）双刀架数控车床　在这类数控车床中，双刀架的配置（即移动导轨形式）可以是平行结构，也可以是同导轨结构中的交错垂直结构。

4. 按数控车床功能分类

（1）简易数控车床　属于低档数控车床，一般用单板机或单片机进行控制。单板机不能存储程序，目前已很少使用；单片机可以存储程序，但没有刀尖圆弧半径自动补偿功能，编程时计算比较烦琐。

（2）经济型数控车床　属于中档数控车床，一般配有单色显示器，具有程序储存和编辑功能，但没有恒线速度切削功能，刀尖圆弧半径自动补偿属于选择功能范围。

（3）多功能数控车床　属于较高档次的数控车床，一般具有恒线速度切削、刀尖圆弧半径补偿、倒角、固定循环、螺纹切削、图形显示、用户宏程序等功能。

（4）车削中心　在数控车床的基础上配有刀库和机械手，与数控车床单机相比，可供自动选择和使用的刀具数量大大增加。卧式车削中心还具备如下两种功能：一是动力刀具功能，即刀架上可使用回转刀具，如铣刀和钻头；另一种是C轴位置控制功能，该功能可以达到很高的角度定位分辨率（一般为0.001°），还能使主轴和卡盘按进给脉冲做任意低速的回转，这样车床可实现X、Z、C轴三坐标两联动控制。例如：圆柱铣刀轴向安装，X－C坐标联动就可以铣削零件端面；圆柱铣刀径向安装，Z－C坐标联动就可以在工件外径上铣削。此车削中心能铣削凸轮槽和螺旋槽。另有一种双轴车削中心，在一个主轴进行加工结束后，无须停机，零件被转移至另一主轴加工另一端，加工完毕后，零件除了去毛刺以外，不需要其他的补充加工。

0.4 数控车床与普通车床的区别

从加工的对象结构及工艺方面上来讲，数控车床与普通车床有着很大的相似之处，但由于数控车床具备数控系统，所以数控车床与普通车床还是存在着很大的区别，主要有以下几个方面：

1. 采用全封闭或半封闭防护装置

数控车床采用封闭防护装置可防止切屑或切削液飞出，避免给操作者带来意外伤害。

2. 采用自动排屑装置

数控车床大都采用斜床身结构布局，排屑方便，便于采用自动排屑装置。

3. 主轴转速高，工件装夹安全可靠

数控车床大都采用液压卡盘，夹紧力大，调整方便可靠，同时也降低了操作工人的劳动强度。

4. 可自动换刀

数控车床采用自动回转刀架，在加工过程中可自动换刀，连续完成多道工序的加工。

5. 主传动与进给传动分离

数控车床的主传动与进给传动采用了各自独立的伺服电动机，使传动链变得简单、可靠，同时，各电动机既可单独运动，也可实现多轴联动。

项目 1　编 程 基 础

任务 1.1　建立坐标系

1. 机床坐标系

(1) 坐标系及运动方向　为准确表示数控机床的各个运动部件在加工过程中的运动位置和方向，我国制定了数控机床坐标和运动方向的命名标准——JB/T 3051—1999《数控机床坐标和运动方向的命名》。命名标准规定统一采用右手直角笛卡儿坐标系，对机床的坐标系进行命名，如图 1-1-1 所示。直角坐标系中，采用 X、Y、Z 表示直线坐标轴，围绕其旋转的轴为 A、B、C，并采用右手螺旋法则判定轴的正方向。机床坐标轴的确定原则如下：

1）假定刀具相对于静止工件运动的原则。不论机床在加工中是刀具移动，还是被加工工件移动，均以刀具的运动为准，工件看作不动。

2）右手笛卡儿直角坐标系原则。如图 1-1-1a 所示，中指、食指、拇指相互垂直，中指指向 Z 轴正方向，拇指指向 X 轴正方向，食指指向即代表 Y 轴正方向。坐标系的各个坐标轴与机床的主要导轨相平行。

如图 1-1-1b 所示，A、B、C 表示以 X、Y、Z 的坐标轴线或与之相平行的直线为轴的转动，其正方向用右手螺旋定则确定。

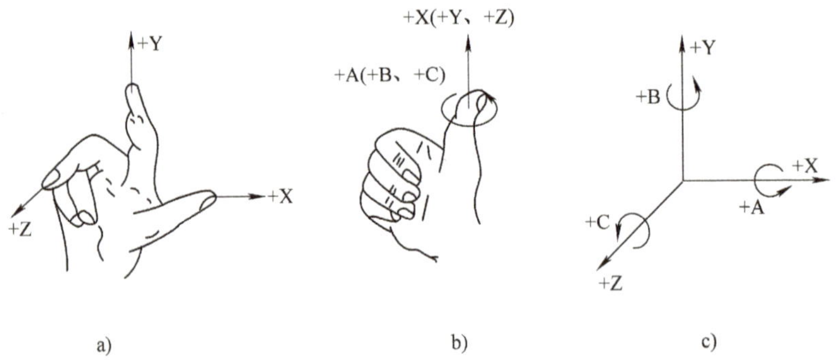

图 1-1-1　笛卡儿坐标系

3）机床坐标轴的确定方法。确定机床坐标轴时，一般先确定 Z 轴，再确定 X 轴，最后根据右手笛卡儿坐标系原则确定 Y 轴。以卧式数控车床为例：

① Z 轴。一般是选取产生切削力的轴线为 Z 轴，同时规定刀具远离工件的方向为 Z 轴的正方向。对于卧式数控车床，以机床主轴轴线作为 Z 轴，如图 1-1-2 所示。

1. 机床坐标系

② X 轴。X 轴一般是水平的，它与工件安装面相平行，对于机床主轴带动工件旋转的机床，如数控车床、数控磨床等，则在水平面内选定垂直于工件旋转轴线的方向，即工件的径向作为 X 轴，且以刀具远离工件旋转中心方向为 X 轴的正方向。

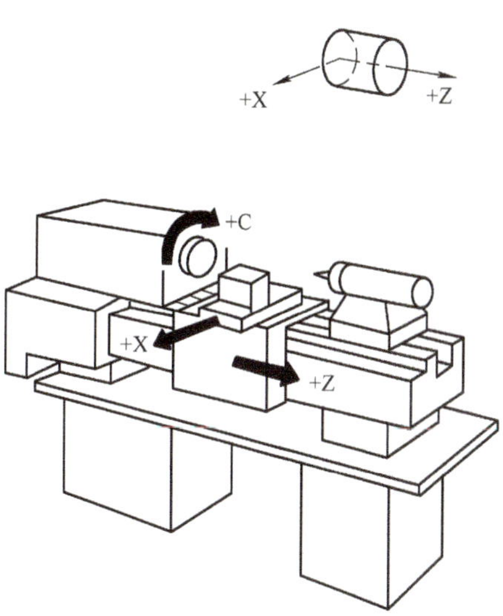

图 1-1-2 数控车床的坐标系

（2）机床坐标系　机床坐标系是机床上固有的坐标系，并设有固定的坐标原点，称为机床原点，又称机床零点。从机床设计的角度看，该点位置可以任意选择。但数控车床的零点一般设在卡盘后端面，它是其他所有坐标系，包括工件坐标系、编程坐标系的基准点，如图 1-1-3所示。

（3）机床参考点　机床参考点与机床原点不同，但两者又很容易混淆。机床参考点的位置是由机床制造厂家在每个进给轴上用限位开关精确调整好的，并将坐标值输入数控系统中。一般而言，数控机床在开机时，首先进行刀架返回参考点的操作，以此确定原点。这样，刀具或工作台移动才有基准，该操作称为回机床零点操作，简称“回零”。通常在数控车床上机床参考点是离车床原点最远的极限点。

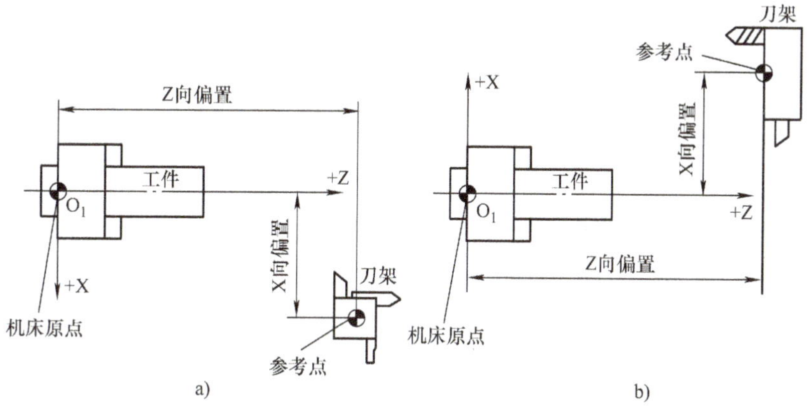

图 1-1-3 数控车床机床原点与参考点

2. 工件坐标系

工件坐标系是用于确定工件几何图形上各几何要素点、直线和圆弧的位置而建立的坐标系。工件坐标系的原点简称工件原点，又称工件零点。数控车床工件原点如图 1-1-4 所示。

选择工件原点时，要满足尺寸换算少、编程简单等要求。一般情况下，可以将其设在设计基准或者工艺基准上。对于数控车床，工件原点一般设在主轴轴线上，在工件的左端面或右端面，如图 1-1-4 所示，X、Z 轴的方向与坐标轴方向一致。这样可以直接用图样标注的尺寸作为编程点的坐标值，减少计算工作量，并且便于工件的装夹、测量和检验。

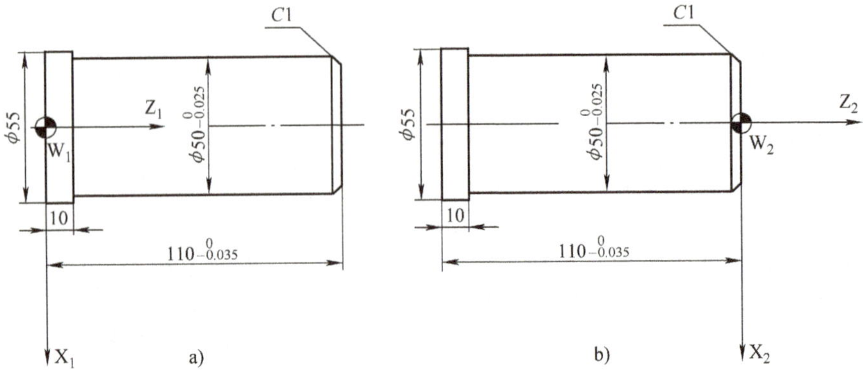

图 1-1-4　工件坐标系

任务 1.2　数控车床的编程方式

1. 直径编程和半径编程

数控车床上主要加工轴类、盘盖类等回转体零件。所以在编制加工程序时，X 轴坐标有直径编程和半径编程两种方式。如图 1-2-1 所示，直径编程和半径编程各点坐标如下：

直径编程：点 *A*（50，0）；点 *B*（50，-20）；点 *C*（60，-20）；点 *D*（60，-45）；点 *E*（80，-45）；

半径编程：点 *A*（25，0）；点 *B*（25，-20）；点 *C*（30，-20）；点 *D*（30，-45）；点 *E*（40，-45）；

注意：机床出厂时系统参数设定为直径编程尺寸，其与零件图样中的标注直径尺寸一致，这样可以避免尺寸换算过程中可能造成的错误，给编程带来很大方便。如非特殊说明，各例均为直径编程。

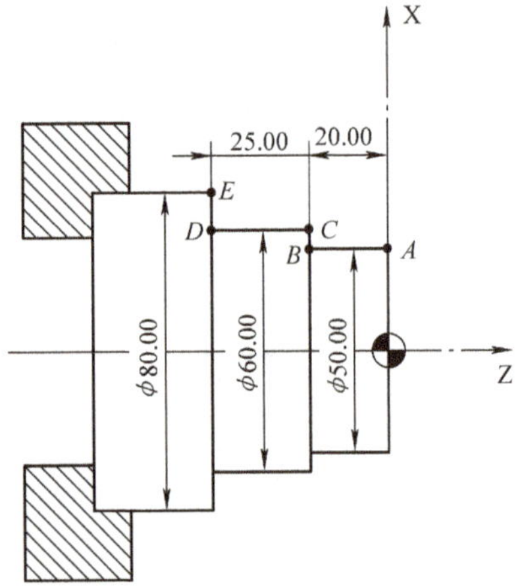

图 1-2-1　直径编程和半径编程

2. 绝对编程和增量编程

假如学校到公园的距离为 3km、公园到超市的距离为 2.5km、超市到工厂的距离为 0.5km、工厂到图书馆的距离为 5km，且均为直线，如图 1-2-2 所示，甲从学校出发，先走到公园，再走到超市，共走了 5.5km；然后走到工厂，共走了 6km；最后走到图书馆，总共

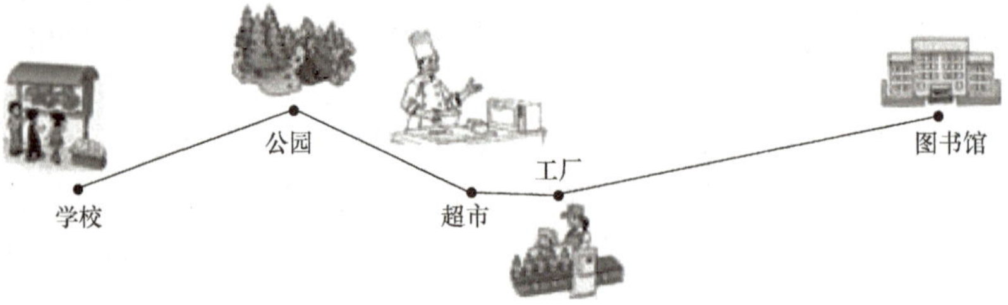

图 1-2-2　绝对编程和相对编程

走了11km。以上计算都以学校为出发点，称为绝对编程。乙从学校出发，先走3km到公园，再从公园走2.5km到超市，然后从超市走0.5km到工厂，最后走5km到图书馆，此种计算都从新的出发点开始计算，称为相对编程。

在加工程序中，绝对尺寸指令和增量尺寸指令有两种表达方法。

绝对尺寸是由坐标系中各点相对于坐标原点给出的。增量尺寸是由坐标系中各点相对于前一点位置给出的。

（1）G功能字指定　G90指定绝对尺寸，G91指定增量尺寸。这种表达方式的特点是在同一条程序段中只能用一种，不能混用。

例：如图1-2-1所示各点坐标。

绝对编程：点*A*（X50，Z0）；点*B*（X50，Z－20）；点*C*（X60，Z－20）；点*D*（X60，Z－45）；点*E*（X80，Z－45）；

增量编程：点*B*（X0，Z－20）；点*C*（X10，Z0）；点*D*（X0，Z－25）；点*E*（X20，Z0）；

（2）尺寸字的地址符指定　地址符X、Z指定绝对尺寸，U、W指定增量尺寸。

这种表达方式的特点是同一程序段中绝对尺寸和增量尺寸可以混用，这给编程带来很大方便。

上例图1-2-1所示各点坐标，可以表示如下：

绝对编程：点*A*（X50，Z0）；点*B*（X50，Z－20）；点*C*（X60，Z－20）；点*D*（X60，Z－45）；点*E*（X80，Z－45）；

增量编程：点*B*（U0，W－20）；点*C*（X60，W0）；点*D*（U0，Z－45）；点*E*（U20，W0）；

3. 基点计算

在数控机床上加工由直线和圆弧组成的平面轮廓，可利用直线和圆弧插补功能，编程时数据处理的主要任务是求各基点的坐标。

（1）基点的含义　零件的轮廓曲线一般由许多不同的几何元素组成，如直线、圆弧、二次曲线等。通常把各个几何元素间的连接点称为基点，如两条直线的交点，直线与圆弧的切点或交点，圆弧与圆弧的切点或交点，圆弧与二次曲线的切点和交点等。大多数零件轮廓由直线和圆弧段组成，这类零件的基点计算较简单，用零件图上已知尺寸数值就可计算出基点坐标，如若不能，也可用联立方程式求解方法求出基点坐标。

基点可以直接作为其运动轨迹的起点或终点，图1-2-3中的*A*、*B*、*C*、*D*、*E*等都是该零件轮廓上的基点。

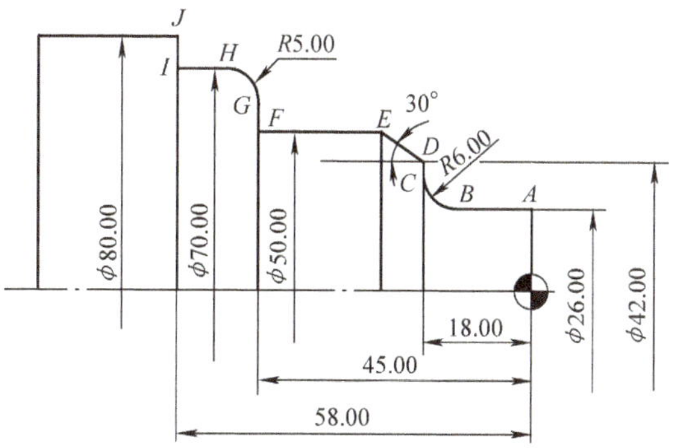

图1-2-3　基点计算

（2）基点直接计算的内容　根据直接填写加工程序单时的要求，基点直接计算的内容主要有：每条运动轨迹（线段）的起点或终点的坐标值和圆弧运动轨迹的圆心坐标值等。

简单零件的基点坐标值可以通过直接计算的方法确定，一般根据零件图样所给已知条件用人工完成，即依据零件图样上给定的尺寸，运用代数、三角、几何或解析几何的有关知识，直接计算出数值。例如：图 1-2-3 中的基点 *A*、*B*、*C*、*D*、*E*、*F*、*G*、*H*、*I*、*J* 的坐标值，从图中给出的尺寸可以很容易地找出，见表 1-2-1。

表 1-2-1 基点坐标

点	绝对坐标		相对坐标	
	X	Z	X	Z
A	26	0		
B	26	-12	0	-12
C	38	-18	12	-6
D	42	-18	4	0
E	50	-24.93	8	-6.93
F	50	-45	8	-20.07
G	60	-45	10	0
H	70	-50	10	-5
I	70	-58	0	-8
J	80	-58	10	0

基点 *E* 可以通过勾股定理求得，也可以画图后求得 *E*（50，-24.93）。

复杂零件的基点坐标值可以通过计算机自动计算得出。

（3）节点的含义 当被加工零件轮廓形状与车床的插补功能不一致时，如在只有直线和圆弧插补功能的数控机床上加工椭圆、双曲线、抛物线、阿基米德螺线或列表曲线时，就要采用逼近法加工，用直线段或圆弧段去逼近被加工曲线。这时，逼近线段与被加工曲线的交点称为节点。

图 1-2-4a 所示为用直线段逼近非圆曲线的情况，曲线与直线的交点 *A*、*B*、*C*、*D*、*E* 等即为节点；图 1-2-4b 所示为用圆弧段逼近非圆曲线的情况。

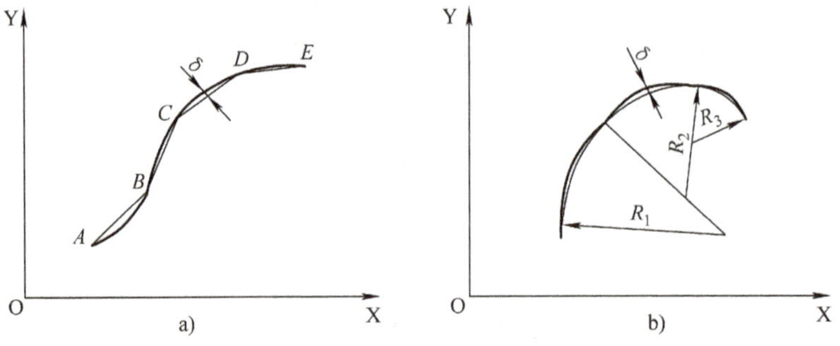

图 1-2-4 零件的节点

编写程序段时，应按节点划分程序段。逼近线段的近似区间越大，则节点数目越少，相应的程序段数目也会减少，但逼近线段的误差 δ 应不大于编程允许误差 $\delta_{允}$，即 $\delta \leqslant \delta_{允}$。考虑到工艺系统及计算误差的影响，$\delta_{允}$ 一般取零件公差的 1/10～1/5。

（4）节点坐标值计算 非圆曲线轮廓零件的数值计算过程一般可按以下步骤进行：

1）选择插补方式，即确定是采用直线段还是采用圆弧逼近非圆曲线。采用直线段逼近的方式，一般数学处理较简单，但需计算的坐标数据较多，且各直线段间连接处存在尖角，由于在尖角处刀具不能连续地对零件进行切削，零件表面会出现硬点或切痕，使加工质量变差。采用圆弧段逼近的方式，可以大大减少程序段的数目，若同时采用彼此相切的圆弧段来逼近非圆曲线，可以提高零件表面的加工质量。但采用圆弧段逼近，其数学处理过程比直线段逼近要复杂一些。

2）确定编程允许误差，使 $\delta \leqslant \delta_{允}$。

3）选择数学模型，确定计算方法。目前生产中采用的算法比较多，在决定采用什么算法时，主要考虑的因素有两方面，一是尽可能按等误差的条件确定节点坐标位置，以便最大程度地减少程序段的数目；二是尽可能寻找一种简便的计算方法，以便于计算机程序的编写，及时得到节点坐标数据。

4）根据算法画出计算机处理流程图。

5）用高级语言编写程序，上机调试，并获得节点坐标数据。

2. 程序格式

任务1.3　数控编程简介

1. 程序结构

FANUC 0i－TB 数控系统主程序和子程序都是由程序开始符、程序号、程序主体、程序结束语与结束符组成的。

1）程序开始符。程序开始符为%或 O 符。

2）程序名。主程序和子程序都有一个程序号，即 O_ _ _ _（地址 O 后面用 0～9999 四位数字表示）。

例：主程序名“O0001”；子程序名“O1111”。

3）程序段的格式。程序段由程序字组成，例程序段“N050　G01 X38 Z2 F0.1;”由“N050”“G01”“X38”“Z2”“F0.1;”五个程序字组成。每个程序字又由地址和数字组成。如“N050”由地址“N”和数字“050”组成。由此可见，程序段由程序字组成，程序字由地址和数字组成。

上例中，N050 为程序段号，其中的数值为 1～9999 的正整数，一般以 5 或 10 间隔，便于以后插入一些程序段。

由于程序段中有很多指令，建议程序段的顺序和格式为：

N…_G…_X…_Z…_T…_D…_M…_S…_F…_;

其中“_”表示中间空格，“;”表示程序段结束。

2. F、S、T 指令

FANUC 0i－TB 系统数控车床程序的基本指令为 F、S、T 指令。

（1）F 指令（刀具进给速度指令）　F 指令是用来指定车刀车削表面时的进给量。F 功能在 G01、G02、G03 等插补指令中生效，在程序中第一次出现插补指令之前或同时，应设定 F 功能指令。F 指令一旦设定就一直有效，直到被新的 F 指令取代。F 的单位有 mm/min 和 mm/r 两种，配合车床代码 G98 和代码 G99 来使用。

例如：F100 表示车刀的进给量为 100mm/min（车床设定 G98 状态），F0.12 表示车刀的进给量为 0.12mm/r（车床设定 G99 默认状态），该速度可通过车床操作面板上的进给倍率旋钮来调节，一般修调范围为 0 ~ 120%。

当车削螺纹时，F 用来指令被加工螺纹的导程。例如：F3.0 表示被加工螺纹的导程为 3mm。

（2）S 指令（主轴转速指令）　S 指令用来指定车床主轴的速度。S 的单位有 m/min 和 r/min 两种，须配合指令 G96 和指令 G97 来使用。

例如：G97 S1000 表示主轴转速为 1000r/min，G96 S200 表示主轴的切削速度为200m/min，该速度可通过车床操作面板上的主轴倍率旋钮来调节，一般修调范围为5% ~120%。

（3）T 指令（换刀指令）　T 指令用来指定加工中所用的刀具号及其所调用的刀具补偿号。T 后面通常有两位或四位数字，根据车床系统参数设置而定。

例如：T0202 表示选用 2 号刀具，调用 2 号刀具补偿值；T0205 表示选用 2 号刀具，调用 5 号刀具补偿值，T0300 表示调用 3 号刀，取消刀具补偿。

3. 辅助功能指令

（1）与主轴有关的指令（M03、M04、M05）　M03 表示主轴正转，即从主轴向 Z 轴正向看，主轴顺时针方向转动；M04 表示主轴反转，即从主轴向 Z 轴正向看，主轴逆时针方向转动；M05 为主轴停止，该指令是在该程序段其他指令执行完以后才执行的。

（2）切削液开关指令　M08 表示切削液开，M09 表示切削液关。

（3）程序结束指令（M02、M30）　该指令用在程序的最后一个程序段中。当全部程序结束后，用 M02 指令可使主轴、进给及切削液全部停止，并使机床复位。M30 与 M02 的功能基本相同，但 M30 能自动返回程序起始位置，为加工下一个工件做好准备。

（4）程序停止指令（M00）　M00 实际上是一个暂停指令。当执行有 M00 指令的程序段后，主轴停转，进给停止，切削液关，程序停止。程序运行停止后，模态（续效）信息保持不变，利用机床的“启动”键，便可继续执行后续的程序。该指令常用于加工过程中测量工件的尺寸、工件调头、手动变速等操作。

（5）计划（选择）停止指令（M01）　该指令的作用与 M00 相似，但必须是在预先按下操作面板上的“选择停止”按钮并执行到 M01 指令的情况下，才会停止执行程序。如果不按下“选择停止”按钮，M01 指令无效，程序继续执行。该指令常用于工件关键性尺寸的停机抽样检查等，当检查完毕后，按“启动”键可继续执行后续程序。

4. G 功能指令（准备功能）

（1）G00 快速定位指令

程序段格式：

G00 X Z；

参数含义：

X、Z 为目标点坐标。

（2）G01 直线插补指令

程序段格式：

G01 X Z F；

参数含义：

X、Z 为目标点坐标；F 为进给量。

3. G00 和 G01

（3）G00 和 G01 的比较　G00 指令与 G01 指（模态指令）的比较见表 1-3-1。

表 1-3-1　G00 与 G01 的比较

指令	G00（快速定位）	G01（直线插补）	备注
功能特点	刀具以机床规定的最快速度移动到目标点	刀具以程序设定的速度移动到目标点	G00 速度很快，故在运动过程中不可进行切削加工；G01 相对较慢，在运动过程中可进行切削加工
格式	G00 X　Z	G01 X　Z　F	X、Z 为目标点坐标；F 为进给量
区别	G00 移动到目标点，其运动速度由厂家预先设定，不可用指令设定	G01 移动到目标点，其运动速度是由程序中 F 指令设定的	

以工件 1 为例进行编程，如图 1-3-1 所示，编制工件 1 的精车程序见表 1-3-2。

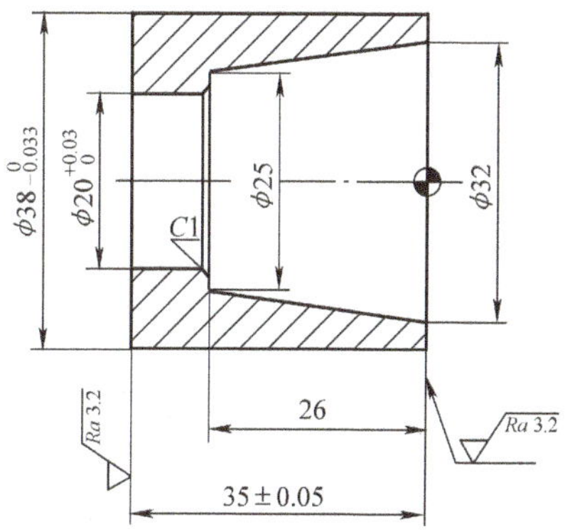

图 1-3-1　工件 1 零件图

表 1-3-2　工件 1 的精车程序及注释

加工程序	注释
%	程序开始符
O0001;	程序名：主程序和子程序都有一个程序号“O_ _ _ _”（地址 O 后面用 0～9999 四位数字表示）
N010 T0101;	程序段：T 指令用来指定加工中所用的刀具号及其所调用的刀具补偿号。T0101 中的第一个 01 表示选用 1 号刀具，第二个 01 表示调用 1 号补偿值
N020 M08;	程序段：M08 为辅助功能指令，表示切削液开启
N030 G00 X42 Z0 M03 S600;	程序段：将刀具快速移至（X42，Z0）；M03 表示主轴正转，即从主轴向 Z 轴正向看，主轴顺时针方向转动；S 指令用来指定车床主轴的速度

（续）

加工程序	注释
N040 G01 X0 F0.1；	车端面，进给量为0.1mm
N050 G00 X42 Z2 M03 S600；	程序段：将刀具快速移至（X42，Z2），起刀点一般在工件外
N060 G01 X38 Z2 F0.15；	程序段：车削外圆，F0.15表示车刀的进给量为0.15mm/r
N070 G01 Z－40；	程序段：进刀车削外圆准备
N080 G01 X40；	程序段：将刀移至退刀点
N090 G00 X100 Z100；	程序段：将刀移至换刀点
N100 M09；	程序段：切削液关
N110 M30；	程序结束
%	程序结束符

（4）G02（顺圆插补）指令与G03（逆圆插补）指令　G02表示刀具按照程序设定的进给速度对指定的顺圆弧进行切削加工；G03表示刀具按照程序设定的进给速度对指定的逆圆弧进行切削加工。

4. G02和G03

圆弧走向与时针方向一致的为顺时针方向（图1-3-2），采用顺圆插补指令，反之，采用逆圆插补指令。

图1-3-2　顺时针方向

对于回转体零件，在轴线的上方和下方判断圆弧的走向，将得到相反的结论，如图1-3-3所示，图中*BC*段圆弧，在上半部分所示为顺时针方向，在下半部分所得为逆时针方向，根据G02、G03的定义，要求从第三轴的正方向向负方向看，来判断圆弧的走向。取图样的上半部分，根据右手笛卡儿坐标系，第三轴正方向垂直纸面向外，判断圆弧走向时，应从观察者的角度看向图样，*BC*段圆弧走向为顺时针方向。若取图样的下半部分，根据右手笛卡儿坐标系，第三轴正方向垂直纸面向里，判断圆弧走向时，观察者应从图样的背面看向图样，根据镜像原理，*BC*段圆弧走向与目前观察者所见相反。目前所见为逆时针方向，所以圆弧走向为顺时针方向。

为了判断方便，建议在观察圆弧时，取图样的上半部分。

1）程序段格式一：

G02 X　Z　R　F　；

G03 X　Z　R　F　；

参数含义：

X、Z为目标点坐标；R为圆弧半径（数控车削加工中，圆弧均小于180°，所以R为正值，＋省略）；F为进给速度。

2）程序段格式二：

G02 X　Z　I　K　F　；

G03 X　Z　I　K　F　；

参数含义：

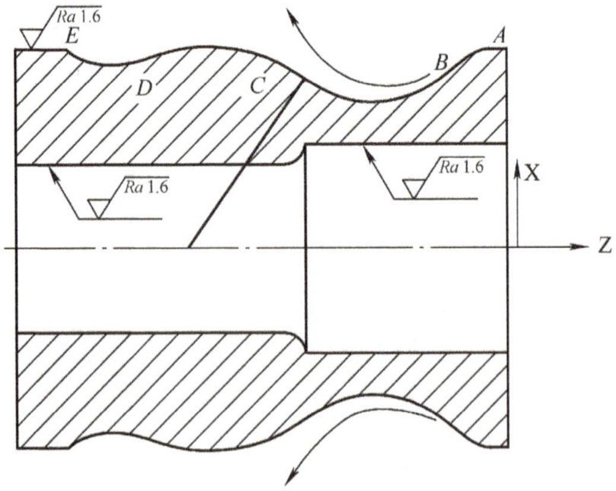

图1-3-3　顺、逆圆弧判断

I 为圆心相对于起点在 X 方向的变化值（I 可能是正值、负值或零，且为半径值）；K 圆心相对于起点在 Z 方向的变化值（Z 可能是正值、负值或零）。

顺、逆圆弧的判别方法是：在圆弧插补中，沿垂直于要加工圆弧所在平面的坐标轴，由正方向向负方向看，刀具相对于工件转动方向是顺时针方向的指令是 G02，逆时针方向的是 G03。

（5）G73 指令（固定形状粗加工循环）

1）功能：该指令重复执行一个具有逐渐偏移功能的固定切削模式。

2）格式：G73 U　W　R　；

G73 P　Q　U　W　F　；

N（*ns*）…

…

N（*nf*）…

5. G73 编程

3）参数含义：

G73　U(Δi)　W(Δk)　R(d)　；

- R(d)：重复加工次数
- W(Δk)：Z方向的退刀距离
- U(Δi)：X方向的退刀距离(半径值)

G73　P(ns)　Q(nf)　U(Δu)　W(Δw)　F(f)　；

- F(f)：进给量
- W(Δw)：Z方向上的精加工余量
- U(Δu)：X方向上的精加工余量(直径值)
- Q(nf)：精加工路线的最后一个程序段的程序号
- P(ns)：精加工路线的第一个程序段的程序号

例如：N050 G73 U10.0 R4；

N060 G73 P070 Q130 U1 F0.15；

U10.0 表示 X 方向退刀距离为 10mm；R4 表示循环 4 次，该值必须为正整数；P070 Q130 表示精加工路线由程序段 N070 开始，至程序段 N130 结束；U1 表示精加工余量为 1mm，即走完 G73 循环后，所有的外圆值均大 1mm，F0.15 表示粗加工进给量为 0.15mm/r。

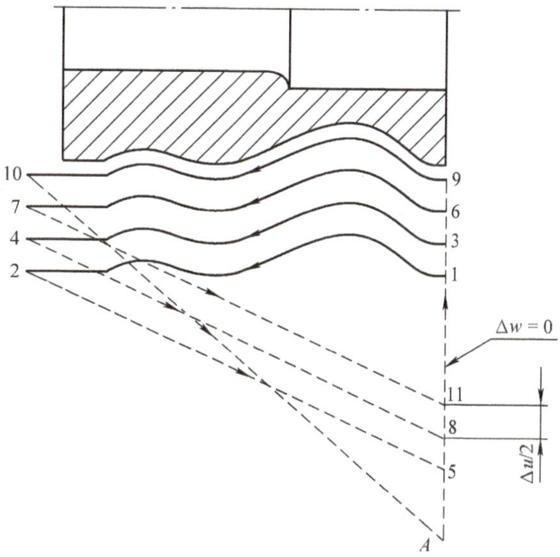

图 1-3-4　G73 的刀具进给轨迹

4）刀具进给轨迹：如图 1-3-4 所示，刀具进给轨迹为 *A*（起刀点）－1－2－3－4－5－6－7－8－9－10－11，每一刀的进给轨迹都是与工件轮廓相同的固定形状。加工完成后，刀具会返回到 G73 前一条程序所设定的起刀点，即图

中的 *A* 点，在设定时，注意避免产生碰撞。

5）适用场合：G73 指令可以用于外圆粗加工。

（6）G70 指令（精加工循环）

1）功能：用于 G71、G72、G73 粗加工完毕后，切除余下的精加工余量。

2）格式：G70 P　Q;

P 指定精加工循环的第一个程序段的程序号；Q 指定精加工循环的最后一个程序段的程序号。

3）参数含义：在 G70 状态下，在精加工程序段中不能使用子程序。G70 循环结束后，刀具快速回到循环起始点。

加工完成后，刀具会返回到 G70 前一条程序所设定的起刀点，在设定时，注意保证刀具与工件不会产生碰撞。

4）适用场合：G70 指令可以用于外圆精加工，也可以用于内孔精加工。

以图 1-3-5 所示的工件 2 为例，编制加工程序见表 1-3-3。

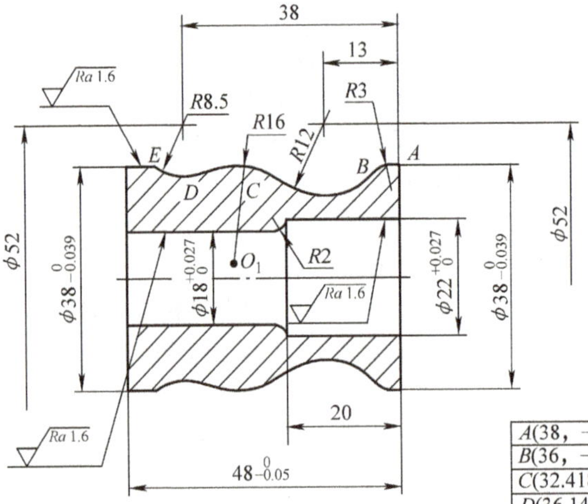

A(38，−1.7801)	
B(36，−4.0162)	
C(32.4182，−19.8986)	
D(36.148，−34.9294)	
E(38，−42.3218)	
O_1(6.309，_29.1494)	

图 1-3-5　工件 2 零件图

表 1-3-3　工件 2 的加工程序与注释

加工程序	注释
%	
O0001;	
N010 T0101;	
N020 G00 X42 Z0 M03 S600 M08;	车端面
N030 G01 X0 F0.1;	
N040 G00 X41 Z2;	将刀具快速移至起刀点（X41，Z2）
N050 G73 U10.0 R4;	固定形状粗加工循环
N060 G73 P070 Q130 U1 F0.15;	

（续）

加工程序	注释
N070 G01 X38 Z2 F0.1;	
N080 G01 Z-1.7801;	节点*A*的数值
N090 G03 X36 Z-4.0162 R3;	圆弧插补
N100 G02 X32.4182 Z-19.8985 R12;	
N110 G03 X36.184 Z-34.9294 R16;	
N120 G02 X38 Z-42.8418 R8.5;	
N130 G01 Z-55;	考虑切断时切断刀的位置，所以Z方向圆柱略长
N140 G00 X100 Z100;	
N150 M00;	粗加工完成后，暂停，测量余量，调整刀补参数
N160 T0101;	
N170 G00 X41 Z2 M03 S1000 M08;	
N180 G70 P070 Q130;	精加工循环指令
N190 G00 X100 Z100;	
N200 M00;	精加工完成后，暂停，测量余量，如果外圆偏大，可以调整后再次精加工
N210 T0202;	
N220 G00 X16 Z2;	
N230 G71 U1.0 R1.0;	内、外圆轴向粗车循环
N240 G71 P250 Q280 U-0.5 F0.1;	
N250 G00 X22 F0.08;	
N260 G01 Z-20;	
N270 G02 X18 Z-22 R2;	
N280 Z-50;	为了避免切断时出现接刀痕迹，镗孔时Z方向略长
N290 G00 X100 Z100;	
N300 M00;	粗加工完成后，暂停，测量余量，调整刀补参数
N310 T0202;	
N320 G00 X16 Z2 M03 S1000 M08;	
N330 G70 P250 Q280;	
N340 X100 Z100;	
N350 M01;	精加工完成后，暂停，测量余量，如果内孔偏小，可以调整后再次精加工
N360 T0404;	换切断刀，设刀宽为4mm
N370 G00 X40 Z-52 S400 M03 M08;	Z-52是总长加刀宽的结果
N380 G01 X17 F0.07;	
N390 G01 X40;	
N400 G00 X100 Z100;	

（续）

加工程序	注释
N410 T0101；	
N420 M09；	
N430 M30；	
%	

（7）G71 指令（内外圆轴向粗车循环）

1）功能：通过与Z轴平行的运动来实现内、外圆加工，最后刀具按指令完成轮廓加工。

6. G71 编程

2）格式：G71 U　R　；

G71 P　Q　U　W　F　；

N（*ns*）…

…

N（*nf*）…

3）参数含义：

如N230 G71 U1.0 R1.0；

N240 G71 P250 Q280 U0.5 F0.1；

U1.0 表示每刀切深1mm；R1.0 表示退刀量为1mm；P250 Q280 表示精加工路线由程序段N250开始，至程序段N280结束；U0.5 表示精加工余量为0.5mm（加工内孔，精加工余量为负值），即走完G71循环后，所有的外圆均大0.5mm（内孔直径小0.5mm）；F0.1 表示粗加工进给量为0.1mm/r。

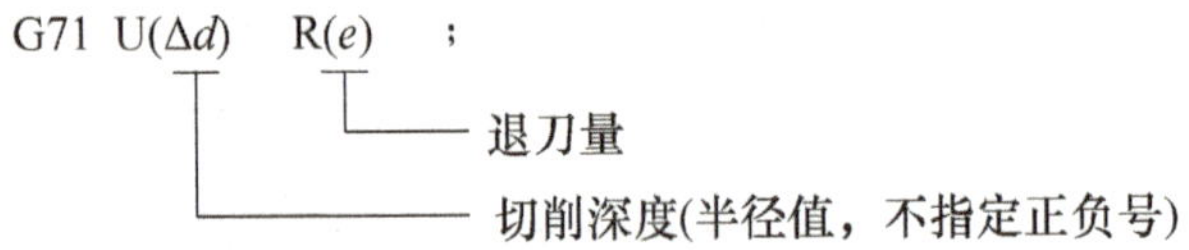

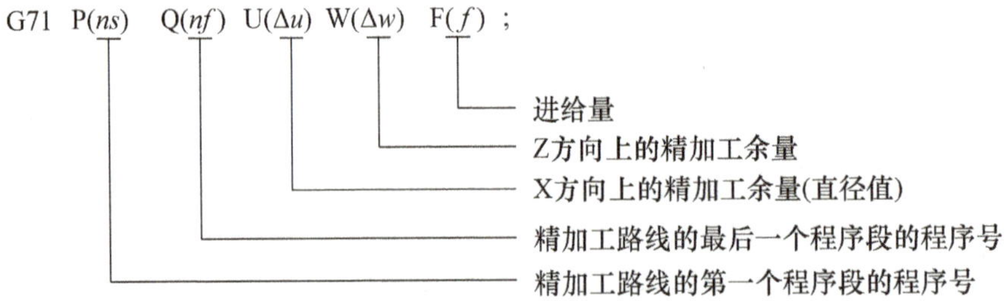

4）刀具进给轨迹：如图1-3-6所示，由*A*点（起刀点）开始，刀具轨迹为*A*-1-2-3-4-5-6-7-8-9-10-11-12-13-14-*A*。

用程序决定精加工形状，用Δ*d*（切削深度）车掉指定的区域，留精加工余量Δ*u*/2和Δ*w*。

*A*点是通过G71加工程序段前一语句中G00或G01指定的。加工外圆时，*A*点坐标应该在外圆的外面，例如：ϕ40mm的毛坯中*A*点的X坐标应为41。加工内孔时，*A*点坐标应该在内孔的里面，即ϕ16mm的内孔中*A*点的X坐标应为15。

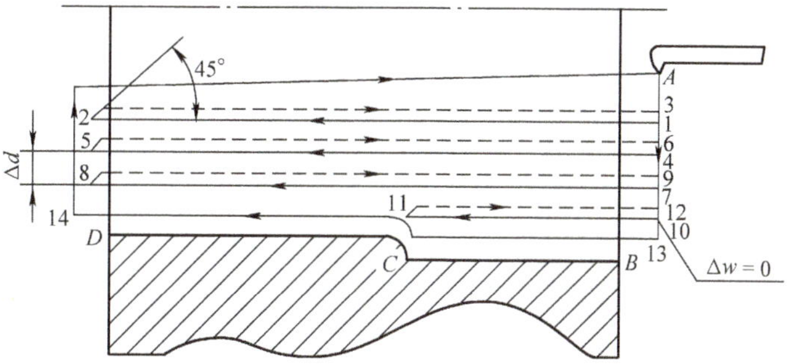

图 1-3-6 G71 的刀具进给轨迹

G71 后第一条程序段中不能指定 Z 轴的运动指令：*B* 至 *D* 的刀具轨迹在 X、Z 方向必须单调增加或单调减小。

5）适用场合：G71 指令可以用于外圆粗加工，也可以用于内孔粗加工，当采用 G71 指令粗加工内轮廓时，X 方向精加工余量用负值表示。采用 G71 加工，外圆必须单调增大，内孔必须单调减小。

以图 1-3-7 所示的工件 3 为例，编制加工程序与注释见表 1-3-4 和表 1-3-5。

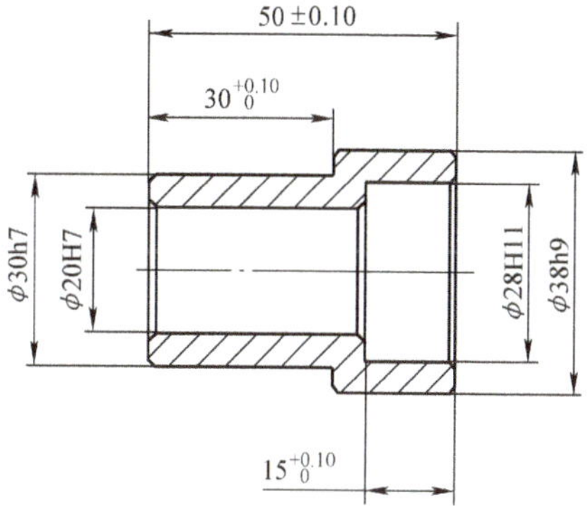

图 1-3-7 工件 3 零件图

表 1-3-4 工件 3 的外圆加工程序与注释

加工程序	注释
%	
O0001;	设定左端面为编程原点
N010 T0101;	
N020 M03 S800;	
N030 G00 X42 Z0;	车端面
N040 G01 X0 F0.1;	
N050 G00 X40 Z2;	将刀具快速移至起刀点（X40，Z2）
N060 G71 U1.0 R1;	
N070 G71 P080 Q140 U0.5 F0.15;	
N080 G01 X28;	
N090 G01 Z0;	
N100 X30 Z－1;	倒角
N110 Z－30;	
N120 X36;	
N130 X38 Z－31;	
N140 G01 Z－55;	考虑切断时切断刀的位置，所以 Z 向圆柱略长

（续）

加工程序	注释
N150 G00 X100 Z100;	
N160 M00;	粗加工完成后，暂停，测量余量，调整刀补参数
N170 T0101;	
N180 M03 S1000;	
N190 G00 X40 Z2 M08;	
N180 G70 P080 Q140 F0.1;	精加工循环指令
N190 G00 X100 Z100;	
N200 M30;	精加工完成后，暂停，测量余量，如果外圆偏大，可以调整后再次精加工

表 1-3-5 工件 3 的内孔加工程序与注释

加工程序	注释
%	
O0003;	
N010 T0202;	
N020 M03 S600;	
N030 G00 X18 Z2;	
N040 G71 U1.0 R1.0;	内、外圆轴向粗车循环
N050 G71 P060 Q120 U－0.5 F0.12;	
N060 G00 X30;	
N070 G01 Z0;	
N080 G01 X28 Z－1;	
N090 Z－15;	
N100 X22;	
N110 X20 Z－16;	
N120 Z－51;	为了方便切断，车内孔时 Z 方向略长
N130 G00 X100 Z100;	
N140 M00;	
N150 T0202;	粗加工完成后，暂停，测量余量，调整刀补参数
N160 M03 S800;	
N170 G00 X18 Z2 M08;	
N180 G70 P060 Q120 F0.08;	
N190 X100 Z100;	
N200 M30;	精加工完成后，暂停，测量余量，如果内孔偏小，可以调整后再次精加工

（8）螺纹车削指令

1）螺纹的小径计算。由图 1-3-8 可见，螺纹的大径需要略车小一点，理论值为 $P/8$，一般取值为 0.1～0.2mm。螺纹小径距离大径 $3H/4$，由等边三角形可知，$H=0.866P$。

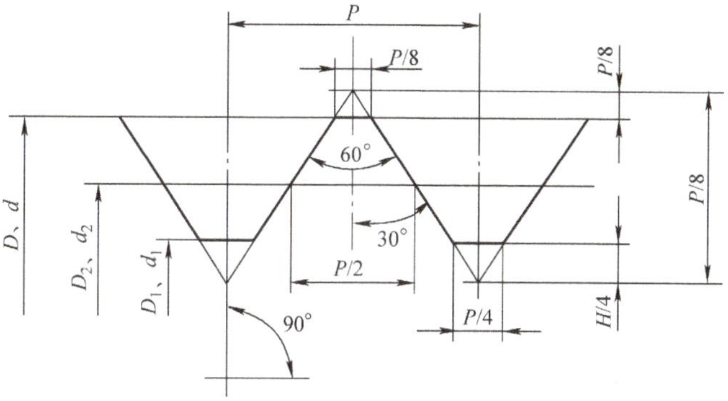

图 1-3-8　螺纹的大径、小径

故螺纹的小径 $d_1=d-2\times0.75\times0.866P\approx d-2\times0.65P$，其中 2 是因为螺纹为直径编程，上下各有一个牙高。

2）直进法车螺纹。小螺距的螺纹一般采用直进法进行车削，如图 1-3-9 所示，随着切削的深入，刀具与工件的接触面会增大，受力也增大，所以切削深度需要相应减小，一般要求逐层递减。本例中所采用的数值见表 1-3-6。

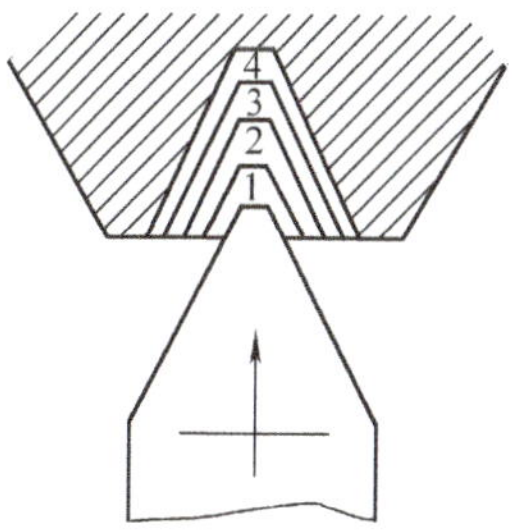

图 1-3-9　直进法

3）Z 方向起刀点。一般车螺纹，Z 方向起刀点要求距离螺纹起始位置 2～3 个螺距，车削结束位置也应越过螺纹终止线。

表 1-3-6　逐层递减数值

（单位：mm）

每刀切螺纹的 X 值	切削深度
23.2	0.8
22.6	0.6
22.3	0.3
22.2	0.1

4）G32 指令编程。

程序段格式：G32　X_　Z_　F_；

其中，X、Z 为螺纹终点坐标；F 为螺纹导程。

若缺省 X 值，则为加工圆柱螺纹；若缺省 Z 值，则为加工端面螺纹；若都不缺省，则为加工锥螺纹。

7. G32 和 G92

以图 1-3-10 所示的工件 4 为例编制加工程序，G32 加工程序和注释见表 1-3-7。

5）G92 指令编程。

程序段格式：G92　X_　Z_　R_　F_；

其中，X、Z 为螺纹终点坐标；R 为圆锥面起点与终点的半径差（R0 表示加工圆柱螺纹，可省略）；F 为螺纹导程。

例：如图 1-3-10 所示，加工 M24×1.5 螺纹，采用 G92 编程。

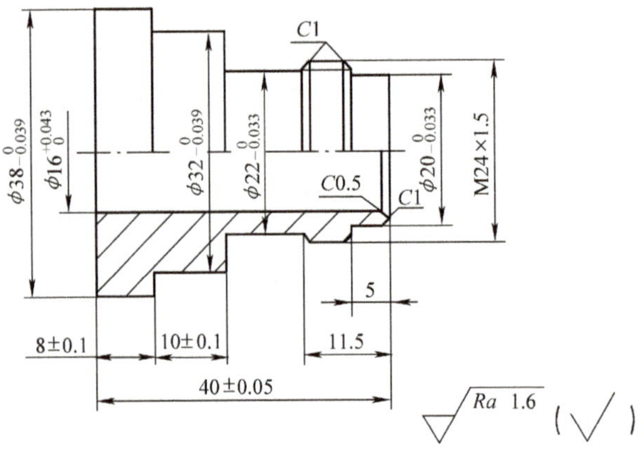

图 1-3-10　工件 4 零件图

表 1-3-7　工件 4 螺纹部分 G32 加工程序与注释

加工程序	注释
……	
T0303;	选用 3 号刀具
M03 S500;	
M08;	
G00 X26.0 Z-2.0;	快速定位到起刀点
X23.2;	进刀，第一刀切深 X 值
G32 Z-18 F1.5;	车螺纹，X23 值不变
G00 X26.0;	X 方向退刀
Z-2.0;	Z 方向退刀
X22.6;	进第二刀
G32 Z-18 F1.5;	车螺纹
G00 X26.0;	X 方向退刀
Z-2.0;	Z 方向退刀
X22.3;	
G32 Z-18 F1.5;	
G00 X26.0;	
Z-2.0;	
X22.2;	
G32 Z-18 F1.5;	
G00 X26.0;	
Z-2.0;	
M00;	程序停止指令
……	

分析：螺纹双边切深值为（1.2～1.3）P，本例取 $1.2P=1.2\times1.5\text{mm}=1.8\text{mm}$；设定 4 刀，进刀深度依次为 0.8mm、0.6mm、0.3mm、0.1mm；加工程序和注释见表 1-3-8。

表 1-3-8 工件 3 的螺纹部分 G92 加工程序和注释

加工程序	注释
……	
T0303;	调用螺纹刀
M03 S400;	主轴正转，转速为 400r/min
G00 X25 Z-2;	快速定位到起刀点
G92 X23.2 Z-18 F1.5;	车第一刀螺纹，切深 0.8mm，螺距 1.5mm
X22.6;	车第二刀螺纹
X22.3;	车第三刀螺纹
X22.2;	车第四刀螺纹
G00 X100 Z100;	返回换刀点
M01;	计划（选择）暂停指令
……	

6）G76 指令编程。程序段格式：G76 P___Q_ R_；

G76 X Z R P Q F；

参数含义：

G76 P m r a QΔd_{min} R d ;

- d：精加工余量，模态指定
- Δd_{min}：最小切削深度(半径值)，模态指定
- a：刀尖角度(可选择80°、60°、55°、30°、29°、0°)，模态指定
- r：倒角量(00～99)，单位为0.1P，其中P为螺距，模态指定
- m：精加工次数(1～99)，模态指定

G76 Xu Zw Ri Pk QΔd Ff;

- f：螺距
- Δd：第一刀的切削深度(半径值)
- k：螺纹高度(X方向用半径值)
- i：螺纹部分大小端的半径差(如果为0，则表示圆柱螺纹切削)
- u、w：终点坐标

图 1-3-11 所示为 G76 复合切削循环轨迹。

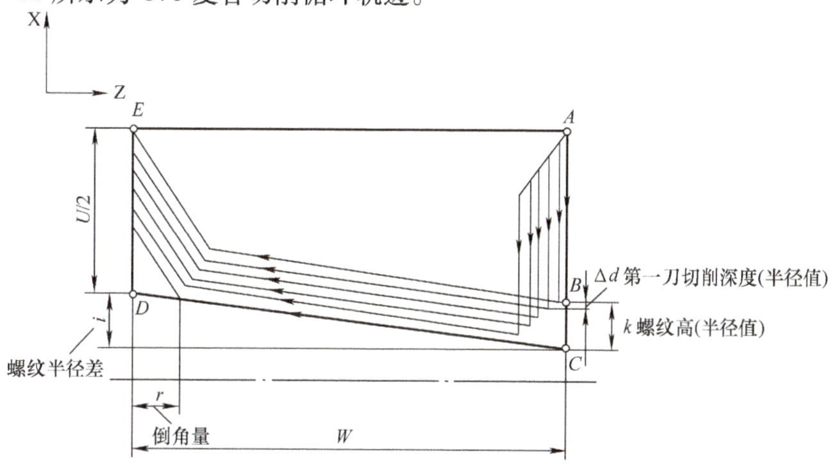

图 1-3-11 G76 复合切削循环轨迹

例：加工螺纹 M24×1.5，采用 G76 编程，加工程序和注释见表 1-3-9。

表 1-3-9 工件 4 的螺纹部分 G76 加工程序和注释

加工程序	注释
……	
T0303；	调用螺纹刀
M03 S400 ；	主轴正转，转速为 400r/min
G00 X25 Z-2；	快速定位到起刀点
G76 P020060 Q100 R100；	精加工 2 次，倒角量 0mm，刀尖角 60°，最小切深 100μm，精加工余量 100μm
G76 X24 Z-18 R0 P1300 Q500 F1.5；	圆柱螺纹，螺纹高度 1300μm，第一刀切深 500μm，螺距为 1.5mm
G00 X100 Z100；	
M00；	
……	

7）内螺纹编程。以图 1-3-12 所示的工件 5 为例，编制内螺纹加工程序，加工程序和注释见表 1-3-10。

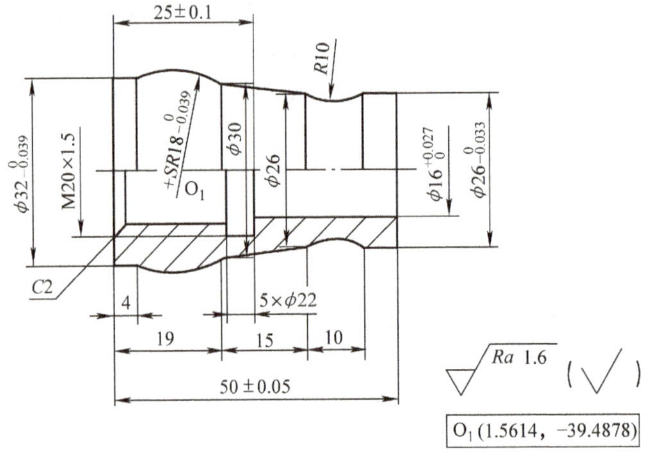

图 1-3-12 工件 5 零件图

表 1-3-10 工件 5 的部分加工程序和注释

加工程序	注释
……	选定左端面的中心为编程原点
T0202；	内孔车刀
M03 S400；	
M08；	
G00 X14.0 Z2.0；	
G71 U1.0 R1.0；	
G71 P030 Q040 U-0.5 F0.12；	

（续）

加工程序	注释
N030 G01 X22.5 F0.12;	
Z0;	
X18.5 Z-2;	
G01 Z-25.0;	车顶径，$d_2 = d - 2 \times 0.6P$
X16.013;	考虑公差，取中间值
N040 Z-51.0;	考虑切断，孔略长，考虑刀具伸出长度不能过长
G00 X100 Z100;	
M00;	计划停止，测量
T0202;	
G00 X14.0 Z2.0 S400 F0.1 M03 M08;	
G70 P030 Q040 F0.1;	
G00 X100 Z100;	
M00;	
T0404;	内切槽刀
S300 M03;	
M08;	
G00 X15 Z2;	
G00 Z-25;	设刀宽为4mm
G01 X22 F0.05;	
G00 X15;	
G00 Z-24;	
G01 X22;	
Z-25;	槽底平整
G00 X15;	
Z2;	
G00 X100 Z100;	
M00;	
T0303;	内螺纹刀
S600 M03;	
M08;	
G00 X15 Z3;	
G92 X19.2 Z-22 F1.5;	
X19.6;	
X19.8;	
X19.9;	
X20;	
G00 X100 Z100;	
M00;	
……	

项目 2　制作螺钉调节座

任务 2.1　加 工 旋 杆

【教学目标】

知识目标：

1）掌握数控车床加工外圆的一般流程。

2）熟悉数控车床模拟软件的操作面板及按钮，掌握程序的输入、调用、删除、存储。

3）掌握数控车床操作面板的各种功能键作用，掌握数控车床程序的手工输入、模拟运行和调整，掌握程序的调用、存储、删除。

4）熟悉数控车削基本概念和工艺制订原则，掌握数控车削切削用量选择的基本原则。

5）掌握数控车床操作的安全规程。

能力目标：

1）能运用快速点定位指令 G00、直线插补指令 G01、M 辅助功能指令、F 功能指令、S 功能指令完成程序的编写。

2）能完成机夹数控车床外圆车刀的对刀。

3）能完成从图样到工件的整个流程的分析处理，完成旋杆的编程、模拟运行与加工。

【任务导读】

旋杆属于轴类零件，是典型的车削加工零件。在实际生产中，常选用切削加工余量合适的锻棒，再用普通车床或者数控车床进行加工。在小型私营企业里，由于车床设备的限制，较多采用普通车床粗加工，数控车床精加工。随着数控设备的增多，大、中型私营企业、国企和外企一般对粗、精加工均采用数控车床进行，以提高零件的加工质量和加工效率。

要求学生以企业制造部门数控操作员的身份完成本次任务，根据旋杆的特征，选择合适的刀具和工艺参数，制订合理的数控加工工艺，编制数控加工程序，进行仿真模拟运行，将程序手工输入车床，装刀并对刀，完成零件的加工和检测，并对操作过程中存在的问题进行研讨和交流，最终对数控加工过程和加工工艺有所了解。

8. 旋杆加工工艺

2.1.1　工作过程

操作数控车床，完成旋杆的加工，学习数控车床的安全操作规程。

2.1.1.1　制订加工工艺

1. 分析旋杆图样

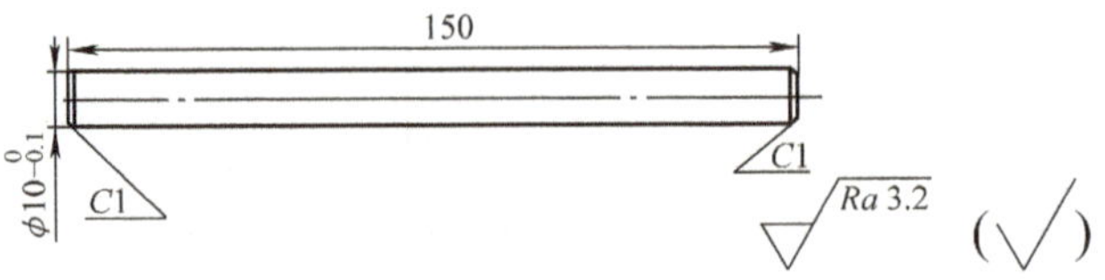

图 2-1-1　旋杆结构

旋杆结构如图 2-1-1 所示，零件比较细长，虽然没有达到长径比大于 25 的细长轴标准，但是由于直径小，其切削加工时产生的问题类似于细长轴。在机械加工中，细长轴通常较难加工，这是由于细长轴刚性差，在车削时受切削力、切削热和振动等影响，容易产生锥度、弯曲、椭圆等缺陷。可以通过选择合理的定位基准，优化刀具参数，选用合理的装夹方式和切削用量来改进。旋杆的加工内容及要求见表 2-1-1。

表 2-1-1　旋杆加工内容及要求　（单位：mm）

内　　容	要　　求	备　　注
ϕ10 外圆	外圆直径为 ϕ10，公差 $^{0}_{-0.1}$	
表面粗糙度	外圆的 *Ra* 为 3.2μm	
总长度	长度为 150	

从加工内容可以看出，此加工没有提出几何公差的要求，加工精度要求较低。

2. 制订加工路线

1）备料，选用 ϕ12mm 的 6061 棒料，长 500mm。

2）粗车右端。自定心卡盘夹毛坯左端，车零件右端面至光出。

3）粗车 ϕ10mm 外圆及倒角，留 0.3mm 精车余量。

4）精车 ϕ10mm 外圆及倒角至图样尺寸。

5）切断零件，总长留 1mm 余量。

6）零件调头装夹，精车左端面并倒角，保证总长。

3. 选用加工设备

选用 CK6136I 水平床身数控车床作为加工设备，此车床为整体床身，刚性较好，性价比高，适合一般零件的大批量生产，车床性能指标和外形见表 2-1-2。

表 2-1-2　车床性能指标和外形

<table>
<tr><th colspan="2">主要技术参数</th><th>机床外观</th></tr>
<tr><td>最大工件回转直径/mm</td><td>360</td><td rowspan="8"></td></tr>
<tr><td>车床顶尖距/mm</td><td>360</td></tr>
<tr><td>主轴头/内孔锥度</td><td>A2－5/MT5</td></tr>
<tr><td>主轴转速范围/(r/mm)</td><td>150～3000</td></tr>
<tr><td>主轴电动机功率/kW</td><td>变频：4.0</td></tr>
<tr><td>通孔/拉管直径/mm</td><td>52</td></tr>
<tr><td>刀架形式</td><td>电动四方</td></tr>
<tr><td>数控系统</td><td>FANUC 0i Mate－TC</td></tr>
</table>

4. 分析毛坯

零件材料 6061 为铝件，切削性能较好。根据零件尺寸和车床性能，选用直径为 12mm、长度为 500mm 的棒料作为毛坯。如图 2-1-2 所示。

5. 选用夹具

选用经济型数控车床加工，考虑到零件细长，故采用一夹一顶的装夹方式，需要顶尖。

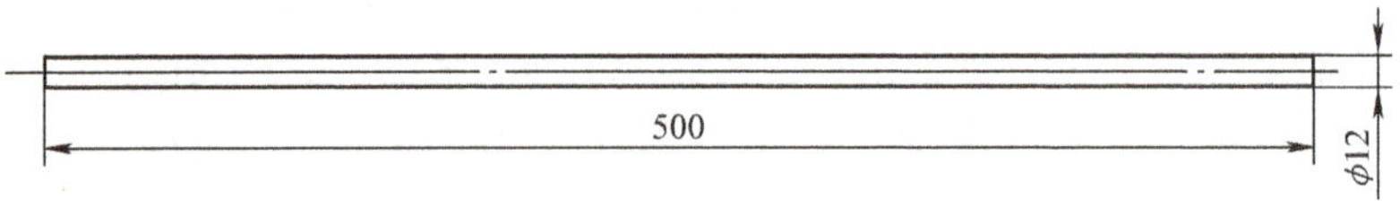

图2-1-2 毛坯

故第一次装夹需修整端面，钻中心孔。然后零件伸长，采用自定心卡盘与顶尖夹持的方式，一次装夹完成外圆粗加工—精加工的加工顺序。切断后，调头采用自定心卡盘装夹，完成端面精整，保证长度。

（1）顶尖介绍 顶尖是机械加工中的机床部件，有固定顶尖和活动顶尖两种。顶尖可以防止工件因吃刀产生的径向偏移，保证工件的圆柱度。使用顶尖一般要钻削中心孔，中心孔是轴类工件在顶尖上安装的定位基面。常见的有A型孔和B型孔。A型中心孔只有60°锥孔，B型中心孔外端的120°锥面，又称保护锥面，用以保护60°锥孔的外缘不被碰坏。A型和B型中心孔，分别用相应的中心钻在车床上加工。在使用顶尖时，中心孔的60°锥孔与顶尖上的60°锥面相配合；中心孔里端的小圆孔，作用是保证锥孔与顶尖锥面配合贴切，并可存储少量润滑脂（黄油）。

（2）装夹方案设计 装夹方案设计见表2-1-3。

表2-1-3 装夹方案设计

装夹次数	装夹示意图
第一次装夹	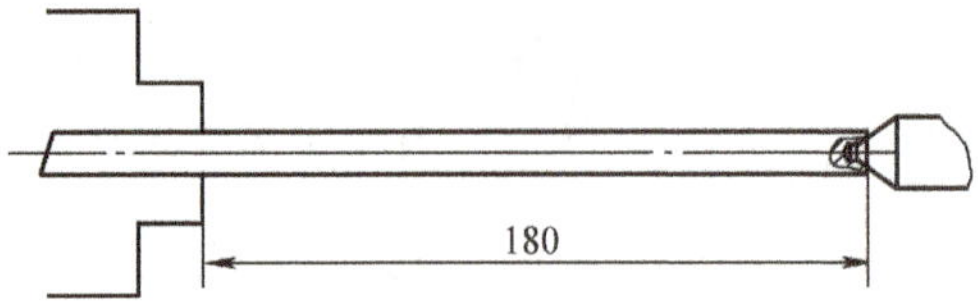
第二次装夹	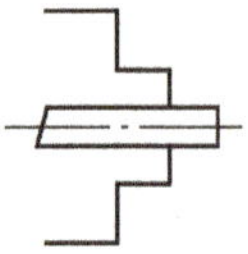

6. 制订加工工序

（1）切削用量介绍 切削用量三要素包括切削速度、进给量和背吃刀量。

1）切削速度v_C（m/min）：主运动的线速度。

以车削为例：

$$v_C = \frac{\pi d n}{1000}$$

式中 n——工件或刀具的转速，单位为r/min；

d——工件或刀具观察点的旋转直径，单位为mm。

2）进给量f：刀具在进给运动方向上相对工件的位移量。

① 主运动是回转运动时，进给量指工件或刀具每回转一周，两者沿进给方向的相对位移量，单位为mm/r。

② 当主运动是直线运动时，进给量指刀具或工件每往复直线运动一次，两者沿进给方

向的相对位移量，单位为 mm/双行程或 mm/单行程。

③ 对于多齿的旋转刀具（如铣刀、切齿刀），常用每齿进给量f_z，单位为 mm/z 或 mm/齿，它与进给量f的关系为

$$f = zf_z$$

式中　z——齿数。

3）背吃刀量 a_p：工件待加工表面与加工表面之间的垂直距离，又称为切削深度。

$$a_p = \frac{d_w - d_m}{2}$$

式中　d_w——待加工表面直径；

d_m——已加工表面直径。

4）切削速度的选择原则为：

① 粗加工时，低的切削速度，大的进给量和切削深度。

② 精加工时，高的切削速度，小的进给量和切削深度。

（2）选择刀具　数控车床使用的刀具从切削方式上分为三类：外圆表面切削刀具、端面切削刀具和中心孔类刀具。

旋杆是典型的回转体轴类零件，没有特殊要求，故选择机夹式外圆刀切削端面和外圆，如图 2-1-3a 所示；切槽刀用于切断工件，选用机夹式切槽刀，如图 2-1-3b 所示。

图 2-1-3　外圆刀与切槽刀

选择车削细长轴刀具角度的注意事项：

为了减小车削细长轴产生的弯曲变形，要求车削时产生的切削力越小越好，而在刀具的几何角度中，前角、主偏角和刃倾角对切削力的影响最大。

1）前角（γ）的大小直接影响切削力、切削温度和切削功率，增大前角，可以使被切削金属层的塑性变形程度减小，切削力明显减小。所以在细长轴车削中，在保证车刀有足够强度的前提下，尽量使刀具的前角增大，前角一般取 $\gamma = 15°$。

2）主偏角（κ_r）的大小影响着 3 个切削分力的大小和比例关系。随着主偏角的增大，径向切削力明显减小，切向切削力在 60°～90°时却有所增大；在 60°～75°范围内，3 个切削分力的比例关系比较合理；在车削细长轴时，一般采用大于 60°的主偏角。

3）刃倾角（λ_s）影响着车削过程中切屑的流向、刀尖的强度及 3 个切削分力的比例关系。随着刃倾角的增大，径向切削力明显减小，但轴向切削力和切向切削力却有所增大。

（3）选择旋杆的刀具及参数　在实际操作中，选定刀具后，可查阅刀具和切削用量表来决定切削用量的选择。

例如：选用 SANDVIK 刀具系统，可查阅 SANDVIK 刀具手册，选用刀具和切削用量见表 2-1-4。

（4）制作工艺卡　根据切削用量的选择原则，以一次装夹作为一个工序，制订加工工艺卡，见表 2-1-5～表 2-1-7。

表 2-1-4 刀具和切削用量

工序	序号	刀杆规格	刀片规格	加工内容	转速/(r/min)	切削深度/mm	进给量/(mm/r)
加工右端	T01	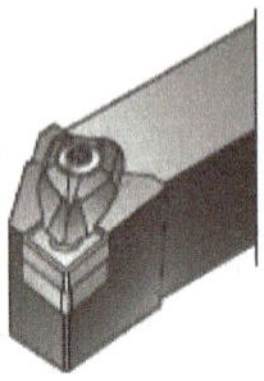 DCLNL2020M09	 CNMG090408 - PR	粗车	600	2	0.15
	T02		 CCMT090404 - PF	精车	1000	0.5	0.1
	T04	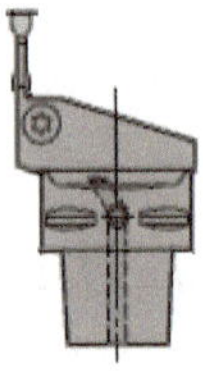 MGEHR2020 - 03	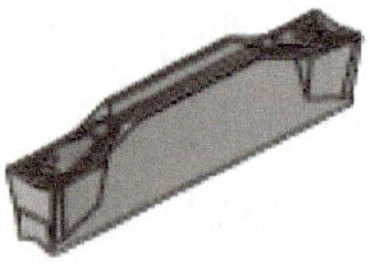 MGMN300 - M	切断	400		0.05
加工左端	T01	 DCLNL2020M09	 CNMG090408 - PR	粗车	600	2	0.15
	T02		 CCMT090404 - PF	精车	1000	0.5	0.1

表 2-1-5 旋杆加工工艺卡（1）

工序号	工序内容	工位				
			页码: 1		页数: 3	
001	备料(6061, ϕ12mm 棒料)	外协	零件号: MTJZ01		版本: 0	
002	粗车/精车右端	数车	零件名称: 旋杆			
003	精车左端	数车	材料: 6061			
004			材料尺寸: ϕ12mm 棒料			
005			更改号	更改内容	批准	日期
006						
007						
008			01			
009						
010			02			
011						
012			03			
013						
拟制:	日期:	审核:	日期:	批准:	日期:	××工业职业技术学院

表 2-1-6　旋杆加工工艺卡（2）

零件号:			工序名称:		工艺流程卡-工序单	
MTJZ01			旋杆的数车加工			
材料：6061		页码：2		工序号：01		版本号：0
夹具：自定心卡盘		工位:		数控程序号:		

刀具及参数设置				
加工内容	刀具号	刀具规格	主轴转速/(r/min)	进给量/(mm/r)
端面粗加工	T01	SVJCR2020–16	600	0.1
外圆粗加工	T01	SVJCR2020–16	600	0.15
外圆精加工	T01	SVJCR2020–16	1000	0.1
切断	T02	MGEHR2020–03	400	0.05

02						
01						
更改号	更改内容			批准		日期
拟制:	日期:	审核:	日期:	批准:		日期:

××工业职业技术学院

表 2-1-7　旋杆加工工艺卡（3）

零件号:			工序名称:		工艺流程卡-工序单	
MTJZ01			旋杆的数车加工			
材料：6061		页码：3		工序号：02		版本号：0
夹具：自定心卡盘		工位:		数控程序号:		

刀具及参数设置				
加工内容	刀具号	刀具规格	主轴转速/(r/min)	进给量/(mm/r)
端面精加工，保证总长	T01	JCR2020–16	600	0.1

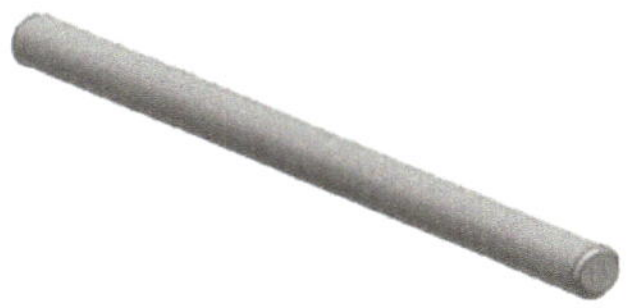

02						
01						
更改号	更改内容			批准		日期
拟制:	日期:	审核:	日期:	批准:		日期:

××工业职业技术学院

2.1.1.2　编制加工程序

加工程序见表2-1-8。

表 2-1-8 旋杆粗加工程序（右端/左端）

加工程序	注释
%	程序开始符
O0001；	程序名
N010 T0101；	调用1号刀具（外圆车刀，1号刀补）
N020 M03 S600；	主轴正转，转速为600r/min
N030 M08；	切削液开
N040 G00 X14 Z0；	快速移动到（X14，Z0）的位置，14mm为直径尺寸
N050 G01 X0 F0.1；	车端面到X0，进给量为0.1mm/r
N060 G00 X8 Z2；	快速退刀（X8，Z2）
N070 G01 Z0；	刀移动到端面
N080 G01 X10 Z-1；	倒角 *C*1mm
N090 G01 Z-155；	车外圆
N100 G00 X100 Z100；	退刀至换刀点
N110 M09；	切削液关
N120 M05；	主轴停止
N130 M30；	程序结束
%	程序结束符

因为是初次加工，以熟悉机床和练习对刀为主，程序没有分粗、精加工，对能力较强的学生，可以控制刀补完成粗、精加工以保证尺寸。

2.1.1.3 仿真模拟

1. 数控车床仿真操作面板

（1）进入界面 单击桌面快捷键，进入图2-1-4所示界面，选择 FANUC 0iT，单击“运行”按钮。

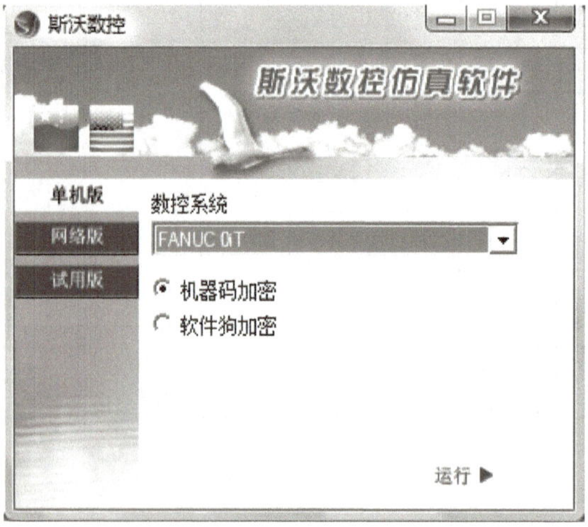

图 2-1-4 进入界面

（2）开机回零 开机进入界面，如图2-1-5所示。

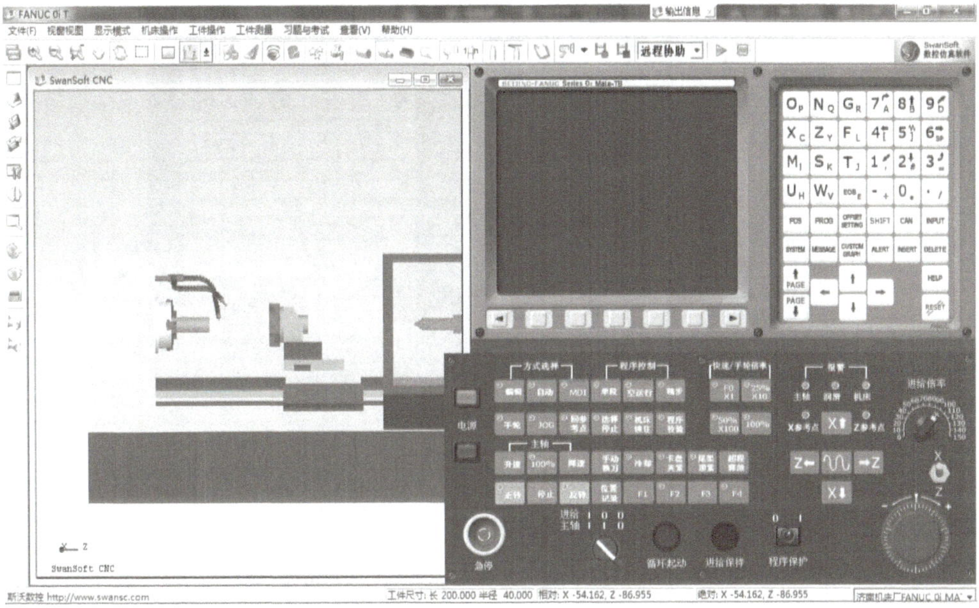

图 2-1-5　开机进入界面

1）单击“电源”绿色按钮，CRT 面板内容显示如图 2-1-6 所示。

2）按“急停”按钮至其弹起，取消报警，否则车床无法动作。

3）在“回参考点”图标灯亮的状态下，按X⇩、➡Z按钮，让车床回参考点，直至 X 参考点和 Z 参考点灯亮，此时 CRT 显示 X 和 Z 坐标为零，如图 2-1-7 所示。

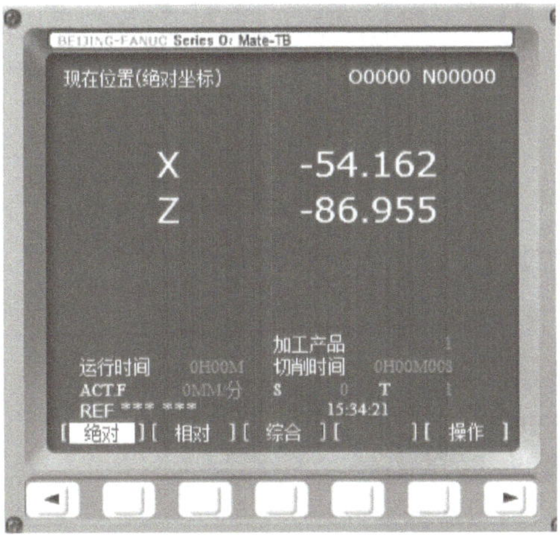

图 2-1-6　CRT 面板

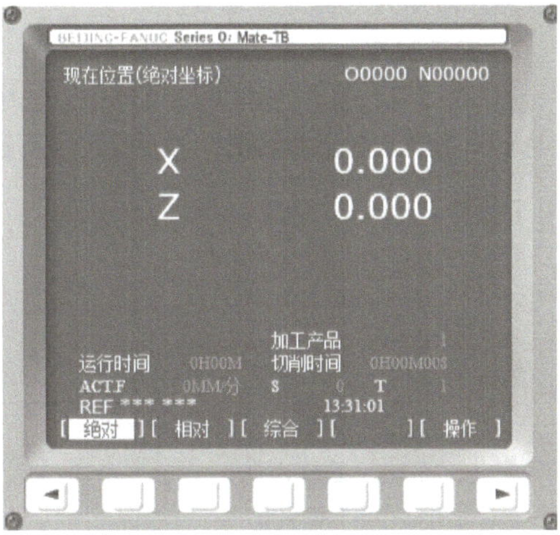

图 2-1-7　CRT 面板显示归零

（3）输入一个新程序

1）向系统中输入一个新程序，以加工零件。

2）操作步骤：

① 按“编辑”键，使灯亮，进入 EDIT 模式。将光标移至“程序保护”上，光标将成钥匙状，单击一次，改为 0 状态，即开启程序写入。

② 按PROG键，进入程序页面，输入程序名，如图 2-1-8 所示。输入的程序名不能与已有的程序名重复。

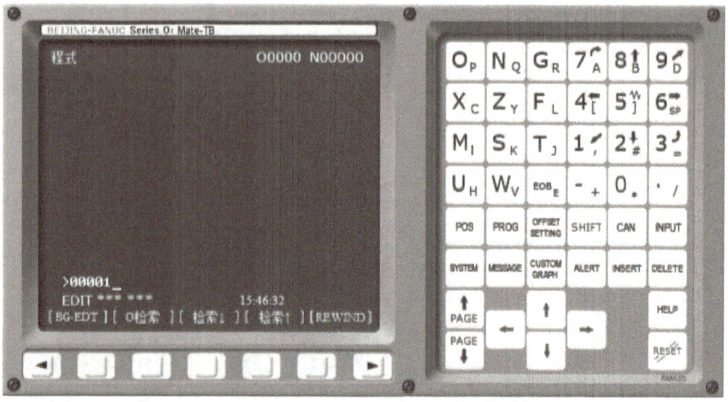

图 2-1-8 输入程序名

③ 若要查阅车床已有程序名，可以通过单击与DIR相对应的软件盘获得程序名列表。如果界面未出现DIR字样，可以通过单击程序或者，使之出现，如图2-1-9所示。

④ 按键，再按键，即可进入程序，开始程序输入。

⑤ 每输完一个程序段，按键，再按键，将该程序段插入后再继续输入。

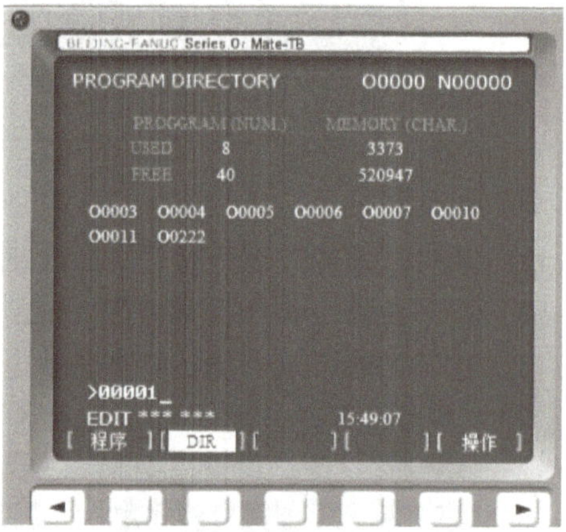

图 2-1-9 程序名列表

2. 安装工件

1）在“工件操作”的下拉菜单中，选中“设置毛坯”选项，弹出对话框，如图2-1-10所示。

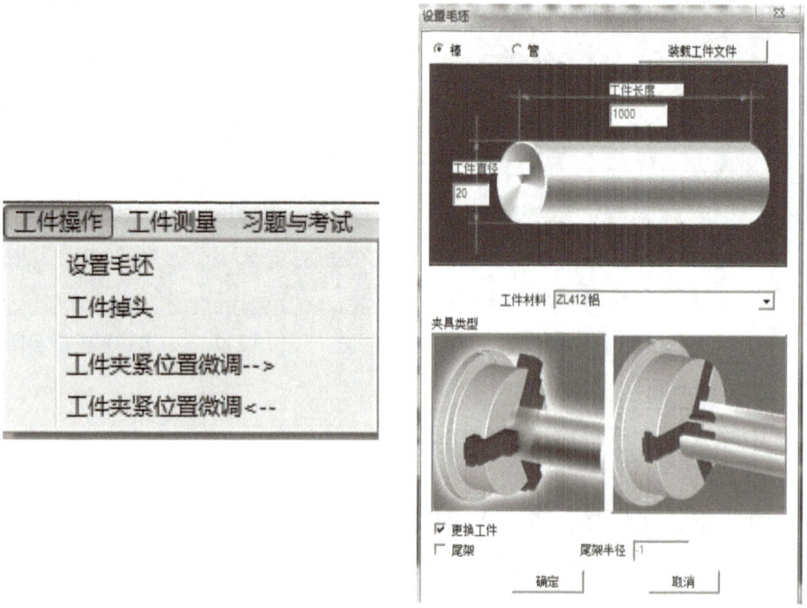

图 2-1-10 设置工件毛坯

2）设置工件直径为 20mm，长度为 1000mm，工件材料为 ZL412 铝，选择“更换工件”，单击“确定”后，自定心卡盘上的工件会自动更换。细长轴使用尾架，需要勾选“尾架”，并设置尾架半径。完成后单击“确定”，完成工件设置。

3）如果对工件伸出长度不满意，可以选择“工件操作”下拉菜单中的“工件夹紧位置微调”来进行调整，最终完成工件安装，如图 2-1-11 所示。

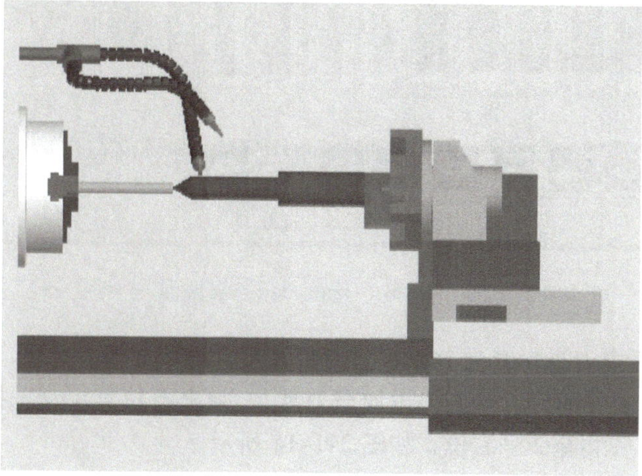

图 2-1-11　模拟工件装夹

3. 选择刀具

1）在“机床操作”下拉菜单下，单击“刀具管理”按钮，或者直接单击“刀具库管理”按钮，弹出如图 2-1-12 所示对话框。

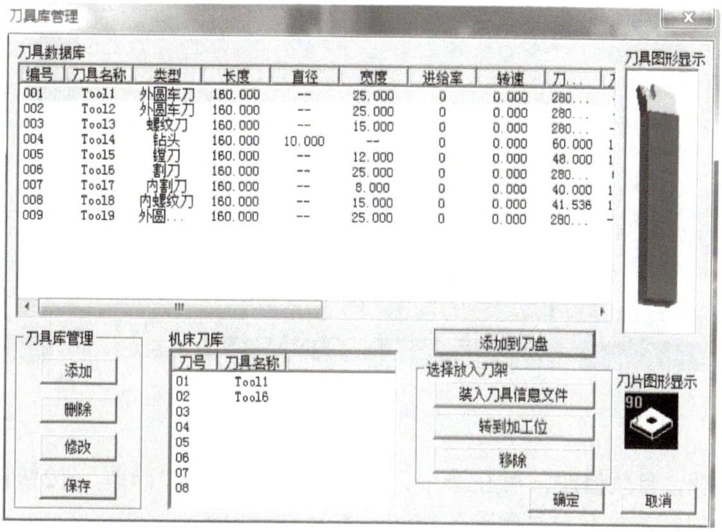

图 2-1-12　“刀具库管理”对话框

2）要车削细长轴，现有的外圆车刀前角较大，如需要进行修改，可以在选中刀具以后，单击“修改”按钮，弹出如图 2-1-13 所示对话框。

3）选中“右偏外圆车刀”，刀片类型选择 75°，可选择外圆刀并确定合理的刀具长度，

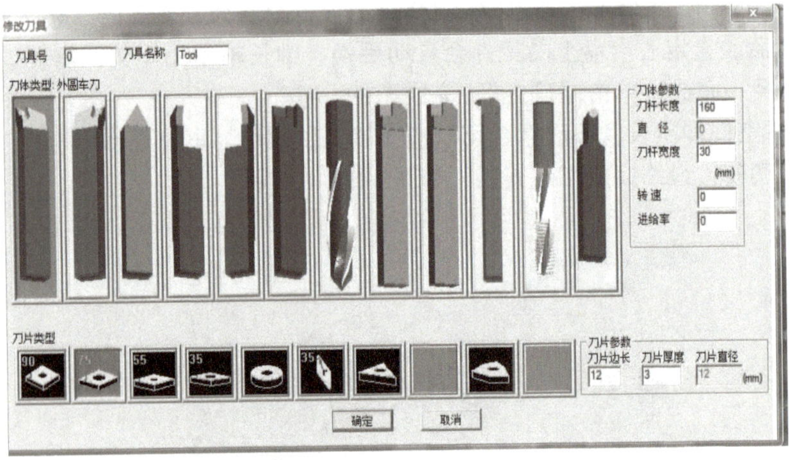

图 2-1-13 “修改刀具”对话框

采用默认设定，如设定刀具长度为160mm，刀杆宽度为30mm等，单击“确定”按钮。

4）选中所修改的外圆刀，单击“添加至刀盘”，弹出下拉菜单，选择“1号刀位”，选中现有的“割刀”，安装至2号刀位，如图2-1-14所示。

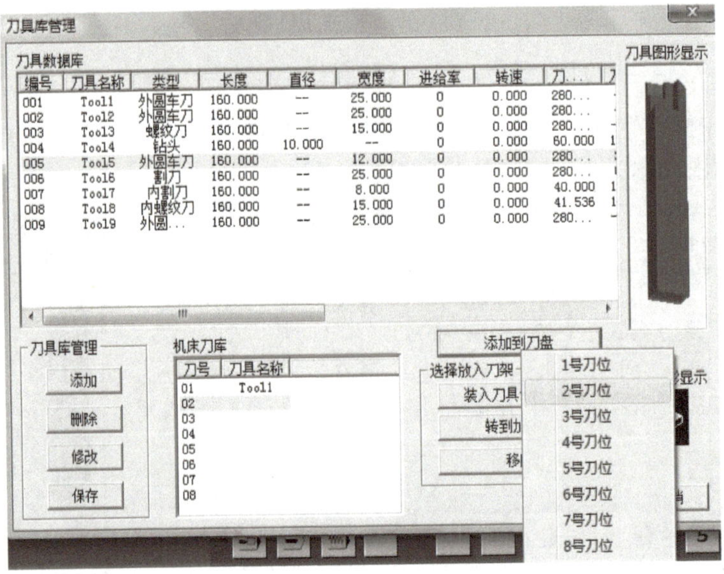

图 2-1-14 模拟装夹刀具

如设置不合理，希望修改，可在选中刀具后单击左下方“修改”按钮进行修改。如要删除后重新装夹，单击左下方“删除”按钮，重新进行设置。

选中1号刀，单击“转到加工位”按钮，完成以后，单击“确定”按钮。则当前工作刀位是1号刀，刀具类型为外圆刀。

4. 对刀

（1）快速对刀 选择“机床操作”下拉菜单中的“快速定位”，弹出如图2-1-15所示对话框，根据对刀习惯，一般选择中心点。

单击进入图 2-1-16 所示的刀补输入界面，依次单击、，在 RCT 屏幕下方“测量”所对应的软键盘输入 X 坐标，同理，依次单击、，在 RCT 屏幕下方“测量”所对应的软键盘输入 Z 坐标。

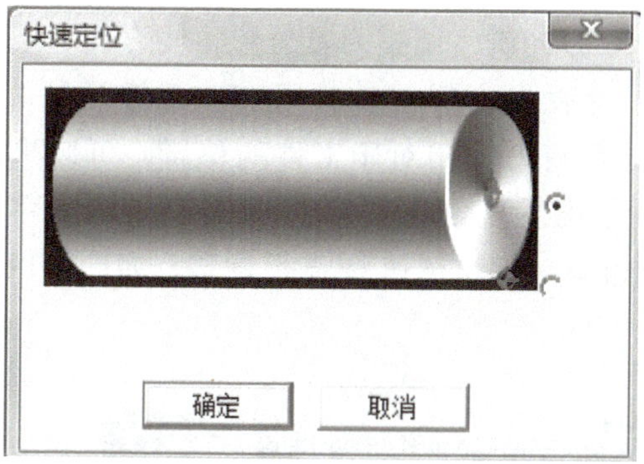

图 2-1-15　“快速定位”对话框

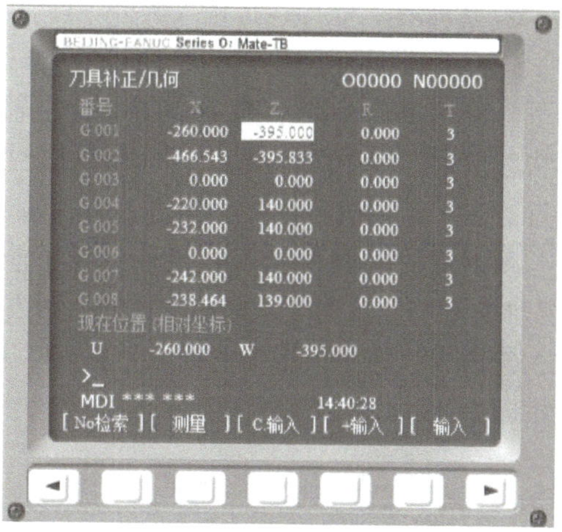

图 2-1-16　“刀具补正/几何”对话框

为了训练学生对刀，减少学生上机后的误操作，可以教学生采用手动对刀。先练习手动移动拖板，再学习手动输入（MDI）运行，最后练习手动对刀。

1）手动移动拖板。手动移动拖板有两种方法，即“JOG”连续移动和操纵“手轮”。“JOG”连续移动一般用于较长距离的台面移动。操作步骤如下：

① 按键，进入手动移动模式。

② 选择所需的轴，按住“方向”键，可以使刀架按照相应的坐标轴移动。

③ 按下按钮，按住、、、任一方向键，可以使刀架按照相应的坐标轴快速移动。

操纵“手轮”的步骤如下：

① 旋转手轮旋钮，可以使操作者很方便地将刀架移动到工作位置。

② 拨动手轮轴选择开关，可以选择刀架所要移动的 X 方向或 Z 方向。

③ 按“快速/手轮倍率”键选择刀架步进移动的增量，按键为手轮每转过一格，刀架移动 0.001mm，按键为移动 0.01mm，按键为移动 0.1mm，按键为移动 1mm。

2）手动数据输入（MDI）运行方式。在手动数据输入（MDI）方式下可以编制一个程序段加以执行。MDI 界面如图 2-1-17 所示。

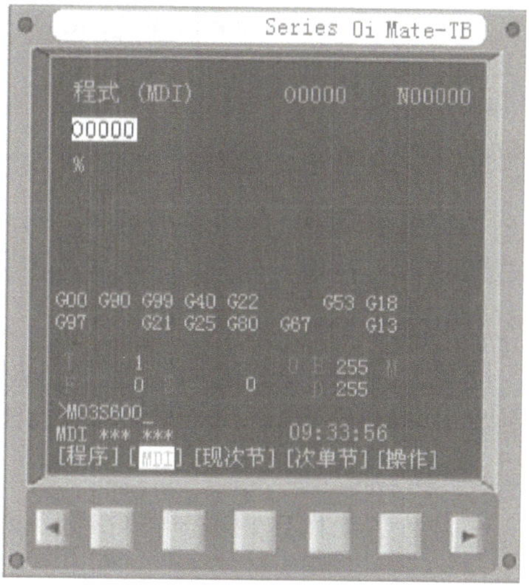

图 2-1-17　MDI 方式状态图

操作步骤：

① 按MDI键，灯亮表示进入 MDI 模式。

② 按PROG键，进入输入程序窗口，如图 2-1-17 所示。

③ 在数据输入行输入一个程序段，按EOB键，再按INSERT确定。

④ 按键，立即执行输入的程序段。

(2) 手动对刀　由于装夹工件的时候采用顶尖，重新装夹工件，去除顶尖。在 MDI 状态下，输入 M03 S600，按下键，让主轴运行。按下按钮，按住X↑、Z←方向键，让刀具快速接近工件端面，再按一下按钮，按X↑、Z←方向键，调整刀具位置，使刀具和端面接近对齐，车削端面。单击OFFSET SETTING进入刀补输入界面，依次单击Z、0，用 CRT 面板下方“测量”所对应的软键盘输入 Z 坐标。为了能更好地看清刀具相对于工件的位置，可以单击“视窗视图”下拉菜单，选择需要的视图方式，调整观察刀具和工件的相对位置，或者单击放大按钮、缩小按钮、缩放按钮、移动按钮、旋转按钮进行调整，如图2-1-18所示。

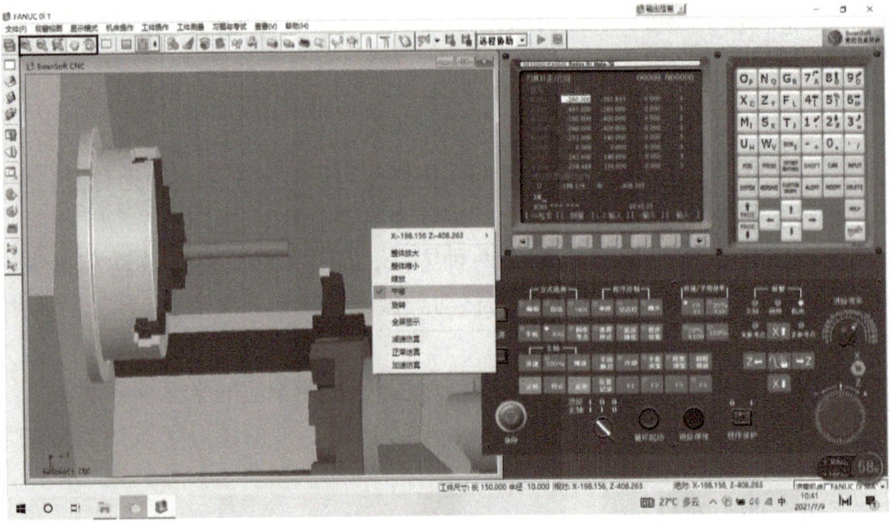

图 2-1-18　调整窗口

按方向键，将刀具移至工件边缘，车削外圆，刀具退出，按下“主轴停止”，单击“工件测量”下拉菜单，选择“特征点”。为了观看更方便，可单击，选择全屏，出现图 2-1-19所示界面。实时移动光标，可以检测到已车削外圆的尺寸。单击，退出全屏，单击OFFSET SETTING进入刀补输入界面，依次单击X所测得的外圆数值，用 CRT 面板下方“测量”所对应的软键盘输入 X 坐标。

同理，按下手动按钮JOG，按下手动换刀按钮手动换刀，将工作刀位换到 2 号刀，完成对刀。各刀对刀的时候，只碰到端面和外圆即可，不要进行车削。

5. 自动加工

在自动方式下零件程序可以执行自动加工，这是零件加工中经常使用的方式。操作步骤如下：

1) 按自动键，进入 AUTO（自动加工）模式。

2）单击舱门开关按钮关上舱门，屏幕左下角显示“MEM”，选择要运行的程序（在屏幕右上角显示程序名称），按键，程序开始运行。

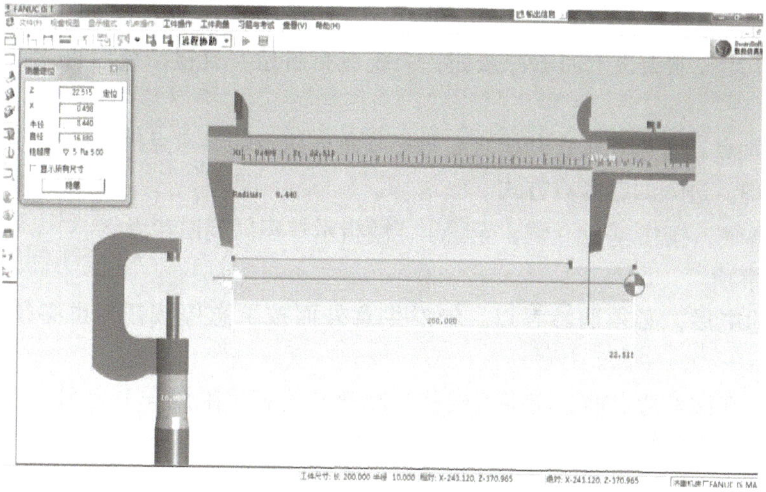

图 2-1-19　测量界面

3）输入程序并模拟运行，注意查看运行过程是否出现刀具与工件的碰撞，最后的零件形状是否符合要求。

6. 工件测量

在“工件测量”下拉菜单中，分别单击“刀路测量”“特征点”“特征线”“距离测量”“表面粗糙度分布”，可以看到所编辑程序的刀路轨迹。“特征点”“特征线”“距离测量”可以对工件进行外圆和长度测量，“表面粗糙度分布”可以检查所加工零件的表面质量，分析所选切削用量是否合适，如图 2-1-20所示。

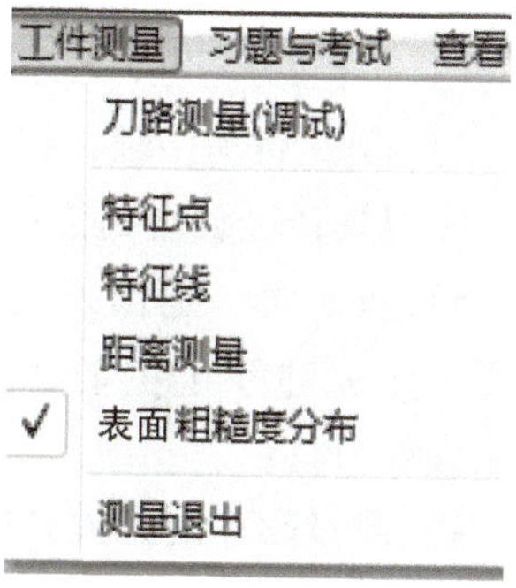

图 2-1-20　表面粗糙度分布测量

2.1.1.4　加工零件

1. 操作面板

本书主要以 FANUC 0i－TB 数控车床操作面板为例，FANUC 数控车床操作由 CRT/MDI 操作面板和车床控制面板两部分组成。

（1）CRT/MDI 操作面板　CRT/MDI 操作面板如图 2-1-21 所示。用操作键结合显示屏可以进行数控系统操作。

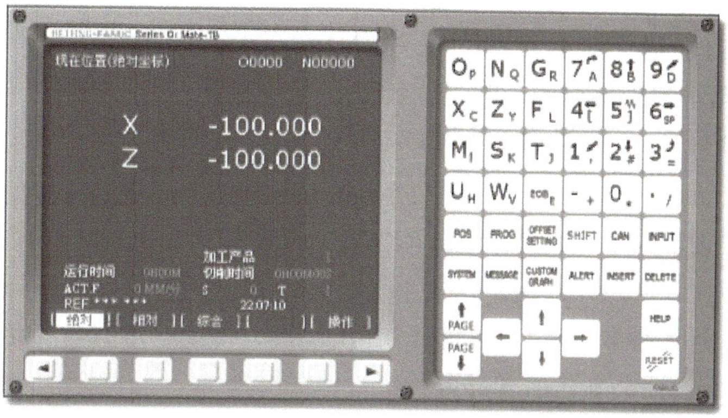

图 2-1-21　FANUC 数控车床 CRT/MDI 操作面板

（2）数控车床操作步骤与要点

1）开机操作步骤。

① 接通车床电源。

② 按下车床控制面板上的电源按钮，系统进行自检，自检结束后进入待机状态，可进行正常工作。

2）回参考点。车床在每次开机之后都必须首先执行回参考点操作。操作步骤如下：

① 按[回参考点]键，进入回参考点方式。

② 选择各轴，按住[X↓]、[→Z]键，至[X参考点]、[Z参考点]指示灯亮即到回参考点。

3）注意事项。

① 系统通电后，必须回参考点。如发生意外而按下急停按钮，也必须重新回一次参考点。

② 注意，在回参考点前，应将刀架移到减速开关和负限位开关之间，以便车床在返回参考点过程中找到减速开关。

③ 为保证安全，防止刀架与尾架相撞，在回参考点时，应先将 X 轴回参考点，然后再将 Z 轴回参考点。

2. 数控车床对刀方法

对刀就是在车床上确定刀补值或工件坐标系原点的过程。操作步骤如下：

1）按[JOG]或[手轮]键，在安全位置选择所要对的外圆刀。

2）按[正转]启动主轴，将车刀移到工件附近，然后将进给倍率调到低速档，配合以增量进给，使刀具轻轻触碰到工件外圆或试切外圆一刀。

3）按[→Z]键，退出刀具并使工件到合适的位置。按[停止]键停止主轴运动，注意在 X 方向不能移动刀具。

4）测量刚才对刀处外圆直径并记录下来。

5）按[OFFSET SETTING]键，进入参数设定页面，如图 2-1-22 所示。按“补正”软键，再按“形状”软键，进入刀具补偿窗口。按[↑]和[↓]键，找到对应的补偿值番号。

6）输入“X 外圆直径值”，再按“测量”键，刀具沿 X 方向的对刀结束。

7）按[正转]启动主轴，将车刀移到工件附近，然后将进给倍率调到低速档，配合旋转手轮使刀具轻轻触碰工件右端面或试切端面一刀。

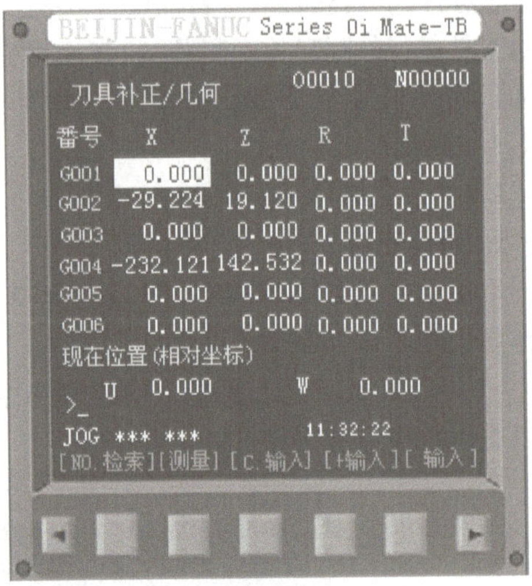

图 2-1-22 刀具补偿窗口

8）按[X↓]键，使刀具退出工件到合适的位置。按[停止]键停止主轴运动，注意在 Z 方向不能移动刀具。

9）按[OFFSET SETTING]键，进入参数设定页面，按“补正”键，再按“形状”键进入刀具补偿窗口，按[↑]和[↓]键，找到对应的补偿值番号。

10）输入“Z0”，再按“测量”键，刀具 Z 方向的对刀结束。

到此，一把刀完全对好。其余刀具依同样的方法进行对刀。以上方法是把工件坐标系零点建立在试切端面和工件中心线的交点处。

3. 练习

根据车床操作、程序输入和对刀方法，完成旋杆的加工。

2.1.1.5　检测零件

旋杆检测表见表 2-1-9。

表 2-1-9　旋杆检测表　（单位：mm）

考核项目	考核内容及其要求	评分标准	检测结果	分　析
1	形状正确	阶梯轴形状正确		
2	$\phi10$	公差允许范围内合格		
3	150	公差允许范围内合格		

2.1.1.6　维护与保养设备

1. 文明生产条例

1）开车前，应检查车床各部分机构是否完好，有无防护设备。

2）不允许在卡盘上、床身导轨上敲击或校正工件，床面上不准放工具或工件。

3）车刀磨损后应及时进行刃磨，用钝的车刀继续切削会增加车床负荷，甚至损坏车床。

4）工作完毕应清除车床上及车床周围的切屑及切削液，擦净后按规定在加油部位加注润滑油。

5）工作时所使用的工、量、刀具以及工件应尽量靠近和集中在操作者的周围，常用的放近处，不常用的放远处，物件放置应有固定位置，用后放回原处。

6）工作位置周围应经常保持清洁。量具用后擦净、涂油，放入盒内并及时归还工具室。

2. 数控车工安全操作规程

严格规范《数控车工安全操作规程》，杜绝人身、设备的安全事故。

1）操作时必须提高执行纪律的自觉性，遵守规章制度，并严格遵守安全操作规程。

2）工作时应穿工作服，女学生应戴工作帽，头发或辫子应塞入帽内，不允许穿拖鞋、凉鞋进入车间，以防切屑伤脚。

3）工作时头不能靠工件太近，以防切屑溅入眼内。

4）工作时必须集中精力，不允许擅自离开车床或做与车床工作无关的事，身体和手不能靠近正在旋转的工件或车床部件。

5）工件和车刀必须装夹牢固，以防飞出发生事故。

6）工件装夹完毕，卡盘扳手应随手取下。

7）不准用手去刹住转动着的卡盘或跨越旋转的卡盘传递物件。

8）车床开动时不准测量工件，也不能用手摸工件的表面。

9）清除切屑时应先停车，用钩子或刷帚，严禁用手直接接触，绝对禁止在开车切削时用手清除切屑。

10）操作车床时严禁戴手套。

11）一台车床不得两人同时操作。

12）不得在车间内奔跑或喊叫。

13）未经允许不得动用任何机床。

14）不得倚靠在车床上操作。

15）工作结束后须关掉车床总电源。

16）电器发生故障不准自行拆除，应由电工排除故障，以防触电事故。

2.1.2 总结与拓展

专家点拨

本零件属于细长轴，加工时一般采用一夹一顶的装夹方式，退刀时，尽可能向X方向退刀，避免刀架和尾座相撞。

2.1.3 课后训练

1. 操作题

完成图2-1-23所示减速器中轴的程序编制和仿真。

2. 思考题

1）阐述数控机床的发展方向。

2）指令的作用是什么？

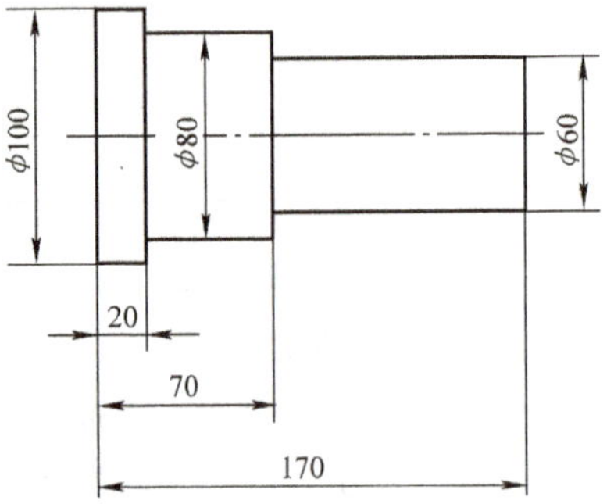

图2-1-23 减速器中轴

任务2.2 加工底座

【教学目标】

知识目标：

1）掌握内、外圆粗车循环指令G71、形状固定粗加工循环指令G73、精车循环指令G70和圆弧车削指令编写程序的方法，并能完成底座加工的手工编程和调试。

2）掌握游标卡尺、外径千分尺、内径表等量具对零件精度检验项目的正确使用方法，了解产生加工误差的主要原因及其消除方法。

3）掌握常见数控仿真软件的使用方法。

能力目标：

1）能正确制订外圆和内孔的数控加工工艺。

2）能进行直线与直线、直线与圆弧、圆弧与圆弧的节点计算，具备对简单的球、锥、台等几何外轮廓节点的计算能力。

3）能正确对内孔车刀输入刀具补偿参数。

【任务导读】

底座的加工比旋杆多了内孔的加工环节，不仅要求学生掌握内孔的数控加工工艺，还要求掌握镗刀的选用、装夹和对刀。本模块对零件提出了粗、精加工的要求，涉及循环指令的使用，要求选择合适的循环指令，提高加工效率。

学生以企业数控操作员的身份，参与底座加工的学习任务。主要学习内孔的数控加工工艺，镗孔刀的装夹和对刀方式以及循环指令的应用；编制底座的数控加工程序，经过模拟运行后手工输入车床；完成底座的加工并进行检测，填写检测报告；总结和交流加工精度与切削参数的关系。

2.2.1　工作过程

2.2.1.1　制订加工工艺

1. 分析图样

分析底座结构。盘套类零件不仅有外圆的加工，还有内孔的加工。底座零件图如图2-2-1所示，其加工内容见表2-2-1。

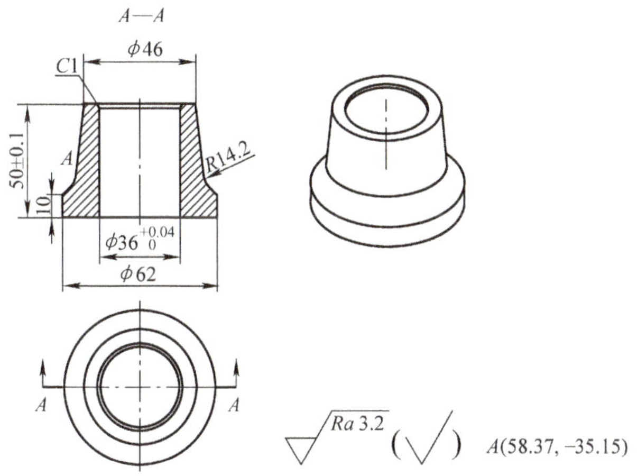

图2-2-1　底座零件图

9. 底座加工工艺

表2-2-1　底座加工内容　（单位：mm）

内　　容	要求（公差无说明默认自由公差 IT12）	备　　注
圆锥面	圆锥面	
圆弧面	圆弧面（半径为14.2）	
ϕ62 外圆	外圆 ϕ62（长10）	
ϕ36 内孔	ϕ36（$^{+0.04}_{0}$）	
表面粗糙度	外圆的 *Ra* 为3.2μm	
总长度	零件总长度为 50±0.1	

从表2-2-1中的加工内容可以看出，本图样没有提出几何公差的要求，加工精度要求较低。

2. 制订加工路线

1）备料，选用直径为65mm的6061棒料，长80mm。

2）自定心卡盘夹毛坯左端，粗车零件右端面至见光。

3）先钻中心孔，再用直径为20mm的钻头在车床上钻孔，孔深55mm以上，最后用直径为32mm的钻头进行扩孔。

4）粗车圆锥、圆弧面及ϕ62mm外圆，留0.5mm精车余量。

5）精车圆锥、圆弧面及ϕ62mm外圆至图样尺寸。

6）粗车ϕ36mm内孔的内孔及倒角（内孔总长多车1mm，以便于切断）。

7）精车ϕ36mm内孔的内孔及倒角至图样尺寸。

8）切断并保证总长。

3. 选用加工设备

选用CK6136I水平床身数控车床作为加工设备（技术参数见表2-1-2）。

4. 分析毛坯

零件材料为ϕ65mm的6061棒料，该材料为铝件，切削性能较好，如图2-2-2所示。

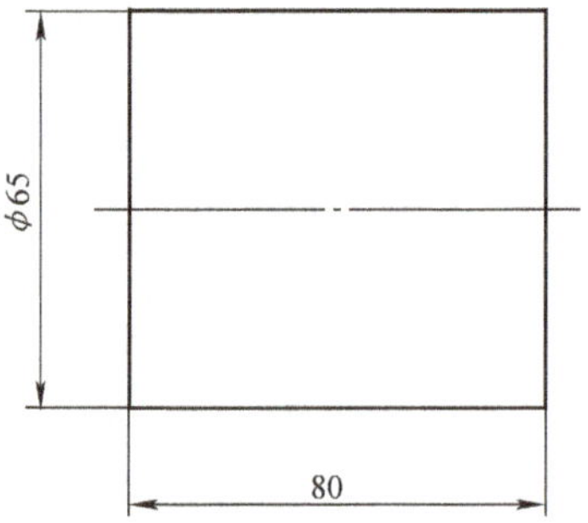

图2-2-2　底座毛坯

5. 选用夹具

在确定零件定位和夹紧方案时应注意以下几个问题：

1）尽可能做到设计基准、工艺基准与编程计算基准的统一。

2）尽量将工序集中，减少装夹次数，尽可能在一次装夹后加工出全部待加工表面。

3）避免采用占机人工调整时间长的装夹方案。

4）夹紧力的作用点应落在工件刚性较好的部位。

选用经济型数控车床加工。采用自定心卡盘装夹，一次装夹完成圆锥面、圆弧面及外圆的粗加工与精加工，以及内孔的粗加工与精加工。切断后保证长度。装夹方案设计见表2-2-2。

表2-2-2　装夹方案设计

装夹次数	装夹示意图
一次装夹	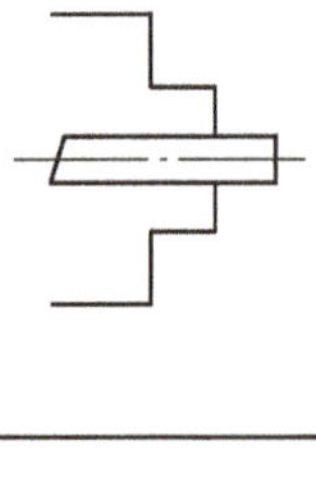

6. 刀具及切削用量的选择

数控车床上用的刀具应满足安装调整方便、刚性好、精度高、刀具寿命合理等要求。以选用SANDVIK刀具系统为例，查阅SANDVIK刀具手册，选择刀具和切削用量，见表2-2-3所示。

表 2-2-3　刀具和切削用量

工序	序号	刀杆规格	刀片规格	加工内容	转速/(r/min)	切削深度/mm	进给量/(mm/r)
加工左端	T01	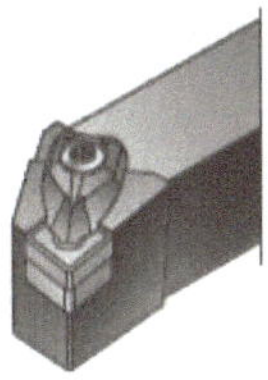 DCLNL2020M09	 CNMG090408 - PR	粗车	800	2	0.15
				精车	1000	0.25	0.12
	T02	 S12M - SDUCR07	 DCGT070204 - AK	粗车	600	1	0.12
				精车	800	0.25	0.1
	T04	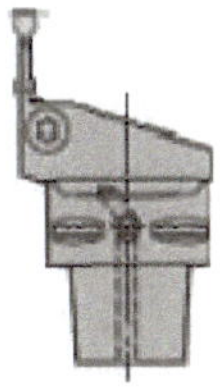 MGEHR2020 - 03	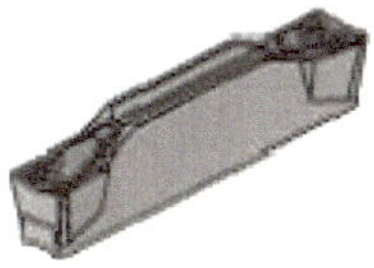 MGMN300 - M	切断	400		0.07

7. 制订加工工序

粗加工时主轴转速较低，进给速度较高；精加工时主轴转速较高，进给速度较低，孔的加工速度低于外圆。制作的加工工艺卡见表 2-2-4 和表 2-2-5。

表 2-2-4 底座加工工艺卡（1）

零件号:		工艺版本号:	工艺流程卡-工序清单			
MTJZ02		0				
工序号	工序内容	工位	页码: 1		页数: 2	
001	备料(6061)(ϕ65mm 棒料)	外协	零件号: MTJZ02		版本: 0	
002	粗车/精车/切断	数车	零件名称: 底座			
003			材料: 6061			
004			材料尺寸: ϕ65mm 棒料			
005			更改号	更改内容	批准	日期
006						
007						
008			01			
009						
010			02			
011						
012			03			
013						

拟制:	日期:	审核:	日期:	批准:	日期:		××工业职业技术学院

表 2-2-5 底座加工工艺卡（2）

零件号:		工序名称:		工艺流程卡-工序单
MTJZ02		底座的数车加工		
材料:6061	页码:2		工序号:01	版本号:0
夹具:自定心卡盘	工位:		数控程序号:	

刀具及参数设置				
加工内容	刀具号	刀具规格	主轴转速/(r/min)	进给量/(mm/r)
端面粗加工	T01	SVJCR2020-16	800	0.15
外圆粗加工	T01	SVJCR2020-16	800	0.15
外圆精加工	T01	SVJCR2020-16	1000	0.12
内孔粗加工	T02	S12M-SDUCR07	600	0.12
内孔精加工	T02	S12M-SDUCR07	800	0.1
切料	T04	MGEHR2020-03	400	0.07

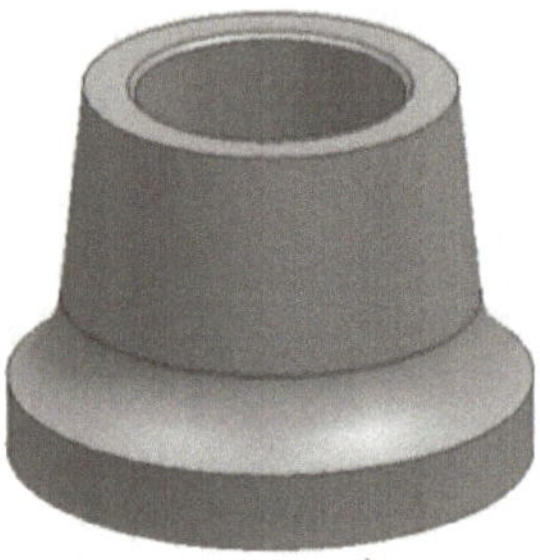

02						
01						
更改号	更改内容			批准	日期	××工业职业技术学院
拟制:	日期:	审核:	日期:	批准:	日期:	

2.2.1.2　编制加工程序

编制加工程序，见表2-2-6。

表2-2-6　底座加工程序表

加工程序	注　释
O0002；	程序名
N010 T0101；	调用1号刀具（外圆粗车刀）
N020 M03 S800；	主轴正转，转速为800r/min
N030 M08；	切削液开
N040 G00 X67 Z0；	车端面
N050 G01 X30 F0.15；	考虑扩孔的因素
N060 G00 X67 Z2；	设定起刀点
N070 G71 U1 R1；	外圆粗车循环
N080 G71 P090 Q130 U0.5 F0.15；	精车余量0.5mm，进给量为0.15mm/r
N090 G01 X46；	移动到端面
N100 G01 Z0；	
N110 G01 X58.37 Z-35.15；	车圆锥
N120 G02 X62 Z-40 R14.2；	车圆弧
N130 G01 Z-55；	车外圆，略延长
N140 G28 U0 W0；	返回参考点
N150 M01；	暂停，计划测量
N170 T0101；	调用外圆精车刀
N180 M03 S1000；	主轴正转，转速为1000r/min
N190 M08；	
N200 G00 X67 Z2；	精车循环起点
N210 G70 P090 Q130 F0.12；	精车循环
N220 G28 U0 W0；	
N230 M01；	
N240 T0202；	调用内孔粗车刀
N250 M03 S600；	
N260 M08；	
N270 G00 X30 Z2；	内孔粗车起刀点
N280 G71 U1 R0.5；	内孔粗车循环
N290 G71 P300 Q330 U-0.5 F0.12；	
N300 G01 X38；	倒角 $C1$
N310 Z0；	
N320 X36 Z-1；	
N330 Z-51；	内孔略延长
N340 G28 U0 W0；	返回参考点

（续）

加工程序	注　释
N350 M01；	暂停，计划测量
N360 T0202；	4 调用内孔精车刀
N370 M03 S800；	主轴正转，转速 800r/min
N380 M08；	
N390 G00 X30 Z2；	内孔精车循环起点
N400 G70 P300 Q330 F0.1；	内孔精车循环
N410 G28 U0 W0；	
N420 T0404；	调用切断刀，设刀宽为 4mm
N430 M03 S400；	
N440 M08；	
N450 G00 X66 Z－54；	Z 方向位置总长加刀宽
N460 G01 X34 F0.07；	切断
N470 G00 X100；	X 向退刀，防止未切断
N480 G28 U0 W0；	
N490 M05；	停主轴
N500 M09；	关切削液
N510 M30；	程序结束

2.2.1.3 仿真加工

1. 装夹刀具

按项目 2 任务 2.1 中的方法，打开斯沃仿真模拟程序，选择车床，将参数回零，单击刀具库管理按钮。

1）选择外圆刀并确定合理的刀具长度。本题建议选择外圆刀的刀具长度为 160mm，选用 75°的刀片，还可以在右下方设定刀片边长等参数，装夹在 1 号刀位，如图2-2-3所示。

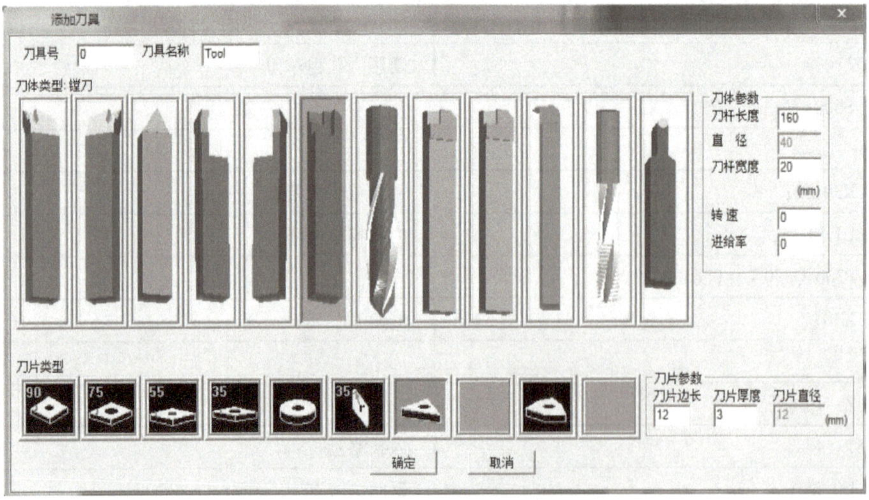

图 2-2-3　选择内孔车刀

2）选择内孔车刀 要充分考虑孔径后选择刀杆宽度，宽度要小于预孔孔径并考虑退刀量，刀片类型按照实际加工情况，选择三角形刀片，刀具号选择 2 号。

3）选择切断刀（又称割刀），如图 2-2-4 所示，要考虑受力大小，选择合理的刀杆宽度，根据槽宽和切深选择刀片的边长和宽度，刀具号选择 4 号。

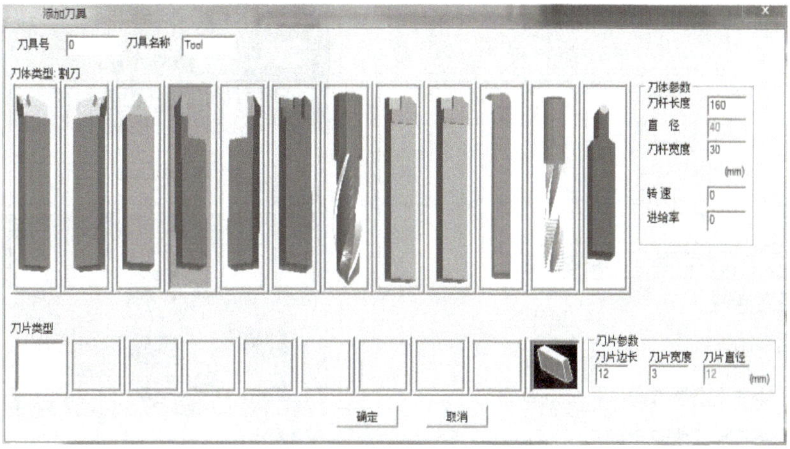

图 2-2-4 选择切断刀

将内孔车刀装到 2 号刀位，将切断刀装到 4 号刀位，外圆刀仍为 1 号刀位，如图 2-2-5 所示。

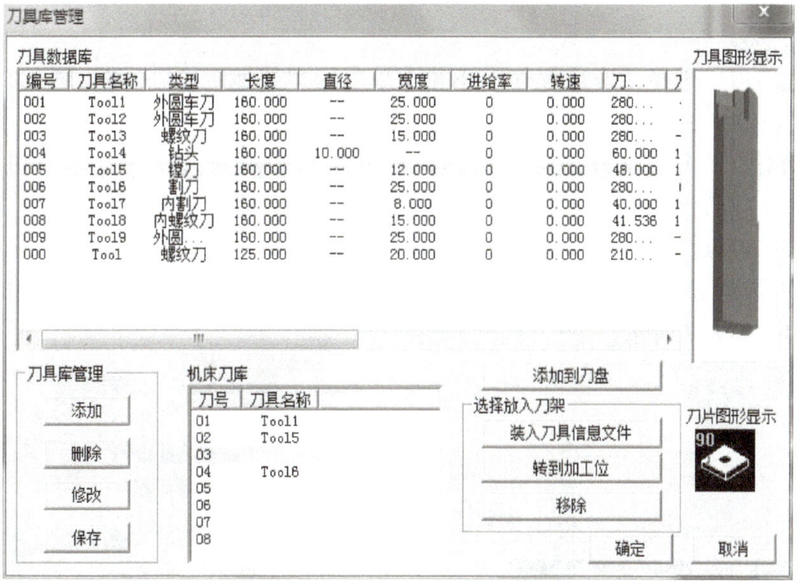

图 2-2-5 将刀具装到加工位

2. 设置工件

设置工件毛坯大小的方法为：

1）单击“工件操作”下方的“设置毛坯”按钮，如图 2-2-6 所示。

2）进入“设置毛坯”对话框，设置工件大小及材料。按照所加工工件，设置为棒料，设定工件长度为 80mm，直径为 65mm，材料为铸铝。为了节省材料，选择管料，确定装夹类型为自定心卡盘直接装夹，如图 2-2-7 所示。

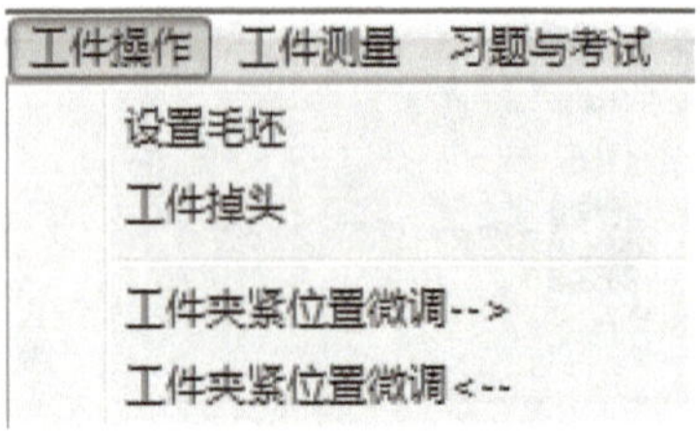

图 2-2-6　设置工件进入页面

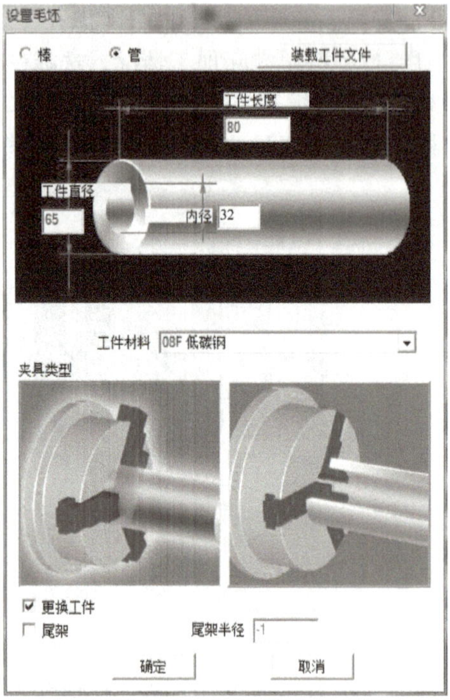

图 2-2-7　设置工件

3. 对刀

(1) 快速对刀　选择“车床操作”下拉菜单中的“快速定位”，弹出图2-2-8所示对话框，根据对刀习惯，一般选择中心点定位。

(2) 手动对刀　为了更好地练习对刀，可以采用手动对刀，内孔车刀对刀的具体方法为：

1) 移动刀具靠近工件。

2) 单击按钮，调节工件和刀具视角，方便查看刀具和工件的相对位置。调节视角，如图2-2-9所示。

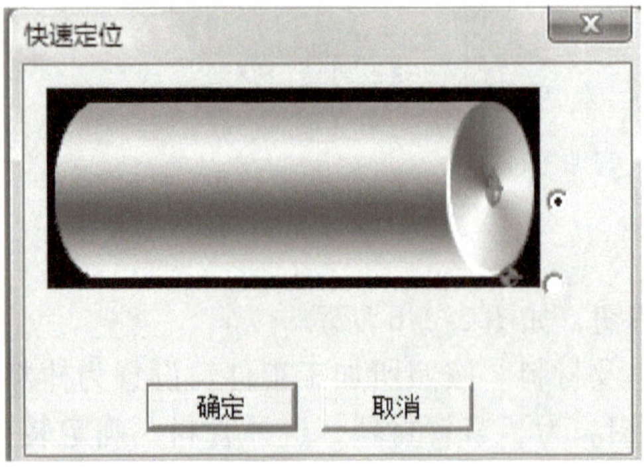

图 2-2-8　对刀

图 2-2-9　调节视角

3）转动主轴，内孔车刀车平端面，按下 OFFSET SETTING 按钮，进入图 2-2-10 所示状态。

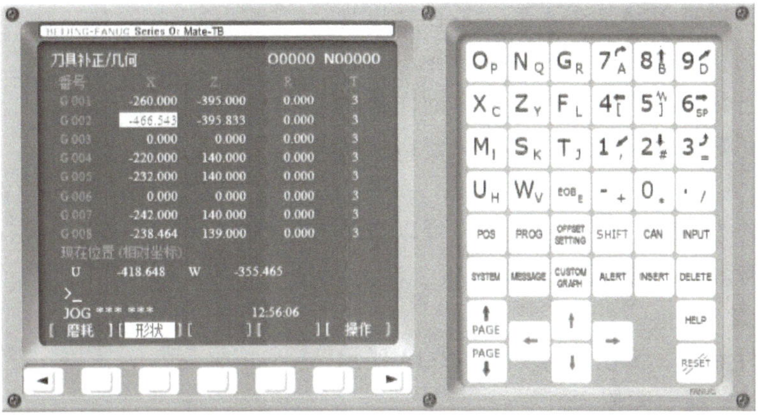

图 2-2-10　输入刀补

4. 输入程序

1）按 EDIT 键，使灯亮，进入 EDIT 模式。将光标移至程序保护上，光标将成钥匙状，单击一次，改为 0 状态，即开启程序写入。

2）按 PROG 键，进入程序页面，输入程序名，如图 2-2-11 所示。输入的程序名不能与已有的程序名重复。

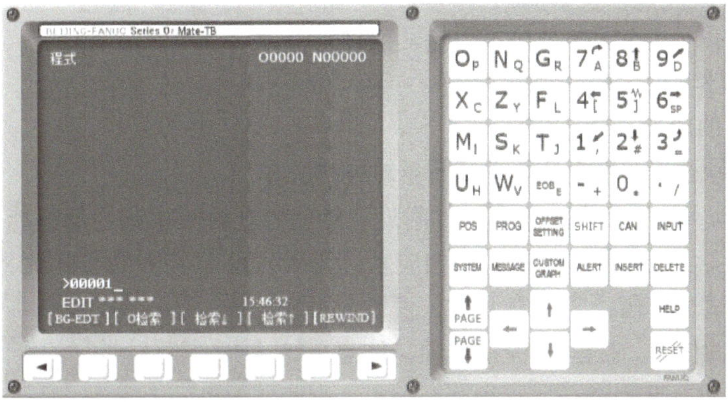

图 2-2-11　输入程序名

将所编制的程序输入并存盘。也可以在写字本中输入文件，存成“.txt”格式文件后，将车床调至编辑状态，单击“文件”下方的“打开”，如图 2-2-12 所示。导入文件，在“文件类型”中选择 NC 代码文件。

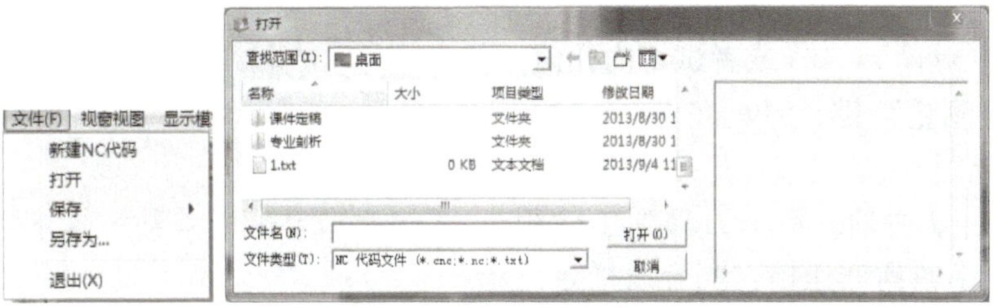

图 2-2-12　调用程序

5. 模拟运行

模拟运行，检查刀路是否正确，是否会出现撞刀等问题。为了查看清晰，可以按下显示刀轨按钮，如要仔细分析内孔，可以按下剖面显示按钮等，为了观察方便，可以单击窗口切换按钮进行切换。

在运行时，为了获得逼真的效果，可以按下加工声效按钮和舱门开关按钮等。

6. 工件测量

单击“工件测量”按钮，出现图2-2-13所示画面，移动光标，显示读数。

测量完成后，单击“工件测量”下拉菜单中的“测量退出”。

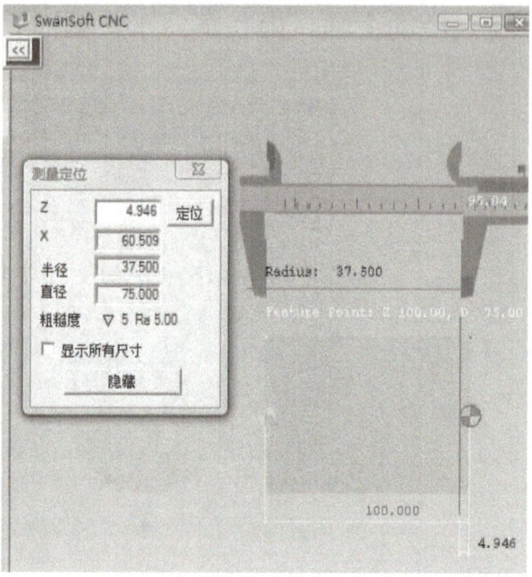

图2-2-13　测量工件

2.2.1.4　工装准备

1. 刀具准备

机夹外圆刀、内孔车刀、切断刀。

2. 夹具准备

自定心卡盘。

3. 测量工具

外圆：游标卡尺、螺旋千分尺；内孔：内径百分表。

2.2.1.5　加工零件

1. 内孔车刀的对刀

1）按或键，在安全位置选择所要对的内孔车刀。

2）按启动主轴，将车刀移到工件附近，然后将进给倍率调到低速档，配合以增量进给使内孔车刀刀尖与已车外圆平齐，在相应坐标上置入已车外圆的实际值xx. xx，或者移动内孔车刀，少量试切内孔，然后按键，使刀具退出工件到合适的位置。按键停止主轴，注意在X方向不能移动刀具。

3）测量刚才对刀处内孔直径后进行记录。

4）按键，进入参数设定页面。按“补正”键，再按“形状”键，进入刀具补偿窗口，如图2-2-14所示。按和键，找到对应的补偿值番号。

5）输入“xxxx. xx”，（或者试切内孔值）按键，再按“测量”键，刀具在X方向的对刀结束。

6）按启动主轴，将车刀移到工件附近，然后将进给倍率调到低速档，配合以增量进给，

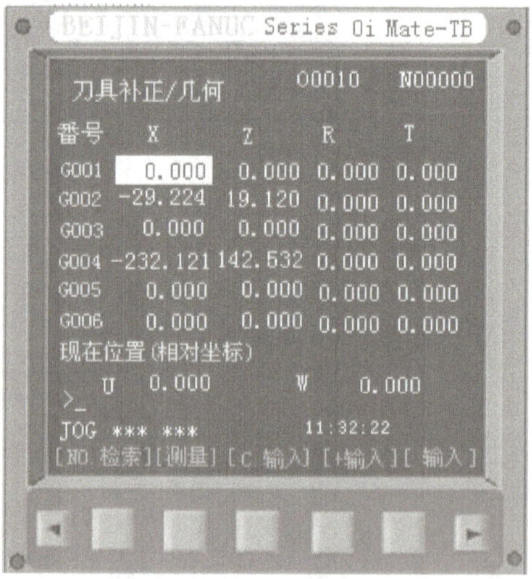

图2-2-14　刀具补偿窗口

使刀具轻轻触碰工件右端面。

7）按 X↓ 键，使刀具退出工件到合适的位置。按 停止 键停止主轴运动，注意在 Z 方向不能移动刀具。

8）按 OFFSET SETTING 键，进入参数设定页面，按“补正”键，再按“形状”键进入刀具补偿窗口。按 ↑ 和 ↓ 键，找到对应的补偿值番号。

9）输入“Z0”，按“测量”键，刀具在 Z 方向的对刀结束。

2. 切断刀的对刀

1）按 JOG 或 手轮 键，在安全位置选择所要对的切断刀。

2）按 正转 启动主轴，将车刀移到工件附近，然后将进给倍率调到低速档，配合以增量进给使切断刀碰到已车外圆，在相应坐标上置入已车外圆的实际值 xxx. xx。

3）按 OFFSET SETTING 键，进入参数设定页面。按“补正”键，再按“形状”键，进入刀具补偿窗口。按 ↑ 和 ↓ 键，找到对应的补偿值番号。

4）输入“X 外圆直径值”，按“测量”键，刀具在 X 方向的对刀结束。

5）按 正转 启动主轴，将车刀移到工件附近，然后将进给倍率调到低速档，配合以增量进给，使刀具左刀尖轻轻触碰工件右端面（编程切断的时候需要考虑刀宽）。

6）按 X↓ 键，使刀具退出工件到合适的位置。按 停止 键停止主轴运动，注意在 Z 方向不能移动刀具。

7）按 OFFSET SETTING 键，进入参数设定页面，按“补正”键，再按“形状”键进入刀具补偿窗口。按 ↑ 和 ↓ 键，找到对应的补偿值番号。

8）输入“Z0”，按“测量”键，刀具在 Z 方向的对刀结束。

2.2.1.6　检测零件

图 2-2-15 所示为内径百分表是将测头的直线位移变为指针的角位移的计量器具。用内径百分表测量内径是一种比较量法，测量前应根据被测孔径的大小，在专用的环规或百分尺上调整好尺寸后才能使用。国产内径百分表的读数值为 0.01mm，根据内径百分表的指针摆动读取数值。分度盘上每一格为 0.01mm，盘上刻有 100 格，即指针每转一圈为 1mm。测量范围有 10 ~ 18mm、18 ~ 35mm、35 ~ 50mm、50 ~ 100mm、100 ~ 160mm、160 ~ 250mm、250 ~ 450mm。它的测量范围是通过更换或调整可换测头的长度来达到的，因此每个内径百分表都附有成套的可换测头。

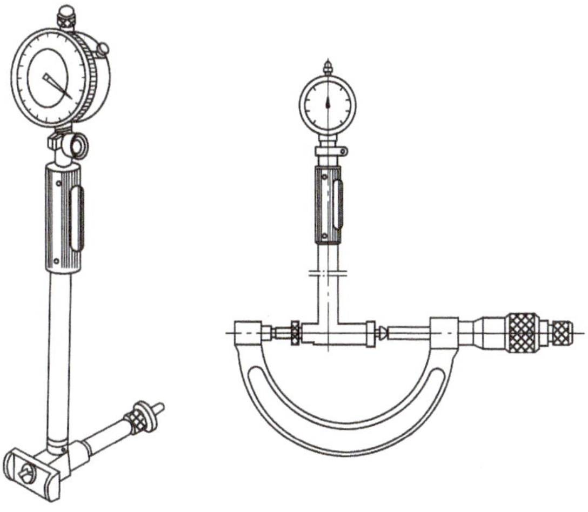

图 2-2-15　内径百分表

1. 使用前检查事项

1）检查表头的相互作用和稳定性。

2）检查活动测头和可换测头的表面光洁情况以及连接是否稳固。

2. 读数方法

测量孔径时，孔轴向的最小尺寸为其直径；测量平面间的尺寸时，任意方向内均最小的尺寸为平面间的测量尺寸。百分表测量读数加上零位尺寸即为测量数据。

3. 正确使用规范

1）把内径百分表插入量表直管轴孔中，压缩百分表一圈，紧固。

2）选取并安装可换测头，紧固。

3）测量时手握隔热装置。

4）根据被测尺寸调整零位。用已知尺寸的环规或平行平面（千分尺）调整零位，以孔轴向的最小尺寸或平面间任意方向内均最小的尺寸对0位，然后反复测量同一位置2~3次后检查指针是否仍与0线对齐，如不齐则重调。为读数方便，可用整数来定零位位置。

5）测量时，摆动内径百分表，找到轴向平面的最小尺寸（转折点）来读数。

6）测杆、测头、百分表等配套使用，不要与其他表混用。

4. 维护与保养

1）远离液体，避免切削液、水或油与内径百分表接触。

2）在不使用时，要摘下内径百分表，使表解除所有负荷，让测量杆处于自由状态。

3）成套保存于盒内，避免丢失与混用。

5. 练习

测量并完成表2-2-7。

表2-2-7 底座检测 （单位：mm）

考核项目	考核内容及其要求	评分标准	检测结果	分析
1	形状正确	内外圆形状正确		
2	$\phi62$	偏差允许范围内合格		
3	$\phi36$	偏差允许范围内合格		
4	10	偏差允许范围内合格		
5	50	偏差允许范围内合格		

2.2.2 总结与拓展

1. 专家点拨

内孔车刀的刀杆不能伸出太长，否则刚性会变差。在切入的时候，还要考虑刀杆是否会与工件相碰撞。

钻孔的一般加工过程为钻中心孔—钻小孔—扩孔—镗孔。如有需要，还可以进行热处理、磨削处理等。对一些细小孔可以用穿丝机穿孔，或用电火花钻孔等方法进行加工。

2. 知识拓展

数控车床程序编制的方法有两种：手工编程与自动编程。

（1）手工编程 手工编程主要由人工来完成数控车床程序编制各个阶段的工作。一般被加工零件形状不复杂和程序较短时，可以采用手工编程的方法。手工编程的框图如图2-2-16所示。

手工编程时，要求编程人员不仅要熟悉数控指令代码及编程规则，而且还必须具备机械加工工艺知识和数值计算能力。

手工编程的特点是计算比较简单，出错概率较小，而且不需要特别的、价格较高的自动编程设备，在加工几何形状不太复杂的零件以及所需要的加工程序不长时，用手工编程既经济又及时，因而手工编程仍被广泛地用于点位加工及形状简单的平面轮廓加工。

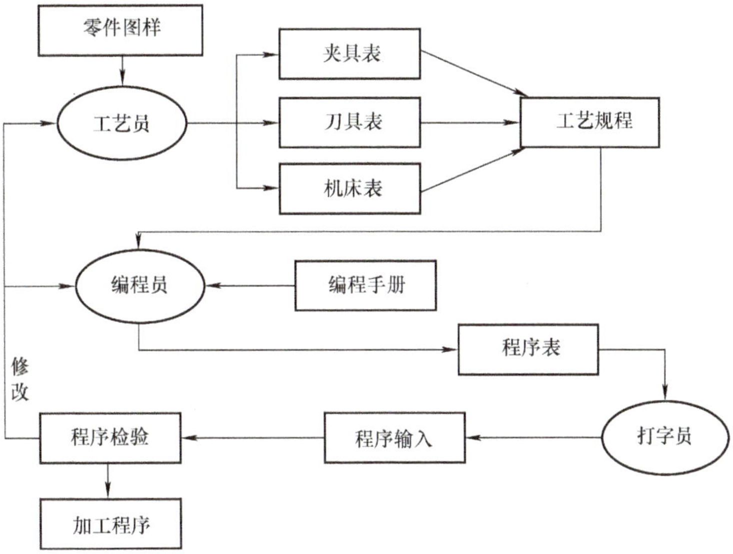

图 2-2-16　手工编程框图

（2）自动编程　自动编程是使用计算机或编程机进行数控机床程序编制工作。主要用于加工具有非圆曲线之类的复杂零件、具有多孔或多段圆弧的大程序量零件和不具备刀具半径补偿功能的轮廓铣削零件等。由于计算相当繁琐且程序量大，手工编程难以胜任，即使能够编出程序来，往往耗费时间很长，而且容易出现错误。据国外统计，当采用手工编程时，一个零件的编程与在机床上实际加工时间之比，平均约为 30:1。而数控机床停机的原因中有 20% ~30% 是由于加工程序编制困难，编程所用时间较长所造成的。因此，为了缩短生产周期，提高机床的利用率，有效地解决各种模具及复杂零件的加工问题，采用手工编程已不能满足要求，而必须采用自动编程的办法。

自动编程时，除拟订工艺方案仍主要依靠人工进行外，其余的工作，包括数学处理、编写程序单、制作控制介质和程序校验等各项工作均由计算机自动完成。

按输入方式不同，自动编制程序可分为语言数控自动编程、图形数控自动编程和语音数控自动编程等。

1）语言自动编程是指加工零件的几何尺寸、工艺要求、切削参数及辅助信息等是用数控语言编写成零件源程序后，输入到计算机中，再由计算机进一步处理得到零件加工程序单。用数控语言编写的零件源程序与用规定指令和格式编写的可直接用于机床的数控加工程序有着本质的区别。自动编程框图如图 2-2-17 所示。

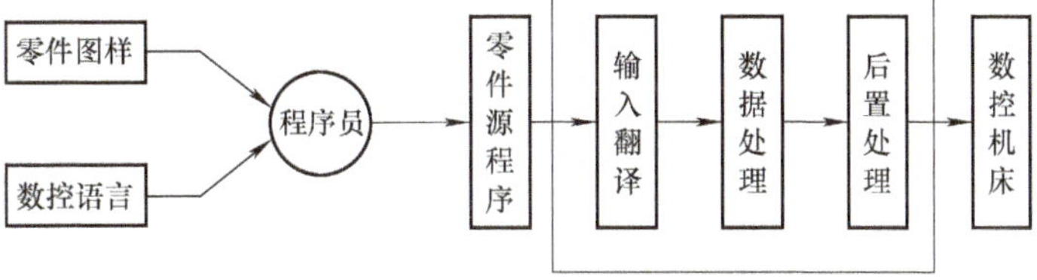

图 2-2-17　自动编程框图

2）图形数控自动编程是指用图形输入设备（如数字化仪）及图形菜单将零件图形信息直接输入计算机并在显示器中显示出来，再进一步处理，最终得到加工程序及控制介质。

3）语音数控自动编程是采用语音识别器，将操作者发出的加工指令声音转变为加工程序。

手工编程与自动编程的比较见表2-2-8。

表2-2-8　数控机床手工编程与自动编程比较

项　　目	手工编程	自动编程
数值计算	复杂、繁琐、人工计算工作量大	简便、快捷、计算机自动完成
出错率	人工误差大，容易出错	计算机可靠性高，不易出错
表达程序方式	用大量数字和代码编写	用熟悉的“语言”或图像来描述
修改程序	费事	方便
制作控制介质	人工完成	计算机自动完成
所需设备	通用计算机辅助	专用自动编程系统
对编程人员要求	必须具备较强数学运算能力	只需会编工艺，掌握零件源程序写法

2.2.3　课后训练

1. 操作题

完成国际象棋棋子的编程与车削加工，如图2-2-18～图2-2-22所示。

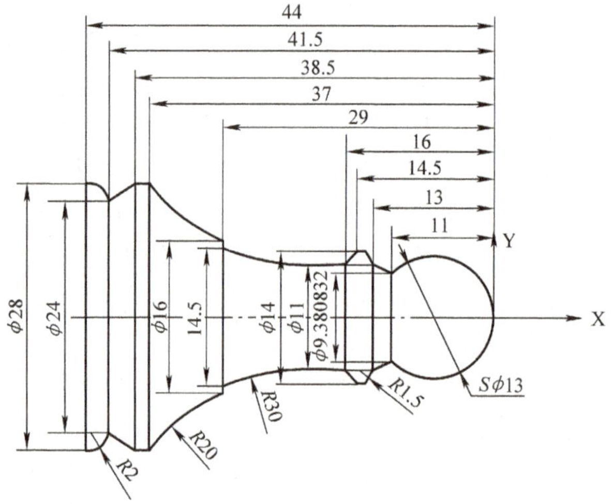

图2-2-18　国际象棋的兵

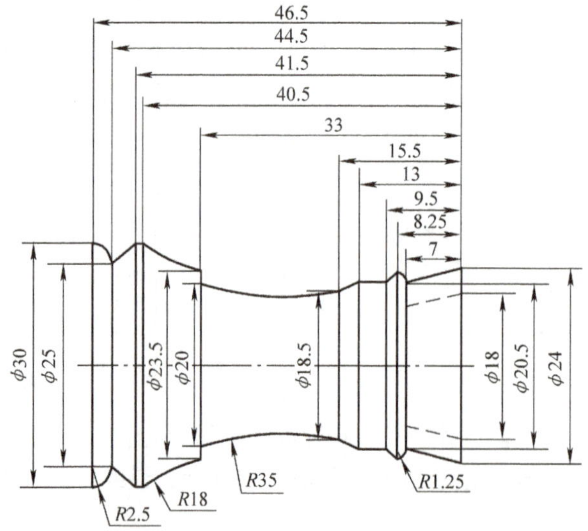

图2-2-19　国际象棋的车

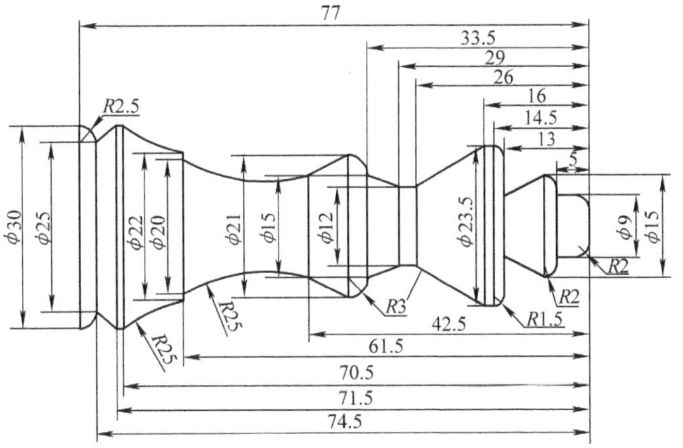

图 2-2-20　国际象棋的后

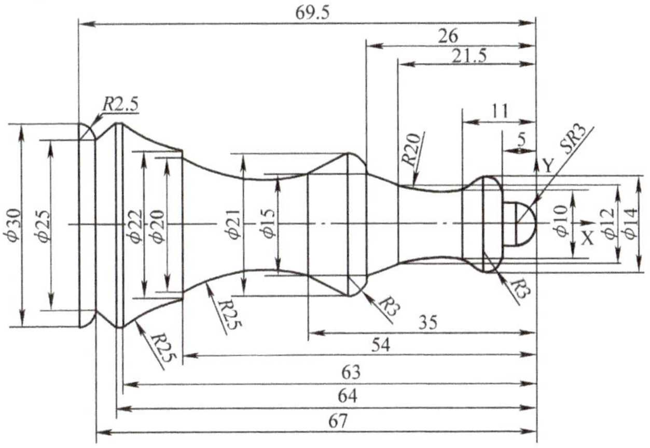

图 2-2-21　国际象棋的王

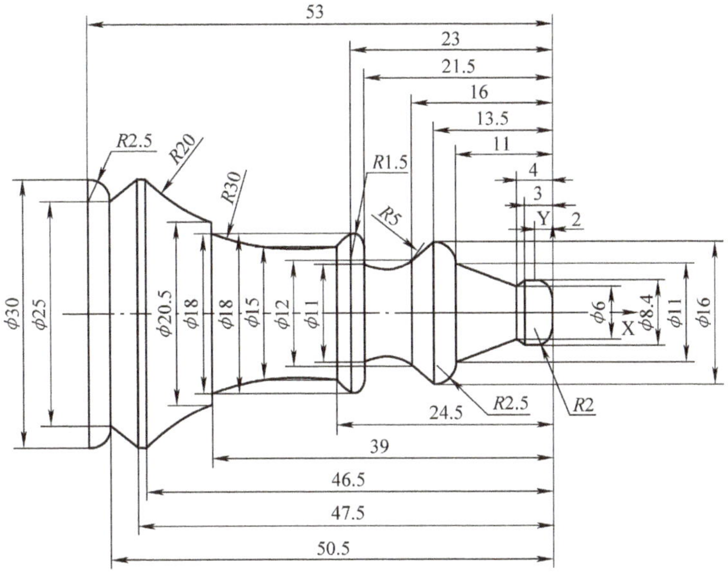

图 2-2-22　国际象棋的象

2. 思考题

1）G02 与 G03 为什么在数控车床上与加工中心上看起来是反的？

2）各种粗、精车循环指令在选用上有什么差别？

3）小结对数控机床的认识。

4）自主学习 G72 指令。

任务 2.3 加工顶杆

【教学目标】

知识目标：

1）掌握数控车床车削螺纹的粗、精加工切削用量的选择。

2）掌握暂 G32、G92、G76 指令的使用。

3）掌握数控车床日常保养的常见项目和方法。

4）掌握机夹数控车床螺纹车刀、切断刀的装卸方法和对刀方法。

能力目标：

1）能用 G32、G92、G76 完成螺纹的编程。

2）能完成顶杆的加工和检测。

3）能读懂车床的报警，并处理简单的车床报警。

【任务导读】

顶杆是带螺纹的轴类零件，是典型的车削加工零件。在螺纹实际生产中，可以用车床切削、铣床铣削，直径较小的标准粗牙螺纹还可以采用攻螺纹与套螺纹。批量生产的螺钉等螺纹紧固件可采用搓丝机加工。

学生以企业数控操作员的身份，参与顶杆加工的学习任务。主要学习普通外螺纹的数控加工编程方法和数控加工工艺、螺纹刀的装夹和对刀方式以及螺纹加工指令和螺纹循环加工指令的应用，然后编制顶杆的数控加工程序，经过模拟运行后手工输入车床，完成顶杆的加工并进行检测，填写检测报告，总结和交流保证螺纹中径尺寸的经验。

2.3.1 工作过程

2.3.1.1 制订加工工艺

1. 分析图样

分析顶杆结构，图 2-3-1 所示为顶杆属轴类零件图，有外切槽和外螺纹的加工，外切槽为螺纹的退刀槽，ϕ10mm 的孔是安装旋杆用的，为间隙配合，只需通过钳工划线钻孔即可完成，故在数控车床加工时，不做说明。选择 *SR*15mm 半球的最上端为编程原点，可以一次装夹完成零件的加工。加工内容见表 2-3-1。

10. 顶杆加工工艺

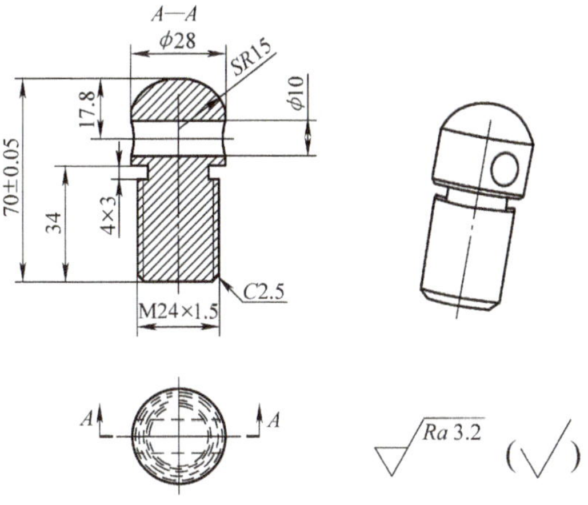

图2-3-1　顶杆

表2-3-1　顶杆加工内容　（单位：mm）

内　容	要　求	备　注
*SR*15 球面（半球），ϕ28、ϕ24 外圆	球面半径为 *SR*15（半球），外圆直径分别为 ϕ28（长 23.2），公差为 $^{+0.25}_{-0.25}$	
槽（深3×宽4）	槽深为3（此段直径为 ϕ18），宽度为4	
M24×1.5 外螺纹	外螺纹孔 M24×1.5（长 30，要求通规进、止规止）	
表面粗糙度	整体表面的 *Ra* 为 3.2μm	
总长度	外圆长度为 70，公差为 $^{+0.05}_{-0.05}$	

从表2-3-1的加工内容可以看出，本图样没有提出几何公差的要求，加工精度要求较低。

2. 制订加工路线

1）备料。选用 ϕ30mm 的 6061 棒料，长为 1000mm。

2）粗车右端。自定心卡盘夹毛坯左端，粗车零件右端面至光滑。

3）粗车球面、ϕ28mm 外圆及倒角，留 0.3mm 精车余量。

4）精车球面、ϕ28mm 外圆及倒角至图样尺寸。

5）切断，保证总长。

6）调头装夹，精车端面，粗车 M24×1.5 大径及倒角（为保证螺纹加工，外圆车至 ϕ23.8mm）。

7）精车 M24×1.5 大径及倒角至图样尺寸。

8）用切断刀切宽 4mm 深 3mm 的槽，保证尺寸。

9）车 M24×1.5 外螺纹。

10）在钻床上钻 ϕ10mm 的孔（由于顶杆与旋杆的配合不需要较高的表面粗糙度，所以直接划线钻孔即可，同时保证孔心与端面的距离保持在 17.8mm）。

3. 选用加工设备

选用 CK6136I 水平床身数控车床作为加工设备（机床参数参考表2-1-2）。

4. 分析毛坯

零件材料为6061，该材料为铝件，切削性能较好。根据零件尺寸和车床性能，选用直径为30mm，长度为1000mm的棒料作为毛坯，如图2-3-2所示。

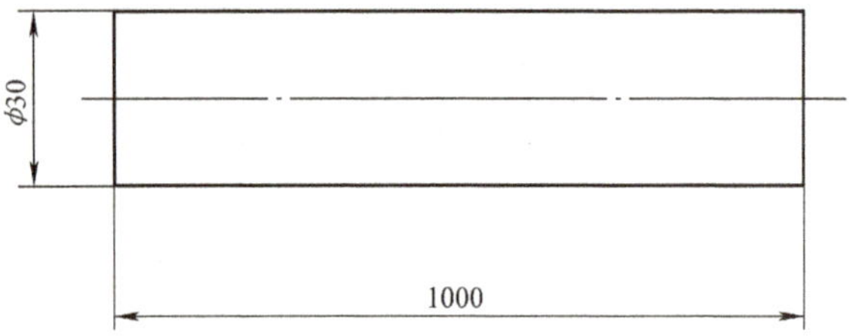

图2-3-2　顶杆毛坯

5. 选用夹具

选用自定心卡盘夹持，经济型数控车床加工，遵循先圆后孔的加工顺序，选择切削用量。

螺纹的进给量为转速×螺距，在普通车床上，考虑到操作者的反应速度，一般主轴转速较低，数控车床可以略高，但要保证转速×螺距的大小不超过车床的最大进给量。同时，还应考虑加工材料、刀具、车床性能等的影响。根据车床的实际状况，选择转速400r/min车削螺纹。

采用自定心卡盘二次装夹，依次完成球面和外圆的粗加工和精加工，切槽的加工以及切断，并保证加工件长度（留一定余量用于端面整修）。然后调头装夹，完成整修端面、倒角以及螺纹的加工。装夹方案设计见表2-3-2。

表2-3-2　装夹方案设计

装夹次数	装夹示意图
第一次装夹	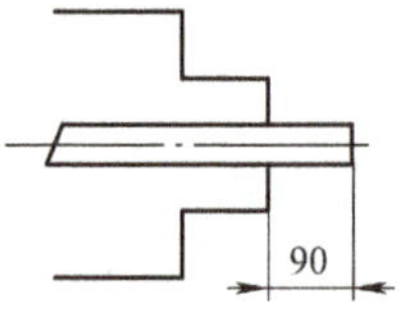
第二次装夹	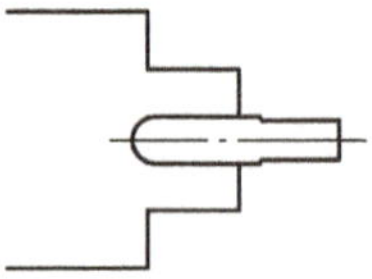

6. 刀具及切削用量的选择

选用SANDVIK刀具系统，查阅SANDVIK刀具手册，选用的刀具和切削用量见表2-3-3。

表 2-3-3　刀具和切削用量

工序	序号	刀杆规格	刀片规格	加工内容	转速 /(r/min)	切削深度 /mm	进给量 /(mm/r)
加工右端	T01	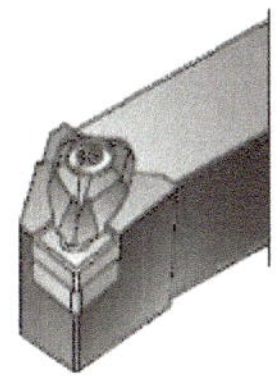 DCLNL2020M09	 CNMG090408 – PR	粗车	800	1	0. 15
				精车	1000	0. 25	0. 1
	T04	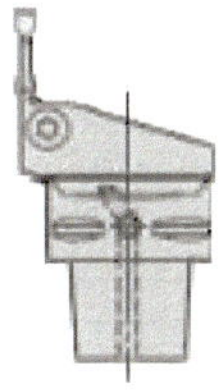 MGMN300 – M	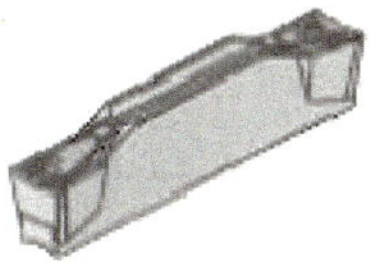 MGEHR2020 – 03	切断	400		0. 07
加工左端	T01	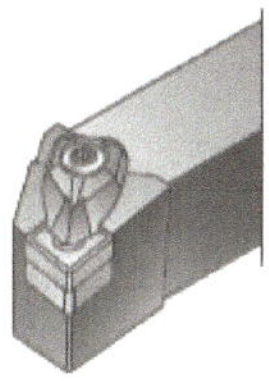 DCLNL2020M09	 CNMG090408 – PR	粗车	600	1	0. 12
				精车	800	0. 25	0. 1
	T02	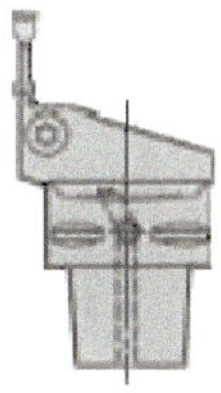 MGEHR2020 – 03	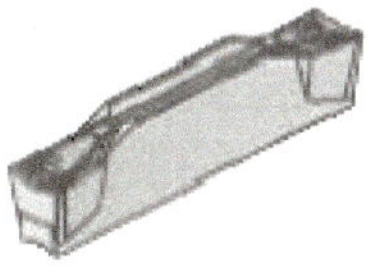 MGMN300 – M	切槽	400		0. 07
	T03	 SER2020K16	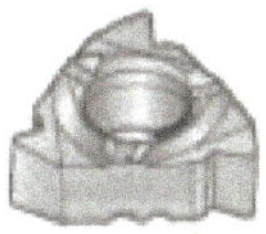 16 – ERAG60GR820	车螺纹	400		1. 5 ×400

7. 制订加工工序

制作加工工艺卡，见表 2-3-4 ~ 表 2-3-6。

表 2-3-4 顶杆加工工艺卡（1）

零件号:		工艺版本号:	工艺流程卡-工序清单			
MTJZ03		0				
工序号	工序内容	工位	页码:1		页数:3	
001	备料(6061,ϕ30mm 棒料)	外协	零件号:MTJZ03		版本:0	
002	粗车/精车右端/切断	数车	零件名称:顶杆			
003	精车左端	数车	材料:6061			
004			材料尺寸:ϕ30 mm 棒料			
005			更改号	更改内容	批准	日期
006						
007			01			
008						
009			02			
010						
011			03			
012						
013						

拟制:	日期:	审核:	日期:	批准:	日期:		××工业职业技术学院

表 2-3-5 顶杆加工工艺卡（2）

零件号:		工序名称:		工艺流程卡-工序单	
MTJZ03		顶杆的数车加工			
材料：6061	页码：2		工序号：01		版本号：0
夹具：自定心卡盘	工位：2		数控程序号:		

刀具及参数设置

加工内容	刀具号	刀具规格	主轴转速/(r/min)	进给量/(mm/r)
端面粗加工	T01	SVJCR2020-16	800	0.1
外圆粗加工	T01	SVJCR2020-16	800	0.15
外圆精加工	T01	SVJCR2020-16	1000	0.12
切断	T04	MGEHR2020-03	400	0.07

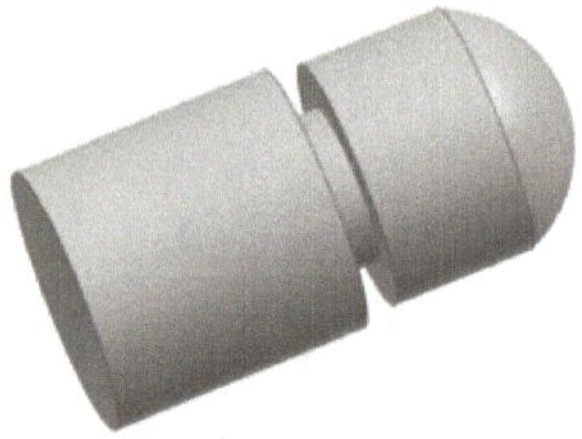

02			
01			
更改号	更改内容	批准	日期

拟制:	日期:	审核:	日期:	批准:	日期:

××工业职业技术学院

表 2-3-6　顶杆加工工艺卡（3）

零件号:		工序名称:		工艺流程卡-工序单	
MTJZ03		顶杆的数车加工			
材料: 6061	页码: 3		工序号: 02		版本号: 0
夹具: 自定心卡盘	工位:		数控程序号:		

刀具及参数设置

加工内容	刀具号	刀具规格	主轴转速/(r/min)	进给量/(mm/r)
端面粗加工	T01	SVJCR2020-16	800	0.1
外圆粗加工	T01	SVJCR2020-16	800	0.15
外圆精加工	T01	SVJCR2020-16	1000	0.12
切槽	T04	MGEHR2020-03	400	0.07
普通外螺纹粗加工	T03	SER2020-16	400	转速×螺距
普通外螺纹精加工	T03	SER2020-16	400	转速×螺距

02					
01					
更改号	更改内容		批准	日期	
拟制:	日期:	审核:	日期:	批准:	日期:

××工业职业技术学院

2.3.1.2　编制加工程序

编制顶杆车削加工程序，见表 2-3-7、表 2-3-8。

表 2-3-7　车削右端加工程序和注释

加工程序	注　释
O0003;	
N010 T0101;	调用 1 号刀具（外圆粗车刀）
N020 M03 S800;	主轴正转，转速为 800r/min
N030 M08;	切削液开
N040 G00 X34 Z0;	车端面
N050 G01 X0 F0.1;	
N060 G00 X34 Z2;	设定起刀点
N070 G71 U1 R1;	外圆粗车循环
N080 G71 P090 Q120 U0.5 F0.15;	精车余量 0.5mm，进给量为 0.15mm
N090 G01 X0 F0.12;	车球头
N100 G01 Z0;	
N110 G03 X28 Z-14.8 R15;	车外圆
N120 G01 Z-76;	
N130 G28 U0 W0;	
N140 M01;	暂停，计划测量
N150 T0101;	
N160 M03 S1000;	主轴正转，转速为 1000r/min

（续）

加工程序	注释
N170 M08；	
N180 G00 X34 Z2；	
N190 G70 P090 Q120 F0.12；	
N195 G28 U0 W0；	
N200 M01；	
N210 T0404；	调用切断刀，设刀宽为4mm
N220 M03 S400；	
N230 M08；	
N240 G00 X30 Z-75 ；	留1mm余量
N250 G01 X0 F0.07；	
N260 G00 X100；	
N270 G28 U0 W0；	
N280 M30；	

表2-3-8 车削左端加工程序和注释

加工程序	注释
O0001；	
N010 T0101；	调用1号刀具（外圆粗车刀）
N020 M03 S800；	主轴正转，转速为800r/min
N030 M08；	切削液开
N040 G00 X30 Z0；	车端面
N050 G01 X0 F0.1；	
N060 G00 X30 Z2；	设定起刀点
N070 G71 U1 R1；	外圆粗车循环
N080 G71 P090 Q130 U0.5 F0.15；	精车余量0.5mm，进给量为0.15mm/r
N090 G01 X19；	倒角 *C*2.5
N100 G01 Z0；	
N110 G01 X23.8 Z-2.5；	螺纹大径车小0.2mm
N120 G01 Z-34；	
N130 X29；	
N140 G28 U0 W0；	
N150 M01；	暂停，计划测量
N160 T0101；	
N170 M03 S1000；	主轴正转，转速为1000r/min
N180 M08；	
N190 G00 X30 Z2；	精车循环起点
N200 G70 P090 Q130 F0.12；	精车循环

（续）

加工程序	注　释
N210 G28 U0 W0；	
N220 M01；	
N230 T0404；	调用切槽刀
N240 M03 S400；	
N250 M08；	
N260 G00 X26 Z－34；	切槽
N270 G01 X17 F0.07；	
N280 G04 X2；	暂停2s，光出槽底
N290 G00 X100；	
N300 G28 U0 W0；	
N310 M01；	
N320 T0303；	
N330 M03 S400；	调用螺纹刀
N340 M08；	
N350 G00 X26 Z3；	起刀点离开螺纹起点2～3倍螺距
N360 G92 X23 Z－32 F1.5；	单步循环车削螺纹
N370 X22.5；	X方向切削量递减
N380 X22.3；	
N390 X22.2；	
N400 X22.2；	精车余量0
N410 G28 U0 W0；	
N420 M05；	关主轴
N430 M09；	切削液关
N440 M30；	程序结束

2.3.1.3　仿真加工

1. 装夹刀具

打开斯沃仿真模拟程序，选择车床，开启车床，将车床回零，单击刀具库管理按钮。

1）选择外圆刀并确定合理的刀具长度和刀片参数，设定刀具长度为160mm，选用75°的刀片，还可以在右下方设定刀片边长等参数，装夹在1号刀位。

2）选择螺纹车刀。刀片大小需考虑所加工的螺纹螺距等情况，选择三角形刀片，刀具号选择3号，如图2-3-3所示。

螺纹车刀选择完成后装入3号刀位，如图2-3-4所示。

2. 设置工件

设置工件毛坯大小的方法为：

1）单击“工件操作”下面的“设置毛坯”按钮，如图2-3-5所示。

2）设置工件大小及材料。按照所加工工件，设置为棒料，设定工件长度为150mm，直

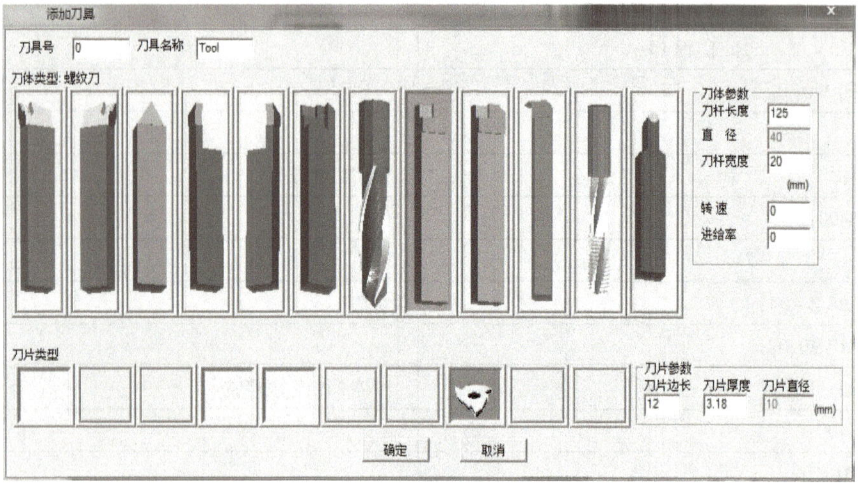

图 2-3-3 选择螺纹车刀

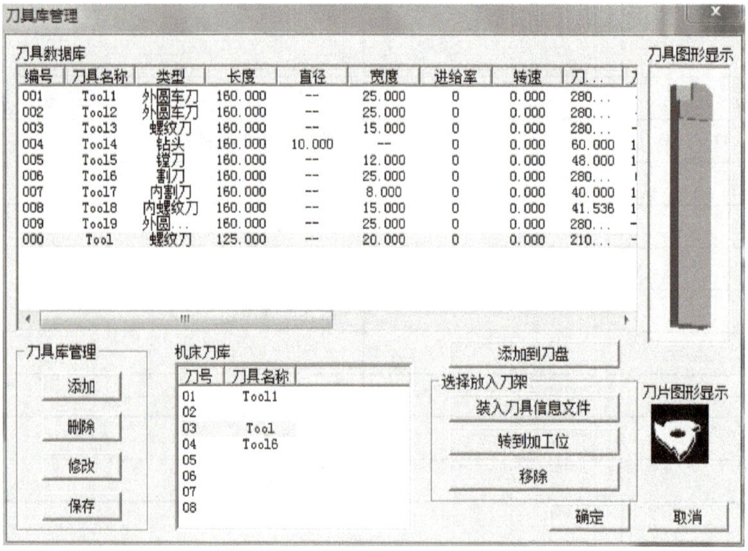

图 2-3-4 刀具库管理

径为30mm，材料为铝，确定装夹类型为自定心卡盘直接装夹，如图2-3-6所示。

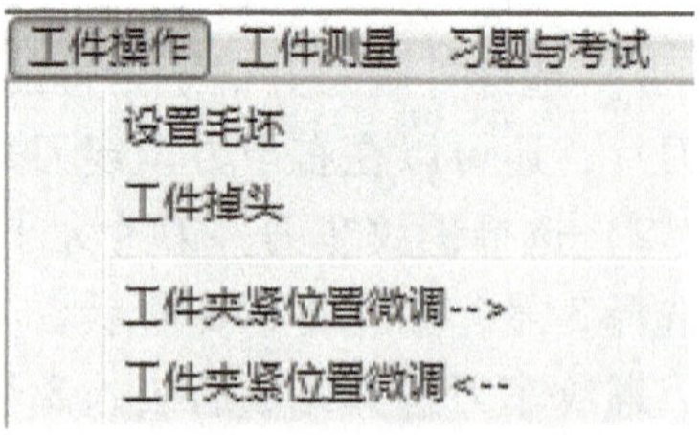

图 2-3-5 设置工件进入页面

3. 手动对刀

由于螺纹刀的特殊性，建议采用手动对刀，螺纹车刀对刀的具体方法如下。

1）移动刀具靠近工件。

2）按 按钮，调节工件和刀具视角，以便查看刀具和工件的相对位置。如图2-3-7所示。

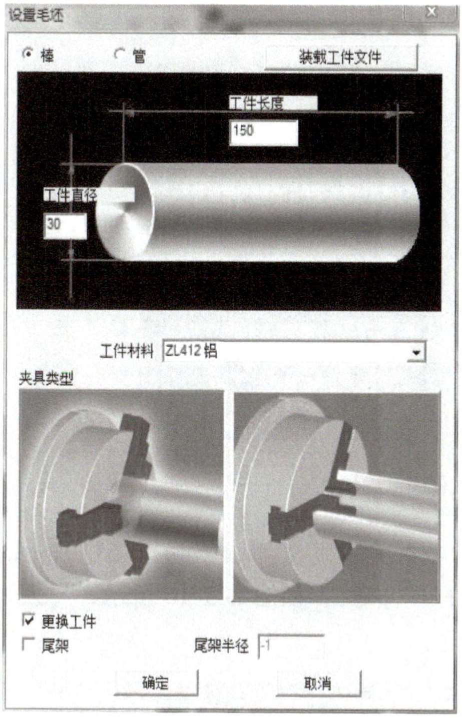

图2-3-6　设置毛坯

图2-3-7　调节视角

3）螺纹车刀基本对齐端面，按下按钮，进入图2-3-8所示界面，输入“Z0”测量。转动主轴，让螺纹车刀碰到已加工外圆，输入“Xxx. x”测量。

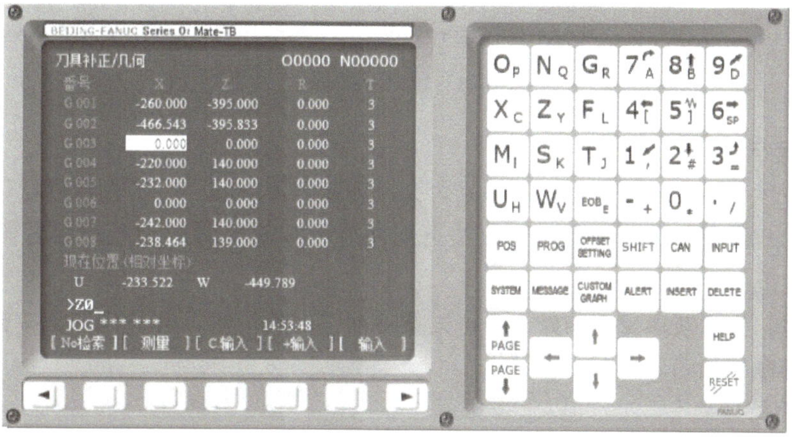

图2-3-8　输入刀补

4. 输入程序

1）按键，使灯亮，进入EDIT模式。将光标移至上，光标将成钥匙状，单击一次，将其改为0状态，即开启程序写入。

2）按键，进入程序页面，输入程序名，输入的程序名不能与已有的程序名重复。如

图 2-3-9 所示。

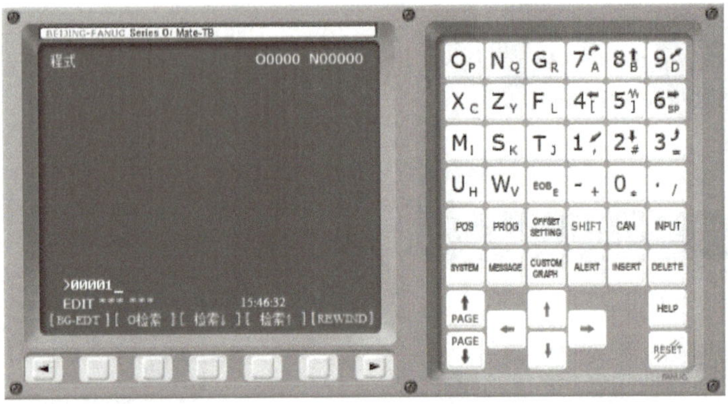

图 2-3-9 输入程序名

将所编制的程序输入并存盘。也可以在写字本中输入文件，存成“. txt”格式文件后，将车床调至编辑状态下，单击“文件”下面的“打开”，如图 2-3-10 所示，导入文件，在“文件类型”中选择 NC 代码文件。

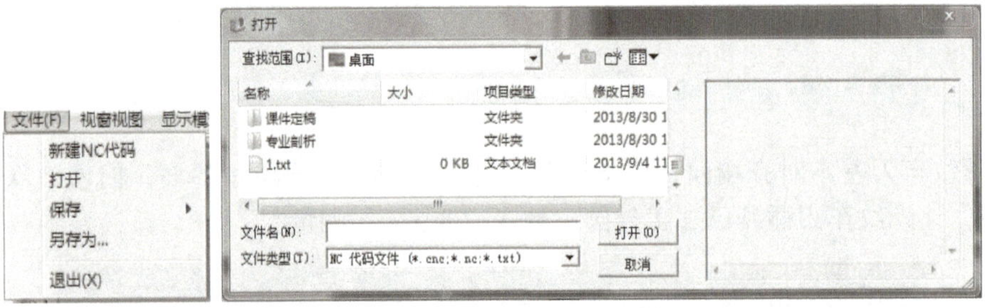

图 2-3-10 调用程序

5. 模拟运行

通过模拟运行检查刀路是否正确，是否会出现撞刀等问题。为了查看清晰，可以按下显示刀轨按钮；要仔细分析内孔，可以按下剖面显示按钮等；为了观察方便，可以单击窗口切换按钮进行切换。

在运行时，为了获得逼真的效果，可以按下加工声效按钮和舱门开关按钮等。

加工完的螺纹如图 2-3-11 所示。

6. 观察刀路

单击“工件测量”按钮，出现图 2-3-12 所示画面，选择“刀路测量”，将显示刀路，如图 2-3-13 所示。

观察完成后单击“工件测量”下拉菜单中的“测量退出”。

2.3.1.4 工装准备

1. 刀具准备

机夹外圆刀、螺纹刀、切断刀。

图 2-3-11　工件上的螺纹

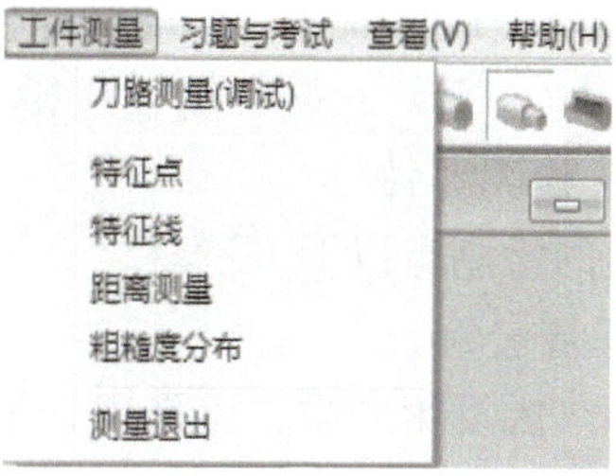

图 2-3-12　工件测量

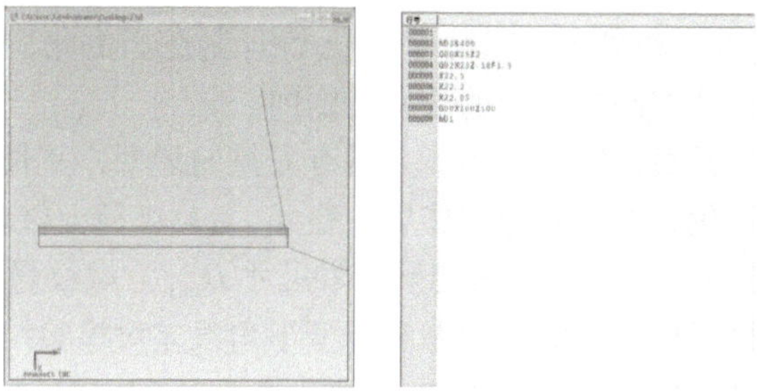

图 2-3-13　刀路

2. 夹具准备

选用自定心卡盘进行装夹。

3. 测量工具

外圆测量用游标卡尺、千分尺、螺纹环规 M24×1.5。

2.3.1.5　加工零件

螺纹刀的对刀方法如下。

1）按 JOG 或 手轮 键，在安全位置选择所要对的螺纹车刀。

2）按 正转 键启动主轴，将车刀移到工件附近，然后将进给倍率调到低速档，配合手轮转动，使螺纹车刀刀尖碰到已车外圆。

3）按 OFFSET SETTING 键，进入参数设定页面，如图 2-3-14 所示。按“补正”键，再按“形状”键，进入刀具补偿窗口。按 ↑ 和 ↓ 键，找到对应的补偿值番号。

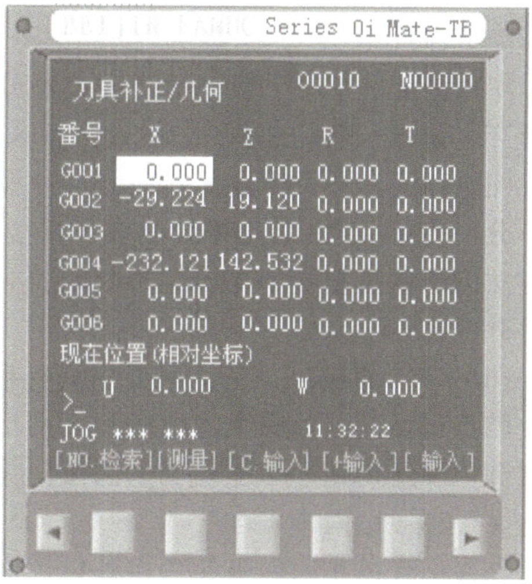

图 2-3-14　刀具补偿窗口

4）输入“Xxxx. xx”，按“测量”键，刀具在 X 方向的对刀结束。

5）将螺纹车刀移到工件附近，然后将进给倍率调到低速档，配合手轮转动，使刀尖基本对齐工件右端面，可凭肉眼观察，因为刀具起刀点离开螺纹起始位置约 2～3 倍螺距，Z 方向允许存在略微偏差。

6）按键，进入参数设定页面，按“补正”键，再按“形状”键，进入刀具补偿窗口。按和键，找到对应的补偿值番号。

7）输入“Z0”，按“测量”键，刀具在Z方向的对刀结束。

2.3.1.6 检测零件

螺纹的检测有以下方法。

1. 综合检验

在螺纹成批生产中，可采用光滑极限量规和螺纹量规联合对螺纹进行综合检验。即用光滑极限量规检验螺纹顶径，用螺纹量规检验其作用中径和底径的合格性。外螺纹顶径的合格性用环规（或卡规）检验，其通端和止端分别按螺纹大径的最大极限尺寸 d_{max} 和最小极限尺寸 d_{min} 设计制造；内螺纹顶径的合格性用光滑极限量规塞规检验，其通端和止端分别按螺纹小径的最小极限尺寸 D_{1min} 和最大极限尺寸 D_{1max} 设计制造。由此，光滑极限量规可分别将内、外螺纹顶径的实际尺寸控制在规定的公差范围内。

螺纹量规通规体现的是最大实体边界，并具有完整的牙型，其长度应等于被检验螺纹的旋合长度。通端螺纹环规用来控制外螺纹作用中径 $d_{2作用}$ 及小径上极限尺寸 d_{1max}，通端螺纹塞规用来控制内螺纹作用中径 $D_{2作用}$ 及大径下极限尺寸 D_{min}。螺纹量规止规的牙型为截短牙型，且只有几个牙，这样可以减少螺距误差和牙型半角误差对检验结果的影响。止端螺纹环规和塞规分别用来控制外螺纹单一中径的上极限尺寸 d_{2max} 和内螺纹单一中径的下极限尺寸 D_{2min}。若螺纹通规在旋合长度内与被检螺纹顺利旋合，而螺纹止规不能通过被检螺纹（允许旋进最多2～3牙），则说明被检螺纹的作用中径、底径和单一中径均合格，否则不合格。

所以，采用光滑极限量规和螺纹量规联合检测，可综合检验内螺纹和外螺纹的顶径、作用中径、底径和单一中径是否合格。

2. 单项测量

单项测量主要用于检查精密螺纹及分析各个参数的误差产生原因。常用的单项测量方法有螺纹百分尺测量、三针测量和工具显微镜测量。螺纹百分尺测量原理与外径千分尺测量相同，装上螺纹测头可直接测量螺纹中径，该方法的测量精度受半角误差的影响较大。下面具体讨论另外两种方法。

（1）三针测量法　三针测量法具有精度高、方法简单的特点，可以测量螺纹的中径和牙型半角。选用0级量针和四等量块在光学比较仪上测量，其测量误差可控制在 ±1.5μm 以内。

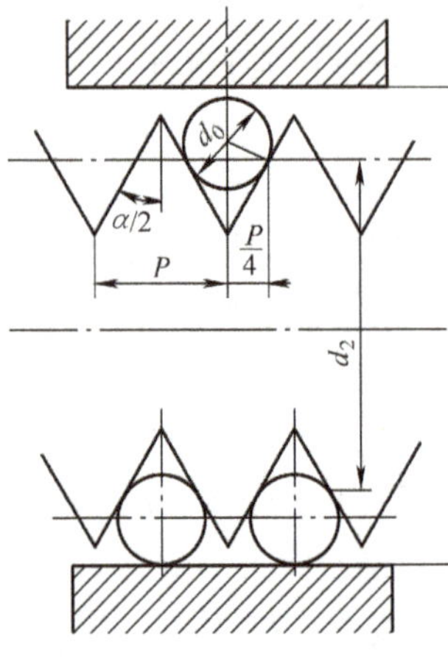

图2-3-15　三针测量

把三根直径相同的量针放在外螺纹沟槽内，量出三针外表面的尺寸 M（见图2-3-15），根据已知的螺距 P、牙型角 α、量针直径 d_0 和测出的 M 值可计算出中径测量值 d_2。

对于60°的普通三角螺纹，$M=d_2+3d_0-0.866P$。

（2）工具显微镜测量法　在工具显微镜上可用影像法（或加上测量刀后用轴切法）测量螺纹的螺距等参数。

把工具显微镜目镜中的“米”字线中心虚线与螺纹牙型影像一侧重合，如图2-3-16所示，记下纵坐标读数；纵向移动工作台，至“米”字线中心虚线与相邻或相隔几个牙的同侧牙型影像重合，记下第二次纵坐标的读数；两次纵坐标读数差即为螺距或几个螺距的实测值（图2-3-17）。

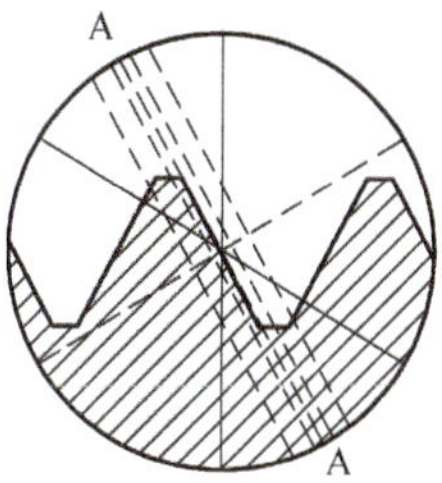

图2-3-16　工具显微镜下测螺距

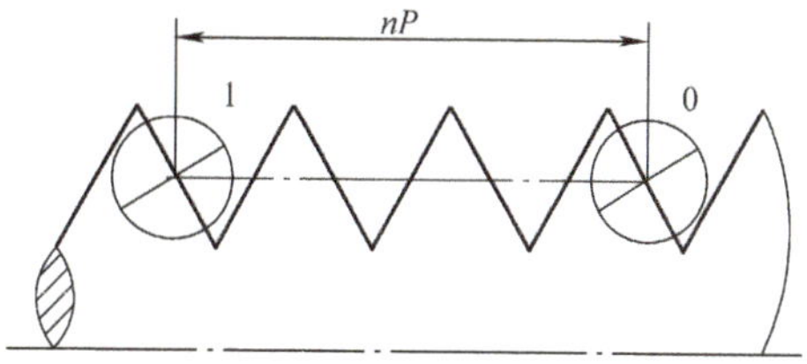

图2-3-17　测螺距轴向示意图

测量工件，并完成表2-3-9所示的顶杆检测表的填写。

表2-3-9　顶杆检测　（单位：mm）

考核项目	考核内容及其要求	评分标准	检测结果	分　析
1	形状正确	阶梯轴形状正确		
2	$\phi 10$	公差允许范围内合格		
3	$\phi 28$	公差允许范围内合格		
4	70	公差允许范围内合格		
5	M24×1.5	通规进，止规止		
6	34	公差允许范围内合格		

2.3.2　总结与拓展

1. 专家点拨

1）车削螺纹的时候，必须要有倒角，以便于螺母拧入，倒角不宜过小，大于等于螺距。

2）车削外螺纹时，退刀槽底直径应小于螺纹小径，螺纹大径一般略小于公称直径。

3）批量加工时，可以在程序中加入M01，便于首件检测和中间抽检。

4）螺纹中径的计算经验公式为 $d_2=d-2\times(0.6-0.65)P$，其中，d 为公称直径，P 为螺距。

2. 知识拓展

（1）多线螺纹基本概念　螺纹上有一条螺旋线的是单线螺纹，单线螺纹的螺距和导程相等。有两条以上螺旋线的是多线螺纹。螺纹上相邻两螺旋线之间的距离，称为螺距。同一条螺旋线上相邻两牙之间的距离，称为导程，如三线螺纹，导程就是三个螺距。以此，导程与螺距的关系式为：$P_h=P\cdot n$。式中 P_h 指螺纹导程（mm），n 指螺纹线数，P 指螺纹螺距（mm）。

多线螺纹的标注方法有以下几种：

1）第一种标注方法是"公称直径 · P_h 导程 P 螺距"，如果要进一步表明螺纹的线数，可在后面增加括号用英语说明，例如双线为 two starts，三线为 three starts，四线为 four starts 等。如 M30 × P_h3P1.5（two starts）。

2）第二种标注方法为"公称直径 × 导程/螺纹线数"，如 M30 × 3/2。

3）第三种标注方法为"公称直径 × 螺距（n 线螺纹）"，如 M30 × 1.5（双线）。

4）第四种标注方法为"公称直径 × 导程（P 螺距）"，如 M30 × 3（P1.5）。

例如，M30 · P_h3P1.5（two starts）、M30 × 3/2、M30 × 1.5（双线）和 M30 × 3（P1.5）都表示的是公称直径为 30mm，导程为 3mm，螺距为 1.5mm 的双线螺纹。

（2）多线螺纹的加工方法　了解了多线螺纹与单线螺纹的不同，就可以很容易地加工出多线螺纹了。因系统不同，加工多线螺纹的方法也不尽相同，有的系统编程时可直接给出螺纹的线数，有的系统需要给出分线角度，即第一条螺纹螺旋线切入工件时的切入点，与第二条螺纹螺旋线切入工件时的切入点之间的角度。如双线螺纹的分线角度是 360° ÷ 2 = 180°，三线螺纹的分线角度是 360° ÷ 3 = 120°，四线螺纹的分线角度是 360° ÷ 4 = 90°。

如加工 M30 × 3/2 双线螺纹，有的系统可以用螺纹线数编程，螺纹循环指令为 G92，程序为 G92 X29.2 Z-50.0 F3.0 L2。在加工多线螺纹时，不论任何系统，F 都指的是导程，而不是螺距，所以式中 F3.0 是指螺纹的导程是 3mm，L2 指螺纹的线数是 2。

还有一种加工多线螺纹的方法，适用于任何系统，即加工第二条螺旋线时，螺纹切削的起点向前或向后移动一个螺距的距离。如加工 M30 × 6/3 三线螺纹时，螺纹导程是 6mm，螺纹线数是 3，所以螺距是 2mm。假如加工第一条螺旋线时，刀具的螺纹切削起点定位在 Z10.0，切削第二条螺旋线时，刀具的螺纹切削起点可定位在 Z8.0 或 Z12.0 的位置上，切削第三条螺旋线时，刀具的螺纹切削起点可定位在 Z6.0 或 Z14.0 的位置上，程序如下：

```
G00 X34.0 Z10.0;（第一条螺旋线的起点）
G92 X29.2 Z-50.0 F6.0;（加工第一条螺旋线）
……
G00 X34.0 Z12.0;（第二条螺旋线的起点）
G92 X29.2 Z-50.0 F6.0;（加工第二条螺旋线）
……
G00 X34.0 Z14.0;（第三条螺旋线的起点）
G92X29.2 Z-50.0 F6.0;（加工第三条螺旋线）
……
```

加工四线、五线、六线等螺纹时同理。用 G76 编程时道理相同。

注意：为了安全起见，刀具的螺纹切削起点一般都往后移动，因为如果螺纹线数多的话，往前移刀具可能会碰到工件。

2.3.3 课后训练

1. 操作题

完成考工工件 4、5、6 的加工程序编制及模拟运行，如图 2-3-18 ~ 图 2-3-20 所示。

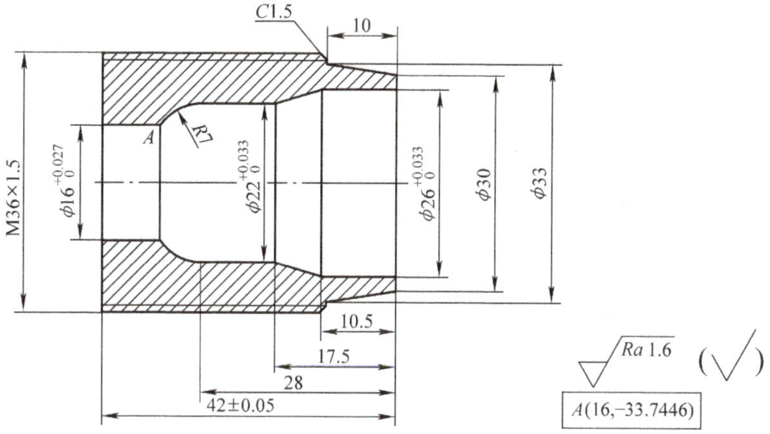

图 2-3-18　考工工件 4

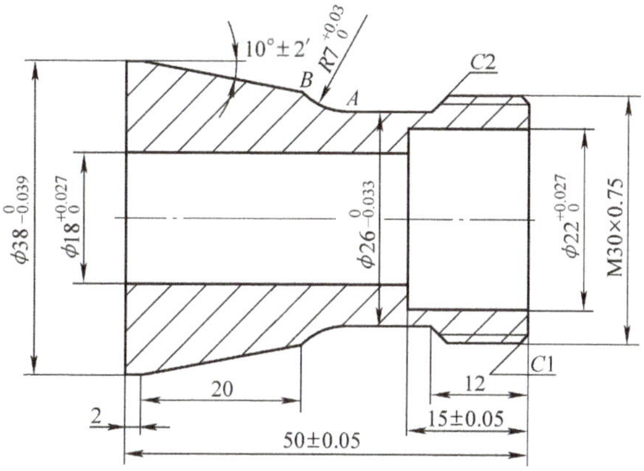

图 2-3-19　考工工件 5

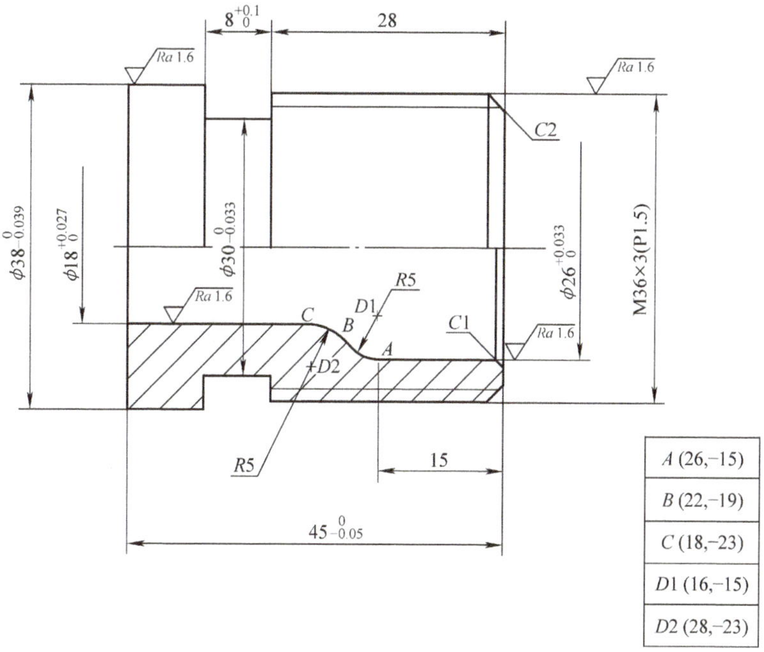

图 2-3-20　考工工件 6

2. 思考题

会不会出现加工外螺纹时中径车削不到位的情况？怎样在调试时进一步车削，避免废品的产生，要领是什么？

任务 2.4　加 工 螺 母

【教学目标】

知识目标：

1）掌握车削内螺纹的编程方法以及切削用量的选择。

2）掌握公差的概念以及在编程中的处理方法。

3）了解装配的概念及装配工艺规程。

能力目标：

1）能完成带内螺纹的零件加工。

2）能完成内螺纹刀的装卸和对刀。

【任务导读】

螺母是带内螺纹的孔轴类零件，也是典型的车削加工零件。本任务首次涉及配合的概念，包括孔轴的配合以及内、外螺纹的配合。在加工时，不仅要保证尺寸精度，更要保证配合精度。

学生以企业数控操作员的身份，参与螺母的加工学习任务。主要学习普通内螺纹的数控编程方法和数控加工工艺，内螺纹刀的装夹和对刀方式以及螺纹底孔的计算，然后，编制螺母的数控加工程序，经过模拟运行后手工输入车床，完成螺母的加工并进行检测，填写检测报告，总结和交流保证内、外螺纹配合以及孔轴配合的经验。

11. 螺母加工工艺

2.4.1　工作过程

2.4.1.1　制订加工工艺

1. 分析图样

分析螺母的结构，如图 2-4-1 所示，有内螺纹的加工，本零件是配合件的中间件，与旋杆有螺纹的配合，与底座有孔轴的配合，因此，内螺纹和 ϕ36mm 的尺寸为配合尺寸，加工精度要求较高，以保证和已加工零件的装配精度。为保证同轴度，避免掉头车削，选择下端面为 Z 方向编程原点。

螺母的加工内容见表 2-4-1。

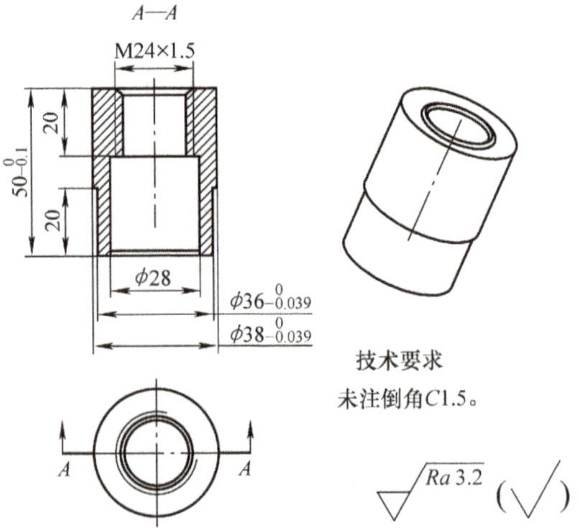

图 2-4-1　螺母

表 2-4-1　加工内容　（单位：mm）

内　　容	要求（公差无说明则默认为 ±0.25）	备　　注
$\phi36_{-0.039}^{0}$、$\phi38_{-0.039}^{0}$外圆	外圆尺寸为 $\phi36_{-0.039}^{0}$、$\phi38_{-0.039}^{0}$，（长度分别为 20、30）	
$\phi28$、$\phi22.5$（为 M24×1.5 螺纹孔计算所得）内孔	内孔尺寸为 $\phi28$（长 30）、$\phi22.5$（长 20）内孔，公差 ±0.25	
M24×1.5 螺纹孔	内螺纹孔为 M24×1.5（螺纹长为 20，公差要求通规进、止规止）	
表面粗糙度	外圆的 Ra 为 3.2μm	
总长度	外圆长度为 50，内孔深度总长也为 50，公差 $_{-0.1}^{0}$	

从表 2-4-1 中的加工内容可以看出，本图样没有提出几何公差的要求，加工精度要求较低。

2. 制订加工路线

1）备料，选用 $\phi40$mm 的 6061 棒料，长 1000mm。

2）自定心卡盘夹毛坯左端，用直径为 18mm 的钻头在车床上钻孔，孔深 60mm 以上，由于该孔不需要较高的表面粗糙度，所以直接粗加工即可，因此不作说明。

3）粗车零件右端面至光滑。

4）粗车 $\phi36_{-0.039}^{0}$mm、$\phi38_{-0.039}^{0}$mm 外圆，留 0.5mm 精车余量（在 $\phi38_{-0.039}^{0}$mm 的总长上多车 5mm，便于切断零件）。

5）精车 $\phi36_{-0.039}^{0}$mm、$\phi38_{-0.039}^{0}$mm 外圆至图样尺寸。

6）粗车 $\phi28$mm 内孔及倒角，留 0.5mm 余量。

7）精车 $\phi28$mm 内孔及倒角至图样尺寸。

8）切断零件，总车留 1mm 余量。

9）零件掉头装夹，精车（用外圆刀）左端面，保证总长。

10）粗车 M24×1.5 螺纹孔及倒角，留 0.5mm 余量。

11）精车 M24×1.5 螺纹孔及倒角。

12）车 M24×1.5 内螺纹。

3. 选用加工设备

选用 CK6136I 水平床身数控车床作为加工设备。

4. 分析毛坯

零件材料为 6061 棒料，该材料为铝，切削性能较好。根据零件尺寸和车床性能，选用 $\phi40$mm，长度为 1000mm 的棒料作为毛坯，如图 2-4-2 所示。

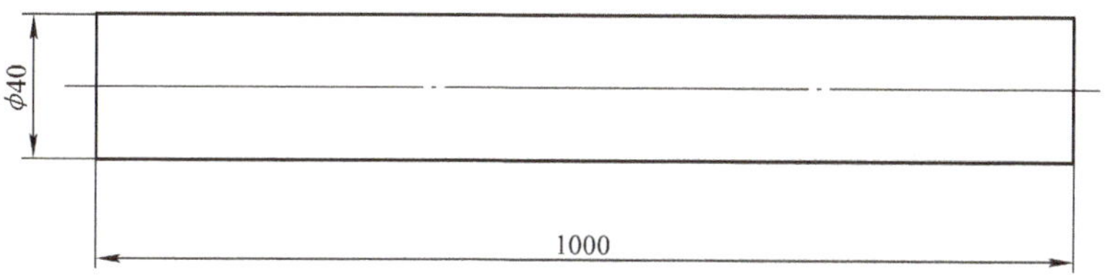

图 2-4-2　螺母毛坯

5. 选用夹具

选用经济型数控车床加工，采用自定心卡盘一次装夹完成外圆粗加工—精加工和内孔粗加工—精加工。切断后（保证总长），调头采用自定心卡盘装夹，完成端面精整并进行内螺纹的加工。装夹方案设计见表2-4-2。

表2-4-2 装夹方案设计

装夹次数	装夹示意图
第一次装夹	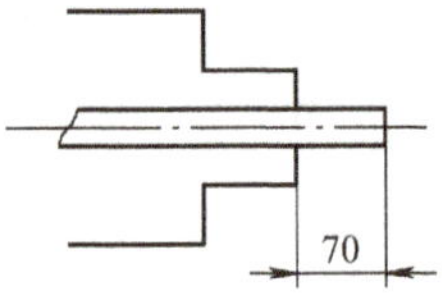
第二次装夹	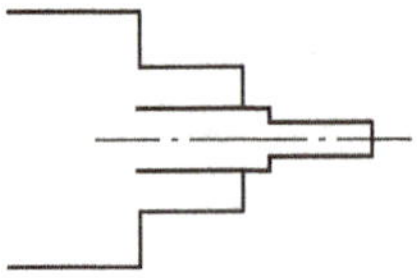

6. 刀具选择以及切削用量的选择

选用SANDVIK刀具系统，查阅SANDVIK刀具手册，选用刀具和切削用量见表2-4-3。

表2-4-3 选用刀具和切削用量

工序	序号	刀杆规格	刀片规格	加工内容	转速/(r/min)	切削深度/mm	进给量/(mm/r)
右端	T01	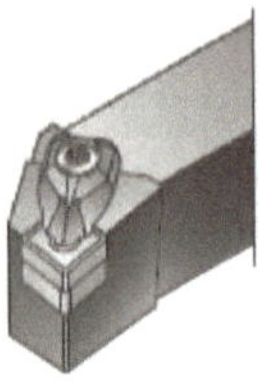 DCLNL2020M09	 CNMG090408-PR	粗车	800	1	0.15
				精车	1000	0.25	0.12
	T02	 S12M-SDUCR07	 DCGT070204-AK	粗车	600	1	0.12
				精车	800	0.25	0.1
	T04	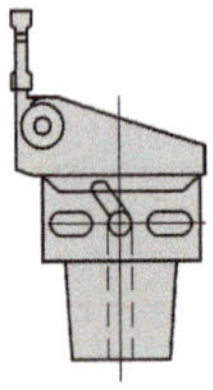 MGEHR2020-03	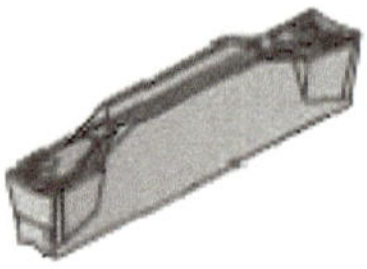 MGMN300-M	切断	400		0.07

（续）

工序	序号	刀杆规格	刀片规格	加工内容	转速/(r/min)	切削深度/mm	进给量/(mm/r)
左端	T01	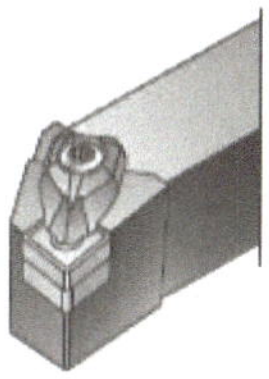 DCLNL2020M09	 CNMG090408-PR	粗　车	800	1	0.15
				精　车	1000	0.25	0.12
	T02	 S12M-SDUCR07	 CNMG090408-PR	粗　车	600	1	0.12
				精　车	800	0.25	0.1
	T03	 SNR0012-K11	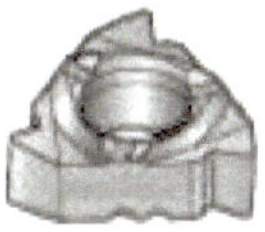 IIIRA60G500	车 螺 纹	400		1.5×400

7. 制订加工工序

零件选用经济型数控车床加工，自定心卡盘夹持，遵循先圆后孔的加工顺序，考虑到单件生产，依次完成外圆的粗、精加工，内孔的粗、精加工，内螺纹的粗、精加工，最后切断。

内螺纹刀杆伸出较长，因此，主轴转速较车削外螺纹时略低，选择 400r/min。制作加工工艺卡，见表 2-4-4～表 2-4-6。

表 2-4-4　螺母加工工艺卡（1）

零件号:		工艺版本号:	工艺流程卡-工序清单			
MTJZ04		0				
工序号	工序内容	工位	页码:1		页数:3	
001	备料(6061, φ40mm棒料)	外协	零件号:MTJZ04		版本:0	
002	粗车/精车右端	数车	零件名称: 螺母			
003	精车左端	数车	材料:6061			
004			材料尺寸: φ40mm棒料			
005			更改号	更改内容	批准	日期
006						
007			01			
008						
009			02			
010						
011			03			
012						
013						
拟制: 日期:	审核: 日期:	批准: 日期:	××工业职业技术学院			

表 2-4-5 螺母加工工艺卡（2）

零件号:		工序名称:	工艺流程卡–工序单	
MTJZ04		螺母的数车加工		
材料：6061	页码：2		工序号：01	版本号：0
夹具：自定心卡盘	工位:		数控程序号:	

刀具及参数设置				
加工内容	刀具号	刀具规格	主轴转速/(r/min)	进给量/(mm/r)
端面粗加工	T01	SVJCR2020–16	800	0.1
外圆粗加工	T01	SVJCR2020–16	800	0.15
外圆精加工	T01	SVJCR2020–16	1000	0.12
内孔粗加工	T02	S12M–SDUCR07	600	0.12
内孔精加工	T02	S12M–SDUCR07	800	0.1
切断	T04	MGEHR2020–03	400	0.07

02							
01							
更改号	更改内容			批准		日期	
拟制:	日期:	审核:	日期:	批准:		日期:	

××工业职业技术学院

表 2-4-6 螺母加工工艺卡（3）

零件号:		工序名称:	工艺流程卡–工序单	
MTJZ04		螺母的数车加工		
材料：6061	页码：3		工序号：02	版本号：0
夹具：自定心卡盘	工位:		数控程序号:	

刀具及参数设置				
加工内容	刀具号	刀具规格	主轴转速/(r/min)	进给量/(mm/r)
端面粗加工	T01	SVJCR2020–16	600	0.1
内孔粗加工	T02	S12M–SDUCR07	600	0.12
内孔精加工	T02	S12M–SDUCR07	800	0.1
内螺纹粗加工	T03	SNR0012–K11	400	转速×螺距
内螺纹精加工	T03	SNR0012–K11	400	转速×螺距

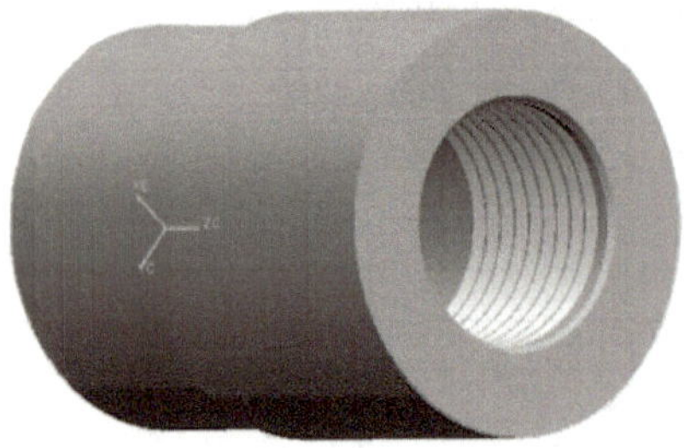

02							
01							
更改号	更改内容			批准		日期	
拟制:	日期:	审核:	日期:	批准:		日期:	

××工业职业技术学院

2.4.1.2 编制加工程序

编制螺母加工程序，见表 2-4-7 和表 2-4-8。

表 2-4-7　螺母的加工程序和注释（工序一）

加工程序	注　　释
O0004;	程序名
N010 T0101;	调用1号刀具（外圆粗车刀）
N020 M03 S800;	主轴正转，转速为800r/min
N030 M08;	切削液开
N040 G00 X42 Z0;	车端面
N050 G01 X18 F0.1;	车过预制孔直径
N060 G00 X42 Z2;	设定起刀点
N070 G71 U1 R1;	外圆粗车循环
N080 G71 P090 Q135 U0.5 F0.15;	精车余量0.5mm，进给量为0.15mm/r
N090 G01 X35;	移动到端面
N100 G01 Z0;	
N110 G01 X36 Z-0.5;	倒角
N120 G01 Z-20;	车 ϕ36mm 外圆
N130 G01 X38;	车 ϕ38mm 外圆，略延长
N135 Z-55;	
N140 G28 U0 W0;	返回参考点
N150 M01;	暂停，计划测量
N170 T0101;	调用外圆精车刀
N180 M03 S1000;	主轴正转，转速为1000r/min
N190 M08;	
N200 G00 X42 Z2;	精车循环起点
N210 G70 P090 Q135 F0.12;	精车循环
N220 G28 U0 W0;	
N230 M01;	
N240 T0202;	调用内孔粗车刀
N250 M03 S600;	
N260 M08;	
N270 G00 X18 Z2;	内孔粗车起刀点
N280 G71 U1 R0.5;	内孔粗车循环
N290 G71 P300 Q330 U-0.5 F0.12;	
N300 G01 X30;	倒角 *C*1
N310 Z0;	
N320 X28 Z-1;	
N330 Z-30;	
N340 G28 U0 W0;	返回参考点

（续）

加工程序	注　释
N350 M01;	暂停，计划测量
N360 T0202;	调用内孔精车刀
N370 M03 S800;	主轴正转，转速为800r/min
N380 M08;	
N390 G00 X18 Z2;	内孔精车循环起点
N400 G70 P300 Q330 F0.1;	内孔精车循环
N410 G28 U0 W0;	
N420 T0404;	调用切断刀，设刀宽为4mm
N430 M03 S400;	
N440 M08;	
N450 G00 X42 Z-55;	Z方向位置总长加刀宽
N460 G01 X18 F0.07;	切断
N470 G00 X100;	X方向退刀，防止未切断
N480 G28 U0 W0;	
N490 M05;	关主轴
N500 M09;	切削液关
N510 M30;	程序结束

表2-4-8　螺母的加工程序和注释（工序二）

加工程序	注　释
O0005;	程序名
N010 T0101;	调用1号刀具（外圆粗车刀）
N020 M03 S600;	主轴正转，转速为600r/min
N030 M08;	切削液开
N040 G00 X42 Z0;	车端面
N050 G01 X18 F0.1;	车过预制孔直径
N060 G28 U0 W0;	退刀
N070 T0202;	内孔车刀
N080 M03 S600;	
N090 M08;	
N100 G00 X18.0 Z2.0;	
N110 G71 U1.0 R1.0;	
N120 G71 P130 Q160 U-0.5 F0.12;	
N130 G01 X25.2;	倒角 $C1.5$
N140 G01 Z0;	
N150 X22.2 Z-1.5;	车顶径，$d_2 = d - 2 \times 0.6P$

（续）

加工程序	注　释
N160 Z－21.0；	
N170 G00 X100 Z100；	
N180 M09；	
N190 M05；	
N200 M00 ；	计划停止，测量
N210 T0202；	
N220 M03 S800；	
N230 M08；	
N240 G00 X18.0 Z2.0；	
N250 G70 P130 Q160 F0.1；	
N260 GOO X100 Z100；	
N270 M09；	
N280 M05；	
N290 M00；	
N300 T0303；	调用内螺纹刀
N310 S400 M03；	
N320 M08；	
N330 G00 X20 Z3；	
N340 G92 X22.8 Z－22 F1.5；	
N350 X23.4；	切削量递减
N360 X23.7；	
N370 X23.9；	
N380 X24；	
N390 X24；	
N400 G00 X100 Z100；	
N410 M09；	
N420 M05；	
N430 M30；	
%	

2.4.1.3　仿真加工

1. 装夹刀具

打开斯沃仿真模拟程序，选择车床，开启车床，将车床回零，单击刀具库管理按钮。

1）选择外圆刀并确定合理的刀具长度和刀片参数，设定刀具长度为160mm，选用75°的刀片，还可以在右下方设定刀片边长等参数，装夹在1号刀位。

2）选择内孔车刀，刀杆宽度要考虑孔径，不宜太粗，以防退刀时撞到内孔，刀具号选择2号刀。

3）选择内螺纹车刀，刀片大小需考虑所加工的螺纹螺距等情况，因此选择三角形刀片，刀具号选择3号刀，如图2-4-3所示。

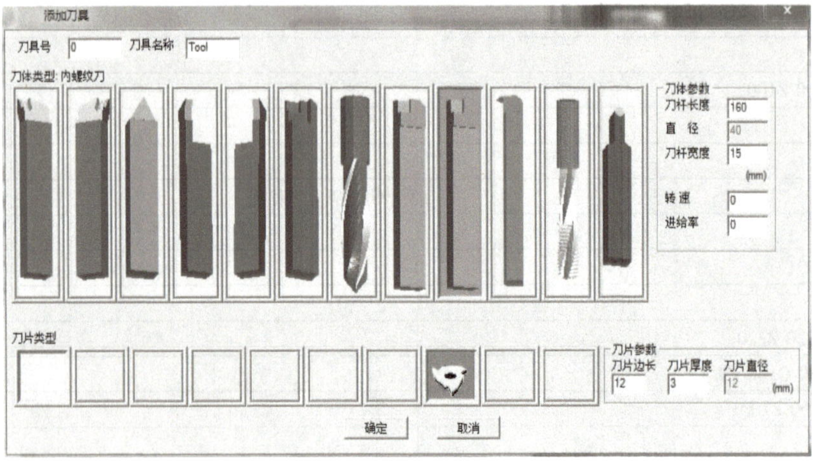

图2-4-3 选择内螺纹车刀

2. 设置工件

设置工件毛坯大小的方法如下。

1）单击“工件操作”下面的“设置毛坯”按钮，如图2-4-4所示。

2）设置工件大小及材料，按照所加工工件，设置为管料，设定工件长度100mm，直径为40mm，孔径为20mm，材料为铝，确定装夹类型为自定心卡盘直接装夹，如图2-4-5所示。

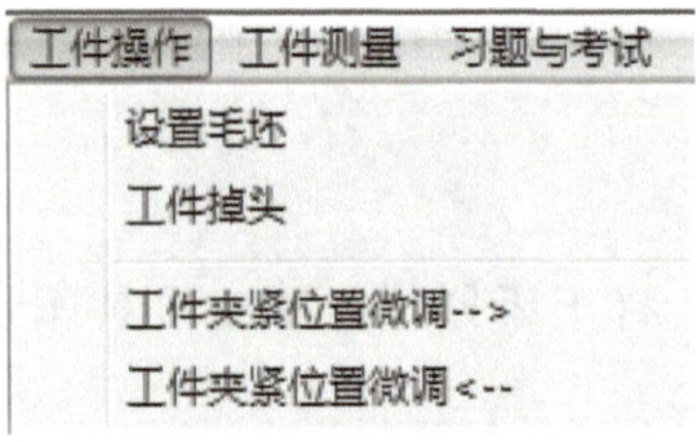

图2-4-4 设置工件进入页面

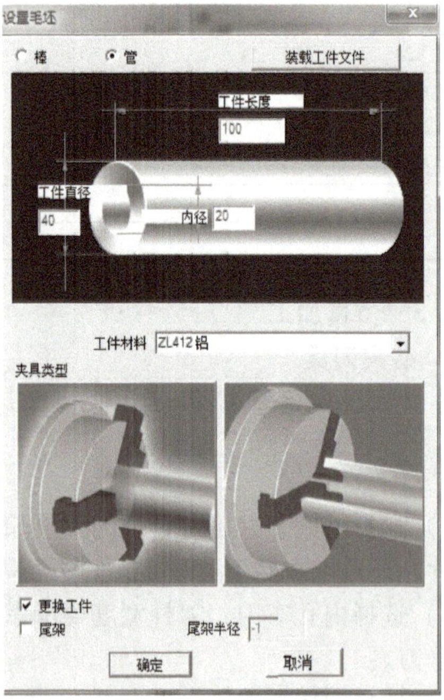

图2-4-5 设置毛坯

3. 对刀

由于内螺纹刀的特殊性，建议采用手动对刀，内螺纹车刀对刀的具体方法与外螺纹刀相似。

1）移动刀具靠近工件。

2）单击按钮，调节工件和刀具视角，以便于查看刀具和工件的相对位置。如图 2-4-6所示。

3）螺纹车刀基本对齐端面，按下按钮，进入图 2-4-7 所示状态，输入“Z0”测量。转动主轴，让内螺纹车刀碰到已加工内孔，输入已加工内孔孔径“xxx. x”测量。

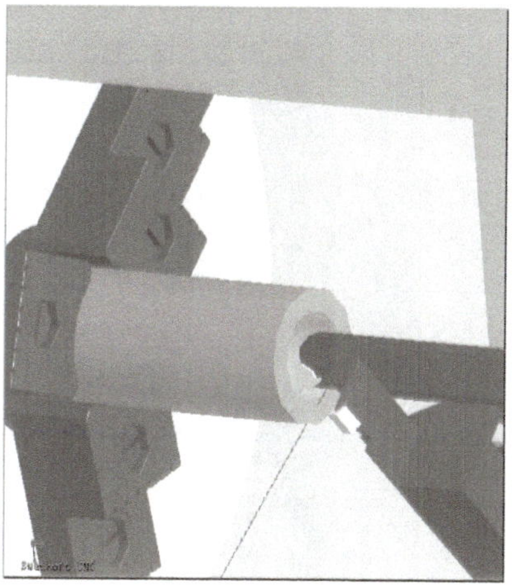

图 2-4-6　调节视角

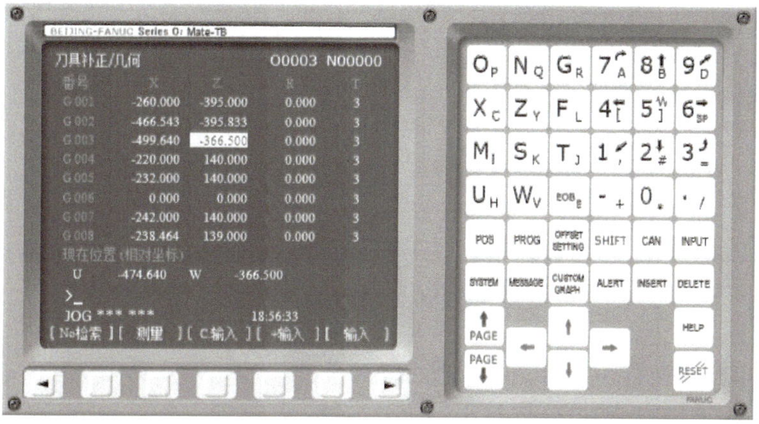

图 2-4-7　输入刀补

4. 输入程序

1）按键，使灯亮，进入 EDIT 模式。将光标移至“程序保护”上，光标成钥匙状，单击一次，将其改为 0 状态，即开启程序写入。

2）按键，进入程序页面，输入程序名，输入的程序名不能与已有的程序名重复，如图 2-4-8 所示。

将所编制的程序输入并存盘。也可以将文件输入写字本中，存成“. txt”格式文件后，将车床调至编辑状态下，单击“文件”下面的“打开”，如图 2-4-9 所示，导入文件，文件类型选择 NC 代码文件。

5. 模拟运行

通过模拟运行检查刀路是否正确，是否会出现撞刀等问题。为了查看清晰，可以单击显示刀轨按钮；要仔细分析内孔，可以单击剖面显示按钮等；为了观察方便，可以单击窗口切换按钮进行切换。

在运行时，为了获得逼真的效果，可以单击加工声效按钮、舱门开关按钮等。加

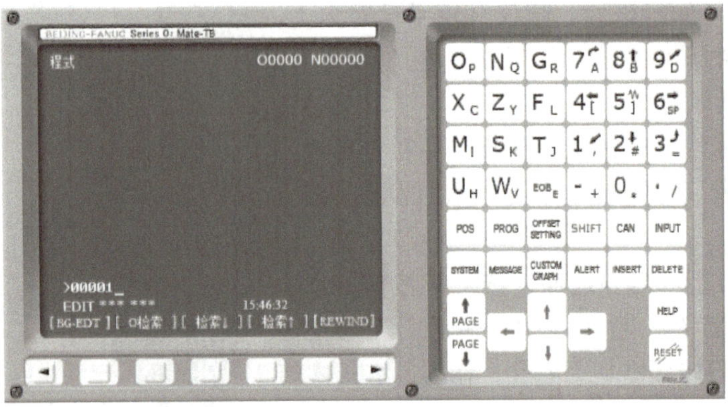

图 2-4-8　输入程序名

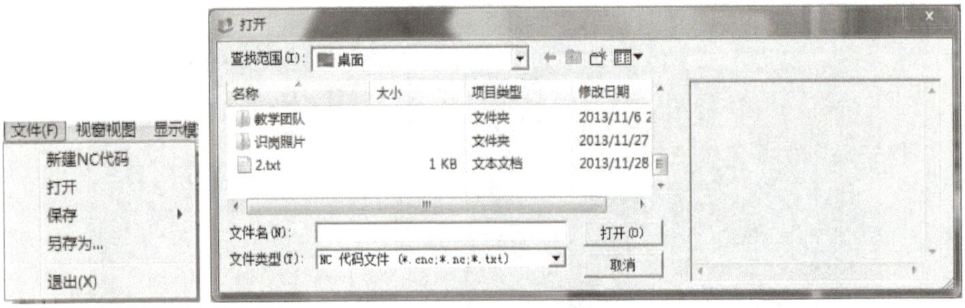

图 2-4-9　调用程序

工完内螺纹，单击查看，如图 2-4-10 所示。

6. 观察刀路

单击“工件测量”按钮，出现图 2-4-11 所示画面，单击“粗糙度分布”，将显示工件的表面粗糙度，如图 2-4-12 所示，选择特征点或者线，将显示一些相关参数。

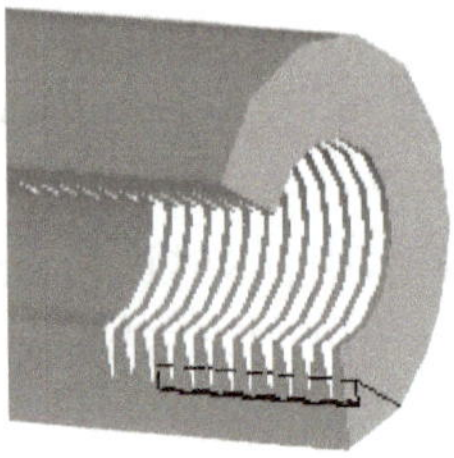

图 2-4-10　工件上的螺纹

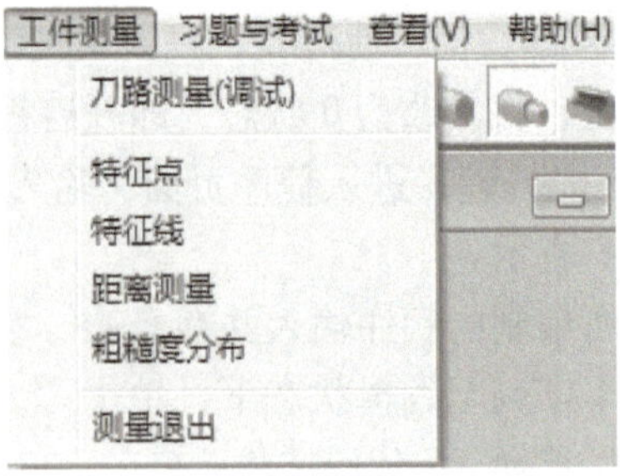

图 2-4-11　工件测量

测量完成后单击“工件测量”下拉菜单中的“测量退出”。

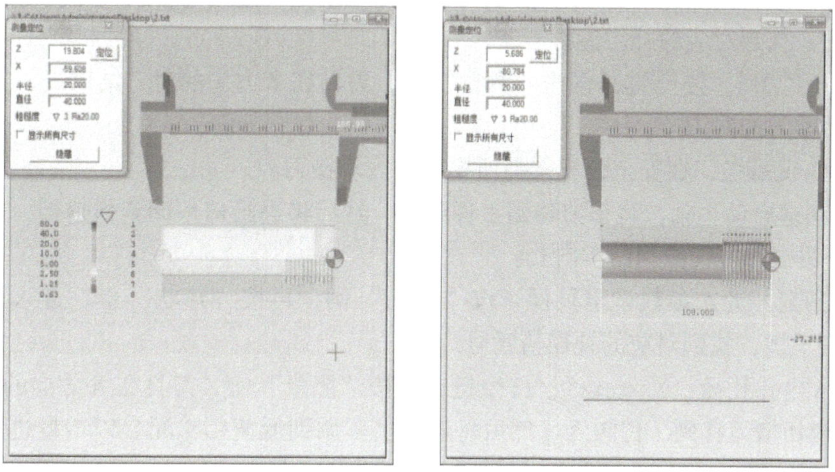

图 2-4-12　刀路表面粗糙度和特征点

2.4.1.4　工装准备

1. 刀具准备

机夹外圆刀、内螺纹刀、切断刀、内孔车刀。

2. 夹具准备

自定心卡盘。

3. 测量工具

外圆游标卡尺、螺纹塞规（M24×1.5）、内径表外径千分尺。

2.4.1.5　加工零件

1. 内螺纹刀的对刀

1）按JOG或手轮键，在安全位置选择所要对的内螺纹车刀。

2）按正转启动主轴，将车刀移到工件附近，然后将进给倍率调到低速档，配合以增量进给，使内螺纹车刀刀尖碰到已车内孔。

3）按OFFSET SETTING键，进入参数设定页面，如图2-4-13所示。按“补正”键，再按“形状”键，进入刀具补偿窗口。按↑和↓键，找到对应的补偿值番号。

4）输入内孔孔径“xxxx. xx”，按INPUT键，再按“测量”键，刀具X方向的对刀结束。

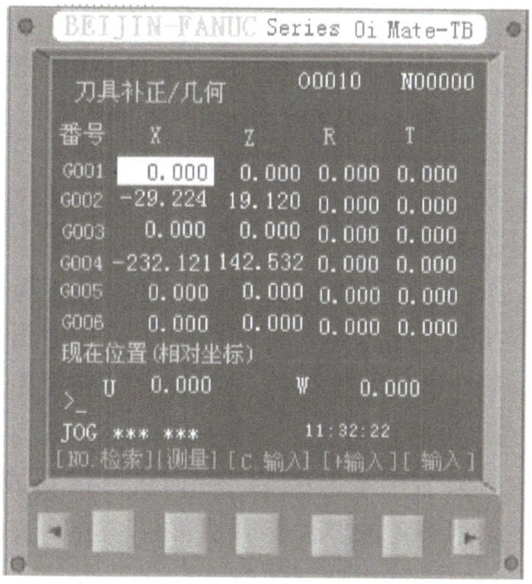

图 2-4-13　刀具补偿窗口

5）将内螺纹车刀移到工件附近，然后将进给倍率调到低速档，配合以增量进给，使刀尖基本对齐工件内孔的右端面，可凭肉眼观察，因为刀具起刀点离开螺纹起始位置2～3倍螺距，Z方向允许存在略微偏差。

6）按键，进入参数设定页面，按“补正”键，再按“形状”键进入刀具补偿窗口。按和键，找到对应的补偿值番号。

7）输入“Z0”，按键，再按“测量”键，刀具在Z方向的对刀结束。

2. 内切槽刀的对刀

1）按或键，在安全位置选择所要对的内切槽刀。

2）按键启动主轴，将车刀移到工件附近，然后将进给倍率调到低速档，配合以增量进给，使内切槽刀刀尖碰到已车内孔。

3）按键，进入参数设定页面。按“补正”键，再按“形状”键，进入刀具补偿窗口。按和键，找到对应的补偿值番号。

4）输入内孔孔径“Xxxx. xx”，按键，再按“测量”键，刀具在X方向的对刀结束。

5）将内切槽刀移到工件附近，然后将进给倍率调到低速档，配合以增量进给，使左刀尖碰到工件右端面。

6）按键，进入参数设定页面，按“补正”键，再按“形状”键，进入刀具补偿窗口。按和键，找到对应的补偿值番号。

7）输入“Z0”，按键，再按“测量”键，刀具在Z方向的对刀结束。

2.4.1.6 检测零件

测量工件，并完成表2-4-9所示检测表的填写。

表2-4-9 螺母检测表 （单位：mm）

考核项目	考核内容及其要求	评分标准	检测结果	分 析
1	形状正确	形状正确		
2	$\phi 38$	在公差范围内合格		
3	$\phi 36$	在公差范围内合格		
4	总长50	在公差范围内合格		
5	M24×1.5	通规进，止规止		

2.4.2 总结与拓展

1. 专家点拨

作为单件生产的配合件，要考虑其与旋杆螺纹的配合情况，还需要考虑和底座的孔轴配合。在加工过程中，可以用已加工零件测试配合情况。

配合件的加工生产，一般为先轴后孔。

2. 知识拓展

（1）装配基本概念　任何机械设备或产品都是由若干零件和部件组成。根据规定的技术要求将有关的零件接合成部件，或将有关的零件和部件接合成机械设备或产品的过程称为装配，前者称为部件装配，后者称为总装配。

机械装配工艺规程是用文件形式规定的装配工艺过程。指定装配工艺规程的主要工作是依据产品图样、验收技术条件、年生产纲领和现有生产条件等原始资料，满足优质、高产、低消耗、低劳动强度和无污染等要求，对装配工艺过程进行划分和规定。

广义地讲，产品及其部件的装配图、尺寸链分析图，各种装配工装的设计图、应用图、检验方法图及其说明，零件装配时的补充加工技术要求，产品及部件的运转试验规范及所有设备图以及装配周期图表等，均属于装配工艺规程范围内的文件。狭义上说，装配工艺规程文件主要指装配单元系统图、装配工艺系统图、装配工艺过程卡片和装配工序卡片。图2-4-14所示为螺钉调节座的装配图。

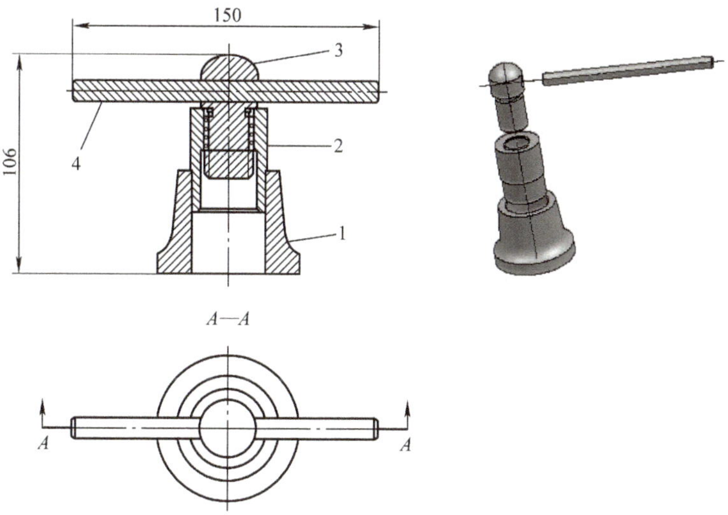

图2-4-14　螺钉调节座的装配图

1—基座　2—螺母　3—顶杆　4—旋杆

（2）拓展训练　编制考工工件8、9的加工程序，如图2-4-15和图2-4-16所示，并模拟运行。

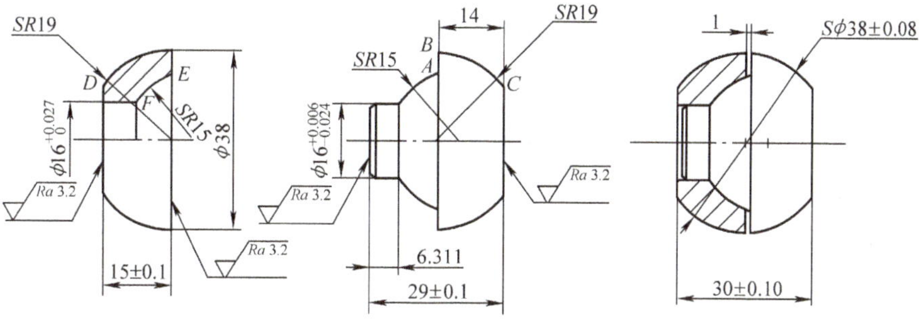

A(28.914,−14)
B(37.947,−14)
C(23.324,0)
D(23.324,−15)
E(28.284,0)
F(16,−7.689)

Ra 1.6 (√)

图2-4-15　考工工件8

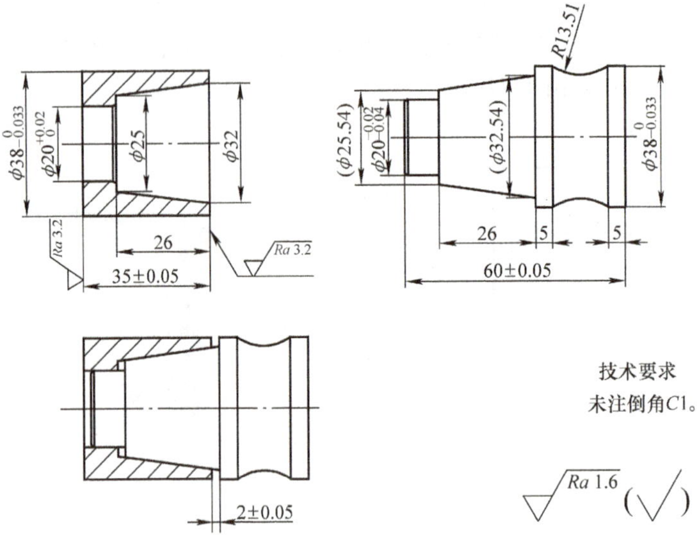

图 2-4-16 考工工件 9

2.4.3 课后训练

1. 操作题

编制考工工件 10、11 的加工程序，如图 2-4-17、图 2-4-18 所示，并进行模拟运行。

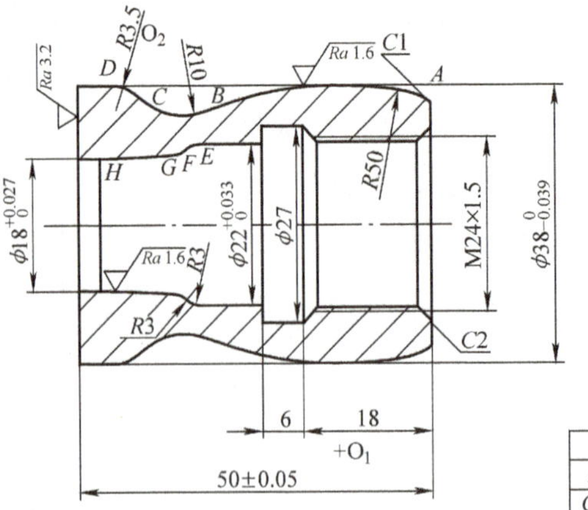

A(34.84, −1)
B(31.333, −31.41)
C(35.926, −42.105)
D(38, −44.592)
E(22, −32.702)
F(20.504, −34.684)
G(19.014, −36.521)
H(18, −47)

图 2-4-17 考工工件 10

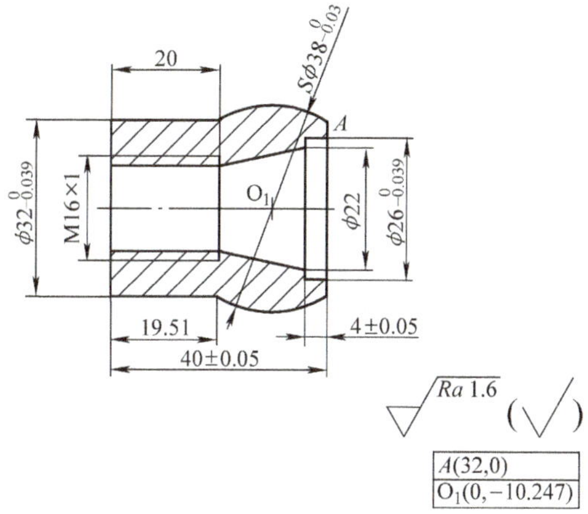

图 2-4-18　考工工件 11

2. 思考题

简述内螺纹刀和内切槽刀的对刀方法和原理与内孔车刀的异同。

项目3　制作螺旋千斤顶

任务3.1　加 工 螺 杆

【教学目标】

知识目标：

1）掌握梯形螺纹加工的刀具几何参数、切削用量以及大径、中径、小径的选择。

2）了解零件的定位与设计基准在数控加工中的处理方法。

3）了解梯形螺纹的加工方法，包括斜进法和左右借刀法的相关知识。

能力目标：

1）能完成梯形螺纹的工艺编制和加工程序编制，完成螺杆的编程与加工。

2）能正确安装数控外梯形螺纹车刀并对刀，输入刀具补偿参数。

3）能对带梯形螺纹的零件图进行工艺分析，完成梯形螺纹数控车削的程序编制、加工和检测。

【任务导读】

在各种机器中，为了满足制造、结构和安装方面的要求，广泛应用各种联接，螺纹联接是应用很普遍的一种，其中梯形螺纹通常用于传动，如车床的长丝杠和中、小滑板丝杠等机床中进给用的螺纹，几乎都是梯形螺纹。梯形螺纹与普通螺纹相比，螺距和牙深都较大，牙型两侧表面的表面粗糙度值小，会使梯形螺纹在车削时吃刀深、进给速度快，而且切削余量大、切削抗力大，加工较为困难，因此，在保证合理的加工方法、切削参数及刀具选择等前提下，常在数控机床上采用仿形车刀进行车削加工。

学生以数控操作员的身份，参与梯形螺纹数控车削加工的学习任务。根据螺杆的结构特征，选择合适的刀具和工艺参数，制订合理的数控加工工艺；学习梯形螺纹车刀的安装及调整方法；选择合适的梯形螺纹加工方法编制数控加工程序，模拟运行程序并手工输入机床；完成零件的加工和检测，总结梯形螺纹检测方法。

3.1.1　工作过程

操作数控机床，完成螺杆的加工；学习梯形螺纹的数控加工工艺；进行梯形螺纹的检测。

3.1.1.1　制订加工工艺

1. 分析图样

螺杆结构如图3-1-1所示，属于中等复杂程度的阶梯轴，主要有外槽、梯形外螺纹、普通内螺纹等结构。其中梯形螺纹有垂直度，螺纹牙深大，所以在加工中要使用精度高的进给装置。螺杆的加工内容见表3-1-1。

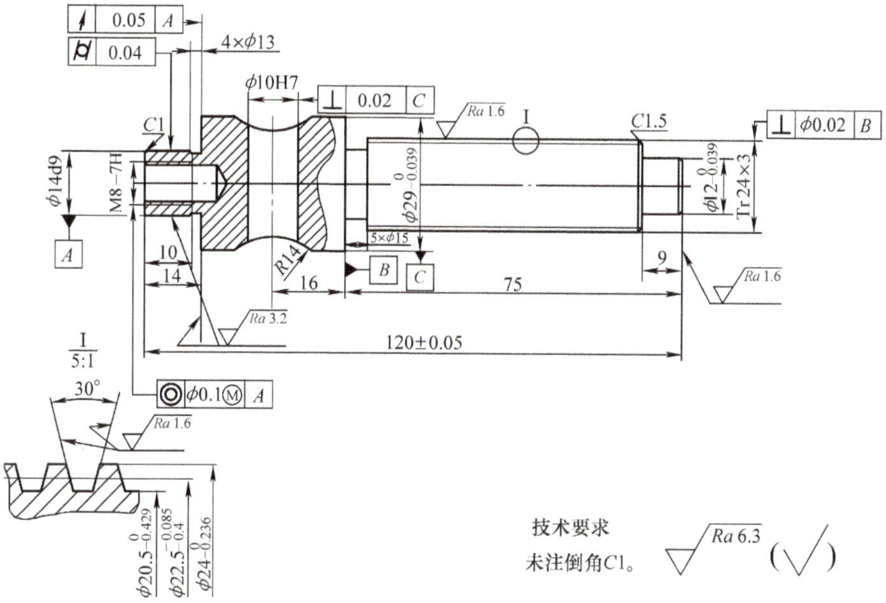

图 3-1-1　螺杆零件图

表 3-1-1　螺杆加工内容　（单位：mm）

内　　容	要求（公差无说明默认自由公差 IT12）	备注
ϕ12、ϕ29 的外圆	外圆直径 12、29，长度分别为 9、31	
5×ϕ15 的槽	槽宽 5，槽深 4.5	
Tr24×3 梯形螺纹	大径为 24，长 61	
ϕ10 内孔	内孔直径为 10，贯通打穿	
M8 内螺纹	内螺纹大径为 8，深 10	
ϕ14d9 的外圆	外圆直径为 14，外圆长为 10	
4×ϕ13 的槽	槽宽 4，槽深 0.5	

从图 3-1-1 可以看出，图样中对几何公差的要求较高，表 3-1-2 列出了加工中的几何公差要求。

表 3-1-2　几何公差要求　（单位：mm）

序号	几何公差要求	保证方法
1	M8 和 ϕ14d9 两轴线的同轴度，并且要求满足最大实体原则	一次装夹完成 M8 和 ϕ14d9 的加工
2	ϕ14d9 的圆柱度	
3	ϕ29 的左端面相对于 ϕ14d9 轴线的轴向圆跳动	一次装夹完成 ϕ29 和 ϕ14d9 的加工
4	Tr24×3 梯形螺纹轴线对 ϕ29 右端面的垂直度	
5	ϕ10H7 的轴线对 ϕ29 轴线的垂直度	打表校正

2. 制订加工路线

1）备料，选用直径为 30mm 的 6061 棒料，长 125mm。

2）粗车左端，用自定心卡盘夹毛坯右端，伸出70mm，车零件左端面至光滑。
3）粗车 ϕ14mm、ϕ29mm 的外圆并倒角，留0.5mm 精车余量。
4）精车 ϕ14mm、ϕ29mm 的外圆并倒角至图样尺寸。
5）用切断刀切槽 4×ϕ13mm，保证各尺寸。
6）钻 ϕ6.8mm 的小孔。
7）攻 M8 内螺纹。
8）零件调头装夹，车端面保证总长。
9）粗车 ϕ12mm、Tr24×3mm 的外圆并倒角，留0.5mm 精车余量。
10）精车 ϕ12mm、Tr24×3mm 的外圆并倒角至尺寸。
11）用切断刀切槽，槽宽5mm，槽深4.5mm，保证尺寸。
12）车 Tr24 外梯形螺纹，保证尺寸。
13）用 ϕ10mm 的钻头钻孔，并保证垂直度。

3. 选用加工设备

选用 CK6136I 水平床身数控车床作为加工设备（车床参数参考表2-1-2）。

4. 分析毛坯

零件材料为 ϕ30mm 的6061 棒料，该材料为铝，切削性能较好，如图3-1-2所示。

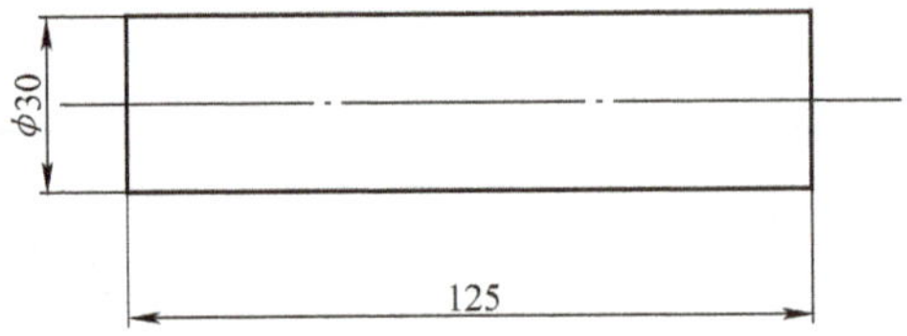

图3-1-2 毛坯

5. 夹具的选用

选用经济型数控车床加工，采用自定心卡盘三次装夹完成，第一次装夹完成外圆粗加工—精加工，以及完成内螺纹、切槽以及倒角的加工。调头采用自定心卡盘，完成外圆的粗加工—精加工和梯形螺纹、切槽的加工。然后工件放在平口钳上，用钻头对其钻孔。数控车床装夹方案设计见表3-1-3。

表3-1-3 装夹方案设计

装夹次数	装夹示意图
第一次装夹	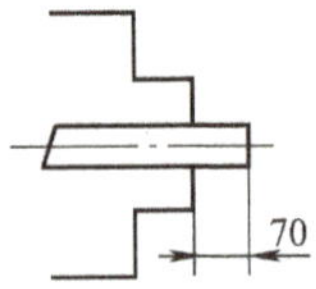
第二次装夹	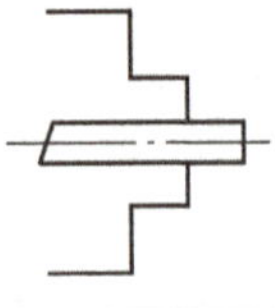

6. 刀具以及切削用量的选择

数控机床上用的刀具应满足安装调整方便、刚性好、精度高、寿命合理等要求。以选用SANDVIK 刀具系统为例，查阅 SANDVIK 刀具手册，刀具选用及切削用量见表3-1-4 所示。

表 3-1-4　刀具选用及切削用量

工序	序号	刀杆规格	刀片规格	加工内容	转速/(r/min)	切削深度/mm	进给量/(mm/r)
加工左端面	T01	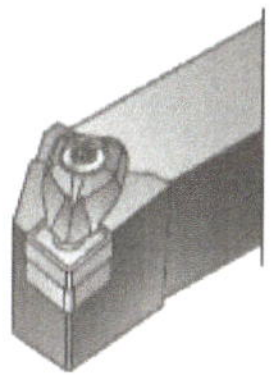 DCLNL2020M09	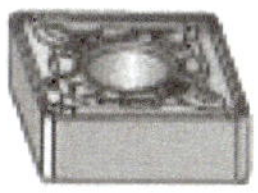 CNMG090408 - PR	粗　车	600	2	0. 15
				精　车	1000	0. 5	0. 1
	T02	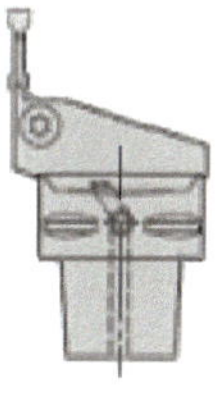 MGEHR2020 - 03	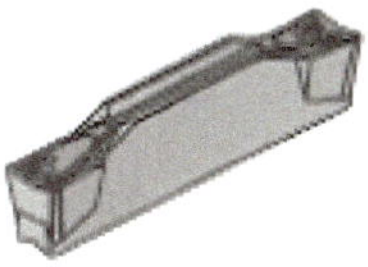 MGMN300 - M	切　槽	400		0. 05
	T05	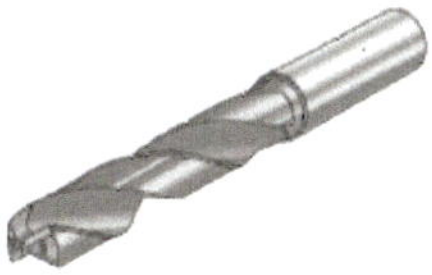 R840 - 0680 - 30 - A0A （ϕ6. 8mm）		钻　孔	800		
	T06	 MAG989 （M8 × 1. 25mm）		螺　纹			
加工右端面	T01	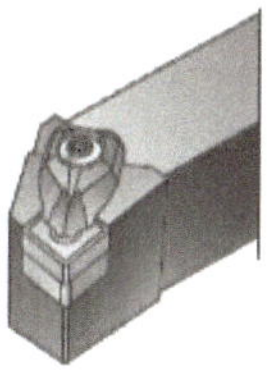 DCLNL2020M09	 CNMG090408 - PR	粗　车	600	2	0. 15
				精　车	1000	0. 5	0. 1

（续）

工序	序号	刀杆规格	刀片规格	加工内容	转速/（r/min）	切削深度/mm	进给量/(mm/r)
加工右端面	T04	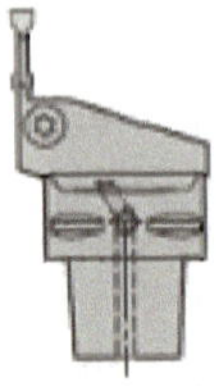 MGMN300 - M	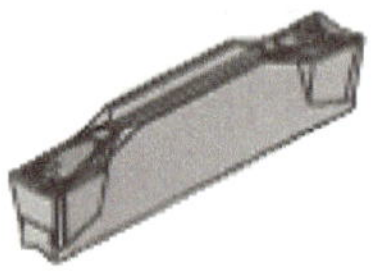 MGEHR2020 - 03	切　槽	400		0.05
	T03	 SCVER2020M24 - 3	 22VER3.0TR	车梯形螺纹	300		

7. 制订加工工序

粗加工，主轴转速较低，进给速度较高；精加工，主轴转速较高，进给速度较低；手动攻螺纹，梯形螺纹螺距较大，采用相对普通细牙螺纹较低的转速。

制作加工工艺卡，见表3-1-5至表3-1-9。

表3-1-5 螺杆加工工艺卡（1）

零件号：		工艺版本号：	工艺流程卡-工序清单			
MTJZ05		0				
工序号	工序内容	工位	页码：1		页数：5	
001	备料6061，φ30mm棒料	外协	零件号：MTJZ05		版本：0	
002	粗车/精车左端/切槽	数车	零件名称：旋杆			
003	攻螺纹	数钻	材料：6061			
004	粗车/精车右端	数车	材料尺寸：φ30mm棒料			
005	钻孔	数钻	更改号	更改内容	批准	日期
006						
007			01			
008						
009			02			
010						
011			03			
012						
拟制：	日期：　审核：	日期：　批准：　日期：	××工业职业技术学院			

表 3-1-6　螺杆加工工艺卡（2）

零件号：MTJZ05		工序名称：螺杆的数车加工	工艺流程卡-工序单
材料：6061	页码：2	工序号：002	版本号：0
夹具：自定心卡盘、顶尖	工位：1	数控程序号：	

刀具及参数设置

加工内容	刀具号	刀具规格	主轴转速/(r/min)	进给量/(mm/r)
端面粗加工	T01	SVJCR2020-16	600	0.05
ϕ14mm、ϕ29mm外圆粗加工	T01	SVJCR2020-16	600	0.15
ϕ14mm、ϕ29mm外圆精加工	T01	SVJCR2020-16	1000	0.1
切槽4 mm×ϕ13mm	T02	MGEHR2020-03	400	0.05

02						
01						
更改号	更改内容			批准	日期	
拟制：	日期：	审核：	日期：	批准：	日期：	

××工业职业技术学院

表 3-1-7　螺杆加工工艺卡（3）

零件号：MTJZ05		工序名称：螺杆的数车加工	工艺流程卡-工序单
材料：6061	页码：5	工序号：003	版本号：0
夹具：自定心卡盘	工位：2	数控程序号：	

刀具及参数设置

加工内容	刀具号	刀具规格	主轴转速/(r/min)	进给量/(mm/r)
钻M8mm底孔	T05	R840-0680-30-A0A	800	0.05
攻螺纹M8	T06	MAC989		

02						
01						
更改号	更改内容			批准	日期	
拟制：	日期：	审核：	日期：	批准：	日期：	

××工业职业技术学院

表 3-1-8 螺杆加工工艺卡（4）

零件号:		工序名称:	工艺流程卡-工序单
MTJZ05		螺杆的数车加工	
材料：6061	页码：4	工序号：004	版本号：0
夹具：自定心卡盘、顶尖	工位：3	数控程序号:	

刀具及参数设置

加工内容	刀具号	刀具规格	主轴转速/(r/min)	进给量/(mm/r)
ϕ24mm、ϕ12mm外圆粗加工	T01	SVJCR2020-16	600	0.15
ϕ24mm、ϕ12mm外圆精加工	T01	SVJCR2020-16	1000	0.1
切槽5mm×ϕ15mm	T02	MGEHR2020-03	400	0.05
梯形螺纹粗加工	T03	201-10	300	转速×螺距
梯形螺纹精加工	T03	201-10	300	转速×螺距
切断	T02	MGEHR2020-03	400	0.05

02					
01					
更改号	更改内容		批准	日期	
拟制:	日期:	审核:	日期:	批准:	日期:

××工业职业技术学院

表 3-1-9 螺杆加工工艺卡（5）

零件号:		工序名称:	工艺流程卡-工序单
MTJZ05		螺杆的数车加工	
材料:6061	页码:5	工序号:005	版本号:0
夹具:平口钳	工位:4	数控程序号:	

刀具及参数设置

加工内容	刀具号	刀具规格	主轴转速/(r/min)	进给量/(mm/r)
钻ϕ10mm内孔	T06	ϕ10mm	800	0.05

02					
01					
更改号	更改内容		批准	日期	
拟制:	日期:	审核:	日期:	批准:	日期:

XX 工业职业技术学院

3.1.1.2 编制加工程序

梯形螺纹部分加工程序见表 3-1-10 与表 3-1-11。

表 3-1-10　梯形螺纹工件的部分加工程序和注释（方法一）

加工程序	注　释
……	选定左端面的中心为编程原点
T0303;	30°梯形外螺纹刀
G00 X26 Z6 S300 M03 ;	设定循环起始点
G92 X23.5 Z－72.5 F3;	第一刀切深 0.5mm
X23.1;	
X22.7;	
X22.6;	
……	
X20.65;	
X20.6;	
X20.55;	
X20.52;	
X20.5;	进刀至螺纹牙底深度
G28 U0 W0;	
……	

表 3-1-11　梯形螺纹工件的部分加工程序和注释（方法二）

加工程序	注　释
……	选定左端面的中心为编程原点
T0303;	30°梯形外螺纹刀
G00 X26 Z6 S300 M03 ;	设定循环起始点
G76 P020630 Q50 R80;	设定精加工两次，精加工余量 0.16mm，倒角 0.1 倍螺距，牙型角 30°，最小切削深度 0.05mm
G76 X20.5 Z-72.5 P3500 Q500 F3.0;	螺纹高 1.75mm，第一刀切削深度 0.5mm
G28 U0 W0;	
M00;	
……	

1. 梯形螺纹的技术工艺要求

1）梯形螺纹的中径必须与基准轴颈同轴，其大径尺寸应小于基本尺寸。

2）车削梯形螺纹必须保证中径尺寸公差。

3）梯形螺纹的牙型角要正确。

4）梯形螺纹牙型两侧面的表面粗糙度要小。

2. 梯形螺纹尺寸计算

梯形螺纹的轴向剖面形状是一个等腰梯形，一般作传动用，精度高；如车床上的长丝杠和中小滑板的丝杠等。国家标准规定梯形螺纹的牙型角为30°，梯形螺纹各部分名称、代号及计算公式见表3-1-12。

表 3-1-12 梯形螺纹各部分名称、代号及计算公式 （单位：mm）

名 称		代号	计算公式			
牙型角		α	$\alpha=30°$			
螺 距		P	由螺纹标准确定			
牙顶间隙		a_c	P	1.5～5	6～12	14～44
			a_c	0.25	0.5	1
外螺纹	大径	d	公称直径			
	中径	d_2	$d_2=d-0.5P$			
	小径	d_3	$d_3=d-2h_3$			
	牙高	h_3	$h_3=0.5P+a_c$			
内螺纹	大径	D_4	$D_4=d+2a_c$			
	中径	D_2	$D_2=d_2$			
	小径	D_1	$D_1=d-P$			
	牙高	H_4	$H_4=h_3$			
牙顶宽		f、f'	$f=f'=0.366P$			
牙槽底宽		W、W'	$W=W'=0.366P-0.536a_c$			

3.1.1.3 工装准备

1. 刀具准备

机夹外圆刀、梯形螺纹刀、切断刀。

梯形螺纹车刀的安装方法如下：

1）梯形螺纹车刀的刀尖对准中心，车刀主切削刃与主轴轴线平行。

2）刀头中心线与工件轴线垂直。用对刀样板找正安装，找正螺纹车刀刀尖位置，保证车刀不左右倾斜，以免产生螺纹半角误差，如图 3-1-3 所示。

3）车刀伸出长度不要太长，压紧力要适当。

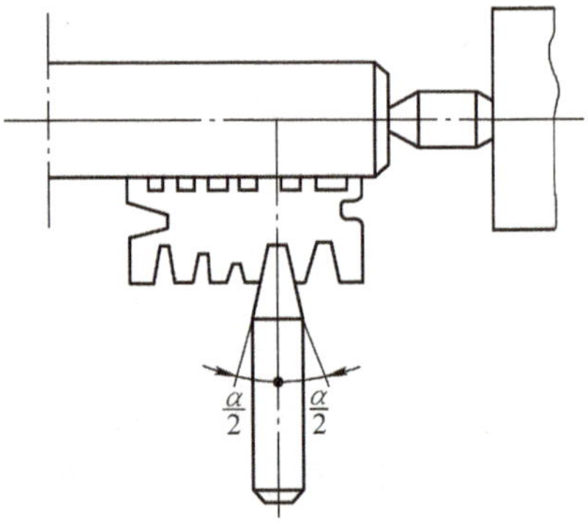

图 3-1-3 螺纹车刀的样板找正

2. 夹具准备

自定心卡盘。

3. 测量工具

外圆：游标卡尺、千分尺。

梯形螺纹：三根量棒（三针）。

3.1.1.4 加工零件

梯形螺纹刀的对刀方法如下。

1）按 JOG 或 手轮 键，在安全位置选择所要对的梯形螺纹车刀。

2）按 正转 键启动主轴，将车刀移到工件附近，然后将进给倍率调到低速档，配合增量进给，使梯形螺纹车刀刀尖碰到已车外圆。

3）按 键，进入参数设定页面，如图3-1-4所示。按“补正”键，再按“形状”键，进入刀具补偿窗口。按↑和↓键，找到对应的补偿值番号。

4）输入“xxxx. xx”，再按“测量”键，刀具在X方向的对刀结束。

5）将梯形螺纹车刀移到工件附近，然后将进给倍率调到低速档，配合以增量进给，使左刀尖基本对齐工件右端面，凭肉眼观察，因为刀具起刀点离开螺纹起始位置2～3倍螺距，Z方向存在略微偏差不要紧。

6）按 键，进入参数设定页面，按“补正”键，再按“形状”键进入刀具补偿窗口。按↑和↓键，找到对应的补偿值番号。

7）输入“Z0”，再按“测量”键，刀具在Z方向的对刀结束。

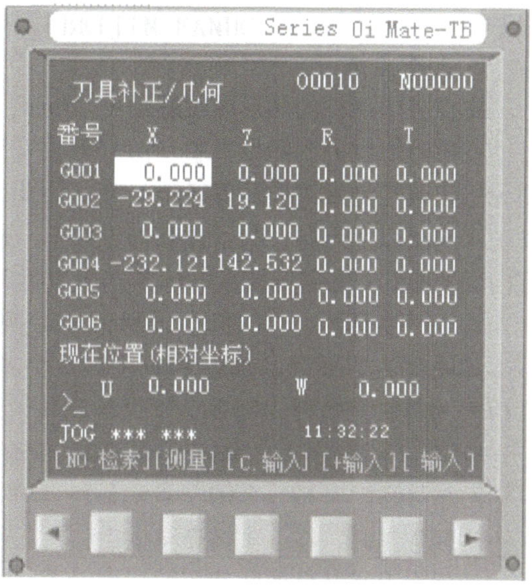

图3-1-4　刀具补偿窗口

3.1.1.5　检测零件

测量工件，并完成表3-1-13所示检测表的填写。

表3-1-13　螺杆检测表　（单位：mm）

考核项目	考核内容及其要求	评分标准	检测结果	分　析
1	形状正确	形状正确		
2	$\phi12$	在公差范围内合格		
3	$\phi29_{-0.039}^{0}$	在公差范围内合格		
4	$\phi14d9$	在公差范围内合格		
5	$\phi10H7$	在公差范围内合格		
6	$5\times\phi15$	在公差范围内合格		
7	$4\times\phi13$	在公差范围内合格		
8	M8－7H	通规进，止规止		
9	Tr24×3	尺寸合格		
10	*R*14	在公差范围内合格		
11	14	在公差范围内合格		
12	16	在公差范围内合格		
13	75	在公差范围内合格		
14	圆　跳　动	0.05		
15	圆　柱　度	0.04		
16	垂　直　度	$\phi0.02$		
17	同　轴　度	$\phi0.1$		
18	倒　　角	*C*1.5（1处） *C*1（1处）		
19	表面粗糙度	*Ra*1.6μm（3处） *Ra*3.2μm（2处） *Ra*6.3μm（其余）		

3.1.2　总结与拓展

1. 专家点拨

本任务中螺杆的梯形螺纹螺距 $P=3\text{mm}$，可以采用直进法进行梯形螺纹的加工。

在梯形螺纹的实际加工中，由于刀尖宽度并不等于槽底宽，因此通过一次 G76 循环切削无法正确控制螺纹中径等各项尺寸。为此，可将刀具沿 Z 方向偏置后再次进行 G76 循环加工来解决以上问题，为了提高加工效率，最好只进行一次偏置加工，因此必须精确计算 Z 方向偏置量，Z 方向偏置量的计算方法如图 3-1-5 所示，计算如下：

设 M（实测）$-M$（理论）$=2AO_1=\delta$，则 $AO_1=\delta/2$

如图 3-1-5 所示，四边形 O_1O_2CE 为平行四边形，则 $\triangle AO_1O_2\cong\triangle BCE$，$AO_2=EB$。$\triangle CEF$ 为等腰三角形，则 $EF=2EB=2AO_2$。

$AO_2=AO_1\times\tan(\angle AO_1O_2)=\tan15°\times\delta/2$

Z 方向偏置量 $EF=2AO_2=\delta\times\tan15°=0.268\delta$

实际加工时，在一次循环结束后，用三针测量法实测 M 值，计算出刀具的 Z 方向偏置量，然后在刀长补偿或磨耗存贮器中设置 Z 方向刀偏量，再次用 G76 循环加工，就能一次性精确控制中径等螺纹参数值。

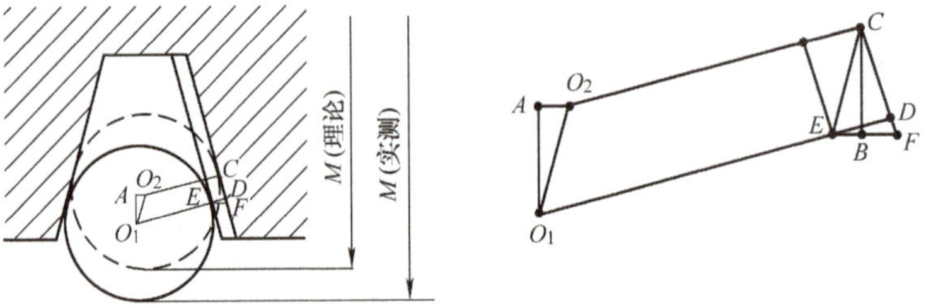

图 3-1-5　Z 向刀具偏置量的计算

螺杆左端 M8－7H 的螺纹底孔深度 H 的确定：

$$H(\text{钻})=h(\text{有效})+0.7D$$

式中　h（有效）——螺纹有效深度；

D——螺纹大径。

确定目的：主要是在对不通孔用丝锥攻螺纹时丝锥切削部分有锥角，端部不能切出完整的牙型，所以钻孔深度要大于螺纹的有效深度。

2. 知识拓展

机床预防性维护的关键是加强日常保养，主要的保养工作有下列内容。

（1）日检　日检的主要项目包括液压系统、导轨润滑系统、冷却系统、气压系统，日检是根据各系统的正常情况来加以检测。例如：当进行主轴润滑系统的过程检测时，电源灯应亮且油泵应正常运转，若电源灯不亮，则应保持主轴停止状态，并与机械工程师联系进行维修。

（2）周检　周检的主要项目包括机床零件和主轴润滑系统。应该每周对其进行正确的检查，特别是对机床零件要清除铁屑，进行外部杂物清扫。

（3）月检　月检主要是对电源和空气干燥器进行检查。电源电压在正常情况下额定电压 180～220V，频率 50Hz，如有异常，要对其进行测量、调整。空气干燥器应该每月拆一次，然后进行清洗、装配。

（4）季检　季检主要从机床床身、液压系统、主轴润滑系统三个方面进行检查。例如：对机床床身检查时，主要看机床精度、机床水平是否符合手册中的要求，如有问题，应马上和机械工程师联系。对液压系统和主轴润滑系统进行检查时，如有问题，应分别更换新油60L和20L，并对其进行清洗。

（5）半年检　半年后应该对机床的液压系统、主轴润滑系统以及X轴进行检查，如出现问题，应该更换新油，然后进行清洗。全面熟悉及掌握预防性维护的知识后，还必须对油压系统异常现象的原因与处理有更深的了解及必要的掌握。如当油泵不喷油、压力不正常、有噪声等现象出现时，应知道主要原因有哪些，有什么相应的解决方法。

3.1.3　课后训练

1. 操作题

编制考工工件12的加工程序（工件如图3-1-6所示），并进行模拟运行。

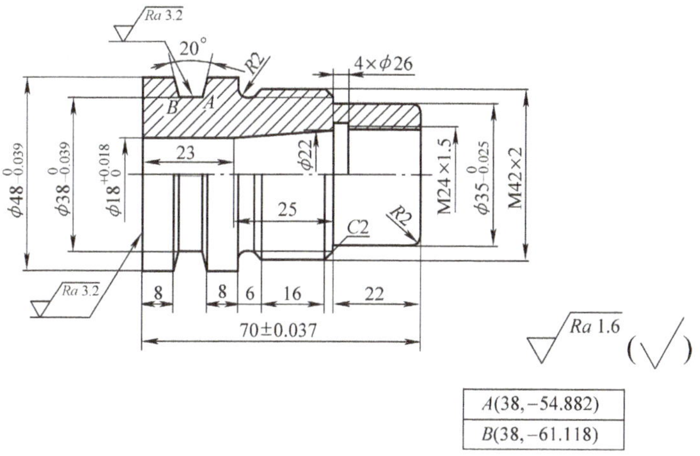

图3-1-6　考工工件12

2. 思考题

1）简述梯形螺纹的应用场合。

2）阐述左右借刀法车削梯形螺纹在数控机床上可能存在的问题及注意事项。

任务3.2　加工螺母

【教学目标】

知识目标：

1）掌握梯形螺纹配合测量要求。

2）掌握内梯形螺纹的加工方法，包括刀具和切削用量的选择，大径、中径、小径如何选择的相关知识。

3）了解单件生产、小批量生产和大批量生产在工艺编排时的不同点。

能力目标：

1）能进行内梯形螺纹刀的装刀、对刀和内梯形螺纹的加工。

2）能进行内梯形螺纹的检测以及梯形螺纹配合件的检测。

3）能够进行加工程序试切削并做出正确判断，完成带内梯形螺纹的螺母加工。

4）能正确进行几何公差在编程中的处理。

【任务导读】

螺旋千斤顶内安装的螺母主要结构是梯形内螺纹，该螺母不仅要能与项目2（制作螺钉调节座）中的底座配合，还要能与本项目中的螺杆装配，在结构设计时应充分考虑各处的配合精度要求。梯形内螺纹的加工较普通（三角形）内螺纹和梯形外螺纹的加工难度大，关键问题是要合理安排其数控加工工艺。

学生以数控操作员的身份，参与梯形内螺纹数控车削加工的学习任务。根据螺母的结构特征，选择合适的刀具和工艺参数，制订合理的数控加工工艺，编制数控加工程序并进行模拟运行，将程序手工输入机床，完成零件的加工和检测，进一步熟悉保证螺纹配合的工艺处理方法。

3.2.1 工作过程

分析单件生产、小批量生产和大批量生产在编排工艺时的不同点。

3.2.1.1 制订加工工艺

1. 分析图样

分析图3-2-1所示螺母的结构，其加工内容见表3-2-1，主要有梯形内螺纹的加工。本零件是配合件的中间件，与螺杆有螺纹的配合，与底座有孔轴的配合，因此对各加工表面的加工精度要求较高。

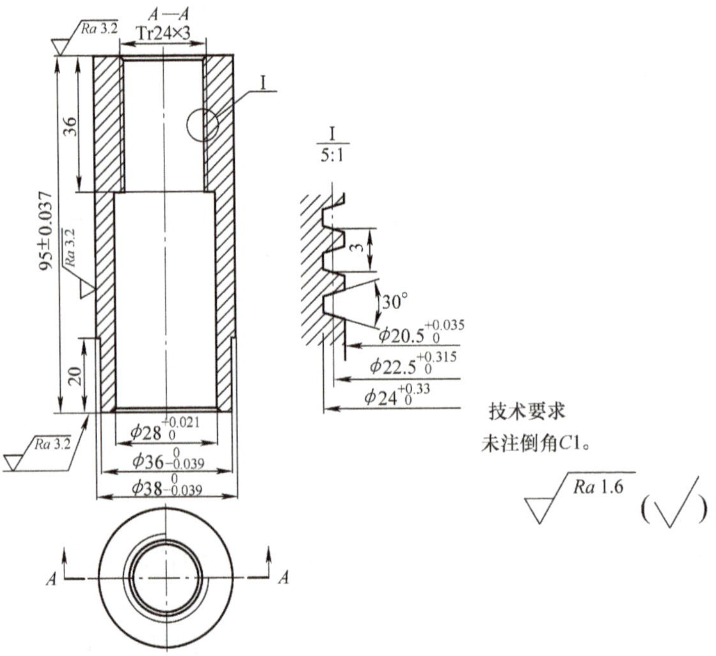

图3-2-1 螺母零件图

表 3-2-1　加工内容　（单位：mm）

内容	要求（公差无说明默认自由公差 IT12）	备注
$\phi36_{-0.039}^{0}$、$\phi38_{-0.039}^{0}$外圆	外圆直径为 $\phi36_{-0.039}^{0}$（长 20）、$\phi38_{-0.039}^{0}$（长 75）	
$\phi28$、$\phi21$（为 Tr24 ×3 螺纹孔计算所得）内孔	内孔直径为 $\phi28$（长 59）、$\phi21$（长 36）内孔	
Tr24 ×3 螺纹孔	内梯形螺纹为 Tr24 ×3，底孔直径为 21	
表面粗糙度	外圆的 Ra 为 3.2μm	
总长度	总长为 95 ±0.087	

2. 制订加工路线

1）备料，选用直径 40mm 的 6061 棒料，长 800mm。

2）自定心卡盘夹毛坯左端，用直径为 18mm 的钻头在车床上钻孔，孔深 60mm 以上（由于该孔表面粗糙度要求不高，所以直接粗加工即可，因此不特作说明）。

3）粗车零件右端面至光滑。

4）粗车 $\phi36_{-0.039}^{0}$mm、$\phi38_{-0.039}^{0}$mm 外圆，留 0.5mm 精车余量（在 $\phi38_{-0.039}^{0}$mm 的总长上多车 5mm，便于切断零件）。

5）精车 $\phi36_{-0.039}^{0}$mm、$\phi38_{-0.039}^{0}$mm 外圆至图样尺寸。

6）粗车 $\phi28$mm 内孔及倒角，留 0.5mm 余量。

7）精车 $\phi28$mm 内孔及倒角至图样尺寸。

8）切断零件，总长留 1mm 余量。

9）零件调头装夹，精车左端面及倒角，保证总长。

10）粗车 $\phi21$mm 内孔及倒角，留 0.3mm 余量。

11）精车 $\phi21$mm 内孔及倒角至图样尺寸。

12）车内梯形螺纹孔为 Tr24 ×3mm。

3. 选用加工设备

选用 CK6136I 水平床身数控车床作为加工设备（车床参数参考表 2-1-2）。

4. 分析毛坯

零件材料为 $\phi40$mm 的 6061 棒料，该材料为铝，切削性能较好。根据零件尺寸和机床性能，选用直径为 40mm，长度为 800mm 的棒料作为毛坯，如图 3-2-2所示。

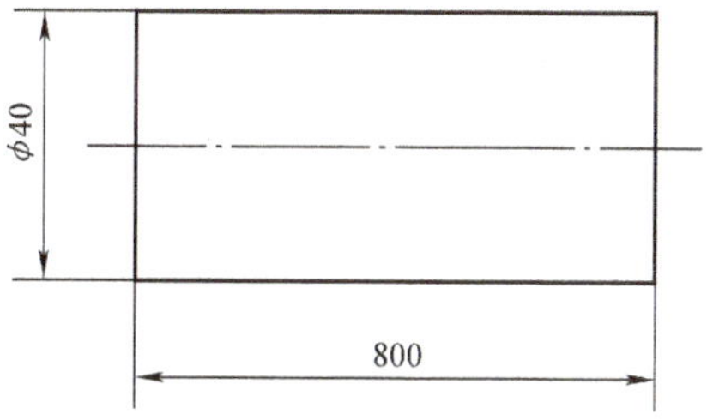

图 3-2-2　螺母毛坯

5. 选用夹具

选用经济型数控车床加工，采用自定心卡盘一次装夹完成外圆粗加工—精加工、内孔粗加工—精加工。切断后（保证总长）调头，用自定心卡盘装夹，完成端面精整，进行内螺纹的加工。装夹方案设计见表 3-2-2。

表 3-2-2　装夹方案设计

装夹次数	装夹示意图
第一次装夹	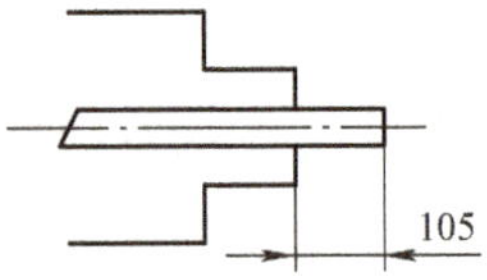
第二次装夹	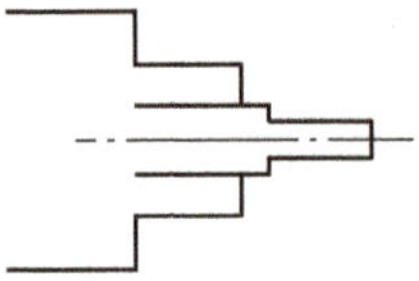

6. 刀具以及切削用量的选择

选用 SANDVIK 刀具系统，查阅 SANDVIK 刀具手册，刀具选用和切削用量见表 3-2-3。

表 3-2-3　刀具选用和切削用量

工序	序号	刀杆规格	刀片规格	加工内容	转速 /(r/min)	切削深度 /mm	进给量 /(mm/r)
右端	T01	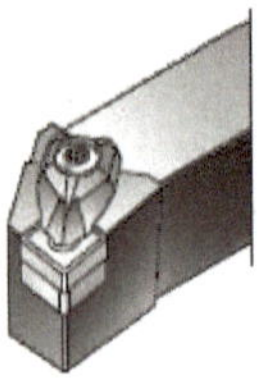 DCLNL2020M09	 CNMG090408 - PR	粗车	600	2	0. 15
				精车	1000	0. 5	0. 1
	T02	 S12M - SDUCR07	 DCGT070204 - AK	粗车	600	1	0. 10
				精车	800	0. 5	0. 05
	T04	 MGEHR2020 - 03	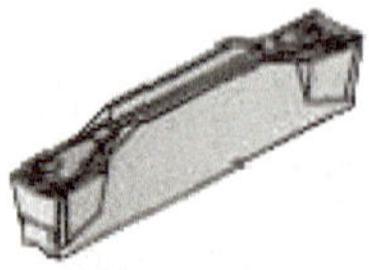 MGMN300 - M	切断	400		0. 05

（续）

工序	序号	刀杆规格	刀片规格	加工内容	转速/(r/min)	切削深度/mm	进给量/(mm/r)
左端	T01	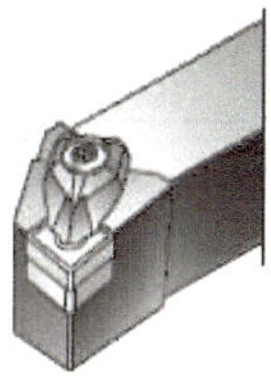 DCLNL2020M09	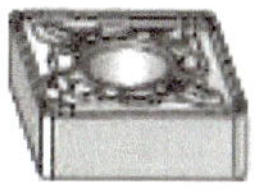 CNMG090408 – PR	精车	1000	1	0.1
	T02	 S12M – SDUCR07	 DCGT070204 – AK	粗车	600	1	0.1
				精车	800	0.5	0.05
	T03	SNK0012 – 11	266RG – 22MM02A250	车梯形螺纹	150		3

7. 制订加工工序

根据产品投入生产的连续性划分，生产类型大致有单件生产、批量生产和成批生产三种。在成批生产中，根据批量大小可分为小批、中批和大批量生产。小批量生产的特点接近于单件生产，大批量生产的特点接近于大量生产，中批量生产的特点介于单件和大批量生产之间。因此，生产类型可分为单件小批量生产、大批量生产和中批量生产三种。各种生产类型的工艺特点见表3-2-4。

表3-2-4 各种生产类型的工艺特点

项　目	单件、小批生产	中批生产	大批大量生产
加工对象	不固定、经常换	周期性地变换	固定不变
机床设备和布置	采用通用设备，按机群式布置	采用通用和专用设备，按工艺路线成流水线布置或机群式布置	广泛采用专用设备，全按流水线布置，广泛采用自动线
夹具	非必要时不采用专用夹具	广泛使用专用夹具	广泛使用高效能的专用夹具
刀具和量具	通用刀具和量具	广泛使用专用刀、量具	广泛使用高效率专用刀、量具
毛坯情况	用木模手工造型，自由锻，精度低	金属模、模锻，精度中等	金属模机器造型、精密铸造、模锻，精度高

（续）

项　目	单件、小批生产	中批生产	大批大量生产
安装方法	广泛采用划线找正等方法	保持一部分划线找正，广泛使用夹具	不需划线找正，一律用夹具
尺寸获得方法	试切法	调整法	用调整法、自动化加工
零件互换性	广泛使用配刮	一般不用配刮	全部互换，可进行选配
工艺文件形式	过程卡片	工序卡片	操作卡及调整卡
操作工人平均技术水平	高	中等	低
生产率	低	中等	高
成本	高	中等	低

零件选用经济型数控车床进行加工，用自定心卡盘装夹，加工遵循先圆后孔的顺序。考虑到单件生产，依次完成外圆的粗、精加工，内孔的粗、精加工，梯形内螺纹的粗、精加工。考虑到梯形内螺纹车刀切削过程中伸出刀杆的刚性问题，在外圆和内孔加工完毕后，切断工件（保证总长）调头装夹，进行梯形内螺纹的加工。

由于梯形内螺纹刀杆伸出较长，因此，主轴转速较车削梯形外螺纹时低，粗车选择150r/min，精车选择100r/min。

制作加工工艺卡，见表3-2-5～表3-2-7。

表3-2-5　螺母加工工艺卡（1）

零件号:		工艺版本号:	工艺流程卡-工序清单			
	MTJZ06	0				
工序号	工序内容	工位	页码:1		页数:3	
001	备料(6061, ϕ40mm棒料)	外协	零件号:MTJZ06		版本:0	
002	平端面/粗车/精车外圆/切断	数车	零件名称:螺母			
003	粗车、精车内孔/车螺纹	数车	材料:6061			
004			材料尺寸:ϕ40mm棒料			
005						
006			更改号	更改内容	批准	日期
007			01			
008						
009			02			
010						
011			03			
012						

拟制:	日期:	审核:	日期:	批准:	日期:		XX工业职业技术学院

表 3-2-6　螺母加工工艺卡（2）

零件号:		工序名称:		工艺流程卡−工序清单
MTJZ06		螺母的数车加工		
材料:6061	页码: 2	工序号:002		版本号:0
夹具:自定心卡盘	工位: 1	数控程序号:		

刀具及参数设置

加工内容	刀具号	刀具规格	主轴转速/(r/min)	进给量/(mm/r)
端面粗加工	T01	SVJCR2020−16	600	0.05
$\phi36$、$\phi38$ 外圆粗加工	T01	SVJCR2020−16	600	0.15
$\phi36$、$\phi38$ 外圆精加工	T01	SVJCR2020−16	1000	0.1
$\phi28$内孔粗加工	T02	S12M−SDUCR07	600	0.1
$\phi28$内孔精加工	T02	S12M−SDUCR07	800	0.05
切断	T04	MGEHR2020−03	400	0.05

02						
01						
更改号	更改内容			批准	日期	
拟制:	日期:	审核:	日期:	批准:	日期:	

XX 工业职业技术学院

表 3-2-7　螺母加工工艺卡（3）

零件号:		工序名称:		工艺流程卡−工序单
MTJZ06		螺母的数车加工		
材料: 6061	页码: 3	工序号:003		版本号:0
夹具:自定心卡盘	工位: 2	数控程序号:		

刀具及参数设置

加工内容	刀具号	刀具规格	主轴转速/(r/min)	进给量/(mm/r)
$\phi21$内孔粗加工	T02	S12M−SDUR07	600	0.1
$\phi21$内孔精加工	T02	S12M−SDUR07	800	0.05
梯型内螺纹粗加工	T03	SNR0012 11	150	转速×螺距
梯型内螺纹精加工	T03	SNR0012 11	100	转速×螺距

02						
01						
更改号	更改内容			批准	日期	
拟制:	日期:	审核:	日期:	批准:	日期:	

XX 工业职业技术学院

3.2.1.2 编制加工程序

编制梯形内螺纹的加工程序，见表3-2-8。

表3-2-8 梯形内螺纹工件的部分加工程序与注释

程序	注释
%	
O0006；	
N010 T0202；	选择内孔车刀
N020 M03 S600；	
M030 M08；	
N040 G00 X20 Z2；	
N050 G71 U2 R1；	
N060 G71 P070 Q100 U-0.5 F0.12；	
N070 G00 X27；	
N080 G01 Z0；	
N090 X21 Z-3；	
N100 Z-40；	
N110 G00 X100 Z100；	
N120 M00	
N130 T0202；	
N140 G00 X20 Z2 M03 S800；	
N150 G70 P070 Q100 F0.1；	
N160 G00 X100 Z100；	
N170 M00；	
N180 T0404；	梯形内螺纹刀
N190 G00 X20 Z10 S150；	
N200 G76 P020630 Q30 R80；	设定精加工两次，精加工余量0.16mm，倒角0.1倍螺距，牙型角30°，最小切深0.03mm
N210 G76 X24 Z-39 P3000 Q400 F3.0；	螺纹牙高1.50mm，第一刀切深0.4mm
N220 G28 U0 W0	
……	

3.2.1.3 项目拓展

1. 梯形螺纹在数控车床上的加工方法

车削梯形螺纹时，常采用高速钢材料刀具进行低速车削，低速车削螺纹一般有以下四种进刀方法：直进法、斜进法、左右切削法、多刀组合法。通常直进法只适合于车削螺距较小

（$P<4$mm）的梯形螺纹，而粗车螺距较大（$P>4$mm）的梯形螺纹，常采用斜进法、左右切削法和多刀组合法。

（1）直进法　螺纹车刀 X 方向间歇进给至牙深处（图 3-2-3a），刀具采用与牙型槽等宽的尺寸。采用此种方法加工梯形螺纹时，螺纹的牙型精度较高，但螺纹车刀的三面都参加切削，导致加工排屑困难，切削力和切削热增加，刀尖磨损严重，只在小螺距螺纹加工时采用。当进刀量过大时，还可能产生扎刀或爆刀现象。该方法数控车床可采用指令 G92 来实现。

（2）斜进法　螺纹车刀沿牙型角方向斜向间歇进给至牙深处（图 3-2-3b），刀具采用与牙型槽等宽的尺寸。采用此种方法加工梯形螺纹时，螺纹车刀在纵向及横向做往复的复合运动。这种加工方法在加工中刀具只有两面切削刃受力，刀尖的受力和受热情况有所改善，在车削中不易引起扎刀现象。但由于两刃切削，刀具的磨损程度不同，加工中易出现刀尖角发生变化，而导致牙型精度较差。这种方式只在梯形螺纹粗加工或螺纹精度不高时采用。该方法在数控车床上可采用 G76 指令来实现。

（3）左右切削法　螺纹车刀沿牙型角方向交错间隙进给至牙深（图 3-2-3c），刀具采用与牙型槽等宽或略小的尺寸。这种加工方式受力类同于斜进法，较易加工出梯形螺纹。但该方法要求刀具纵向左右两侧移动结合横向进刀，对操作者技术要求较高，需要多次操作后才能熟练完成。该方法也可在数控车床上采用 G76 指令来实现。

（4）多刀组合法　该方法先用切槽刀粗切出螺纹槽（图 3-2-3d），留一定余量后再用梯形螺纹车刀加工螺纹两侧面。这种方法的编程与加工在数控车床上较难实现。

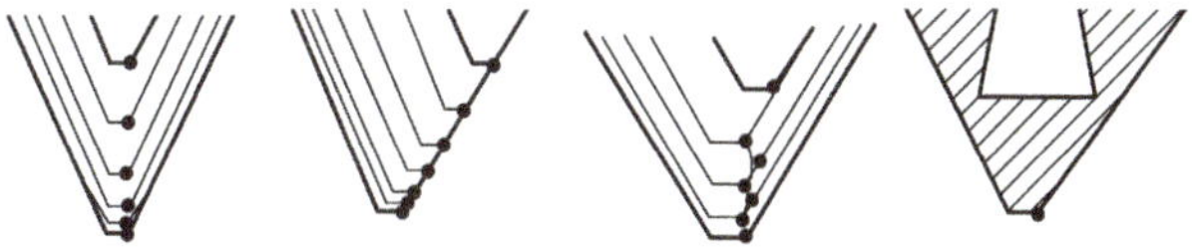
a) 直进法　b) 斜进法　c) 左右切削法　d) 多刀组合法

图 3-2-3　梯形螺纹在数控车床上的加工方法

2. 梯形螺纹的测量方法

梯形螺纹的测量方法分为综合测量、三针测量和单针测量三种。

（1）综合测量法　用标准螺纹环规综合测量。

（2）三针测量法　这种方法是测量外螺纹中径的一种比较精密的方法，适用于测量一些精度要求较高、螺纹升角小于 4°的螺纹工件。测量时把三根直径相等的量针放在螺纹相对应的螺旋槽中，用千分尺量出两边量针顶点之间的距离 M（图 3-2-4a）。

（3）单针测量法　这种方法的特点是只需用一根量针，放置在螺旋槽中，用千分尺量出螺纹大径与量针顶点之间的距离（图 3-2-4b）。

测量后计算中径的公式如下：

$$M = d_2 + 4.864d_D - 1.866P$$
$$A = (M + d_0)/2$$

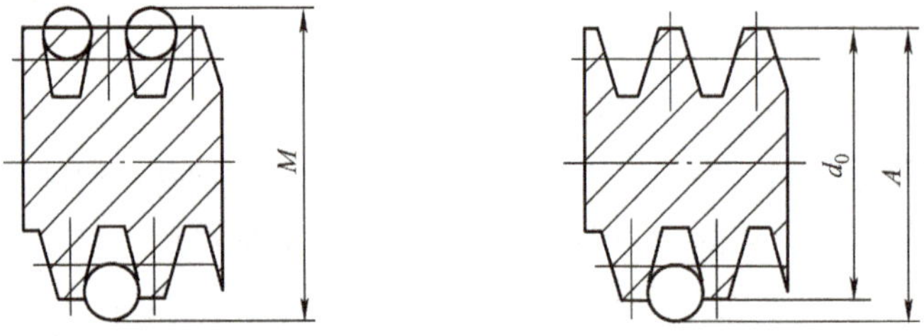

a) 三针测量法 b) 单针测量法

图 3-2-4 梯形螺纹中径的测量方法

式中 M——三针测量的实测值；

A——单针测量的实测值；

d_0——实测大直径；

P——螺距；

d_D——量针直径；

d_2——中径。

3.2.1.4 工装准备

1. 刀具准备

机夹外圆刀、镗孔刀、30°梯形内螺纹刀、切断刀。

2. 夹具准备

自定心卡盘。

3. 测量工具

外圆：游标卡尺、千分尺。

内孔：内径表、Tr24 ×3mm 梯形内螺纹塞规。

3.2.1.5 加工零件

1. 梯形内螺纹刀对刀

1）按

或

键，在安全位置选择所要对的梯形内螺纹刀。

2）按

启动主轴，将车刀移到工件附近，然后将进给倍率调到低速档，配合以增量进给使梯形内螺纹刀刀尖碰到已车内孔。

3）按

键，进入参数设定页面，如图 3-2-5 所示。按“补正”软键，再按“形状”软键，进入刀具补偿窗口，如图 3-2-5 所示。按和键，找到对应的补偿值番号。

4）输入内孔孔径“xxxx. xx”，再按“测量”键，刀具在 X 方向的对刀结束。

5）将梯形内螺纹刀移到工件附近，然后将进给倍率调到低速档，配合以增量进给，使刀尖基本对齐工件内孔的右端面，凭肉眼观察，因为刀具起刀点离开螺纹起始位置2～3倍螺距，Z方向略微存在偏差不要紧。

6）按

键，进入参数设定页面，按“补正”键，再按“形状”键进入刀具补偿窗口。按和键，找到对应的补偿值番号。

7）输入“Z0”，再按“测量”键，刀具在Z方向的对刀结束。

3.2.1.6　检测零件

测量工件，并完成表3-2-9中内容。

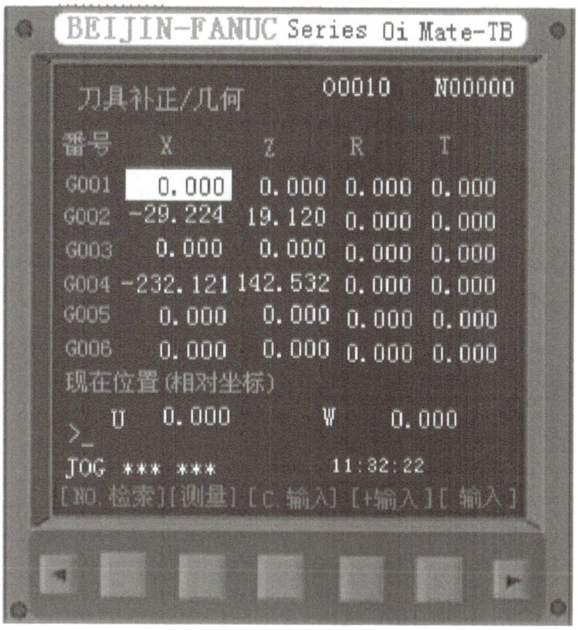

图3-2-5　刀具补偿窗口

表3-2-9　螺母检测表　（单位：mm）

考核项目	考核内容及其要求	评分标准	检测结果	分　析
1	形状正确	形状正确		
2	$\phi28$	在公差范围内合格		
3	$\phi36$	在公差范围内合格		
4	$\phi38$	在公差范围内合格		
5	95	在公差范围内合格		
6	20	在公差范围内合格		
7	36	在公差范围内合格		
8	Tr24×3	内外螺纹旋配		
9	表面粗糙度	$Ra3.2\mu m$（3处） $Ra1.6\mu m$（其余）		

3.2.2　总结与拓展

1. 专家点拨

车削梯形内螺纹与车削三角形内螺纹的步骤基本相同。车削梯形内螺纹时，进刀深度不易掌握，可先车准螺纹孔径尺寸，然后粗车，精车时应不进刀车削2～3次，以消除刀杆的弹性变形，保证螺纹的精度。

2. 知识拓展

传动螺纹按其用途可分为连接螺纹和传动螺纹，其中传动螺纹主要用于传递运动和动力。

传动螺纹有以下四种类型：

（1）梯形螺纹　牙型角为30°，牙型为等腰梯形，代号为Tr，它是传动螺纹的主要形式，如机床丝杠等。梯形螺纹主要用于传递双向运动。

（2）矩形螺纹　主要用于力传递，其特点是传动效率较其他螺纹较高，但强度较大，因此应用受到一定限制。

（3）锯齿形螺纹　其牙型为锯齿形，代号为B，只用于承受单向动力，由于它的传动效率及强度比梯形螺纹高，常用于螺旋压力机及水压机等单向受力机构。锯齿形螺纹主要用于传递单向传动。

（4）模数螺纹　即蜗轮蜗杆螺纹，其牙型角为40°，它具有传动比大、结构紧凑、传动平稳、自锁性能好等特点，主要用于减速装置。

3.2.3　课后训练

1. 操作题

编制考工工件13的加工程序，如图3-2-6所示，并进行模拟运行。

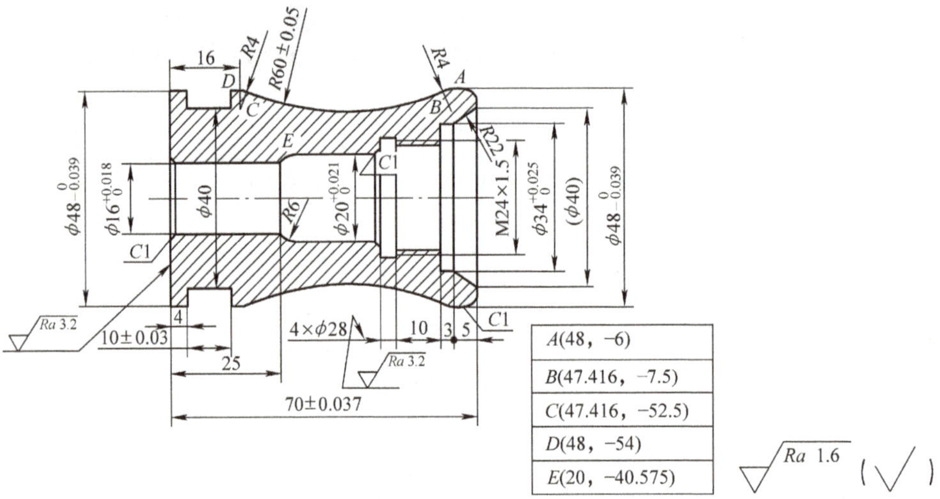

A(48，−6)
B(47.416，−7.5)
C(47.416，−52.5)
D(48，−54)
E(20，−40.575)

图3-2-6　考工工件13

2. 思考题

1）单件生产、小批量生产、大批量生产在编排工艺时的不同点。

2）梯形螺纹和普通螺纹的加工异同。

任务3.3　加工顶盖

【教学目标】

知识目标：

1）掌握盘盖类零件的加工工艺。

2）掌握子程序的编辑方法和调用方法。

3）了解槽的加工方法。

能力目标：

1）能识读盘盖类零件的图样并分析其加工工艺。

2）能查表选择所加工材料的粗、精加工切削用量。

3）能编制并调用子程序完成零件的加工。

【任务导读】

顶盖属于盘盖类零件，这类零件的形状多为扁平的圆形或方形盘状结构，轴向尺寸相对于径向尺寸要小很多。这类零件主要起传动、连接、支承、轴向定位及密封作用，如手轮、带轮、齿轮、法兰盘、各种端盖等。顶盖加工的主要内容有外圆柱面、圆弧面、内孔等，部分表面的加工精度要求较高。

学生以数控操作员的身份进入顶盖的数控车削加工模块，根据顶盖的结构特征，选择合适的刀具和工艺参数、制订合理的数控加工工艺，根据图样所要求的孔轴配合关系，编制加工程序，进行模拟运行并手工输入机床，完成零件的加工和检测。

3.3.1　工作过程

1）分析给定的零件图样，熟悉相关技术要求。

2）完成顶盖的加工。

3.3.1.1　制订加工工艺

1. 分析图样

顶盖结构如图3-3-1所示，主要有圆弧面、圆柱面、台阶内孔等结构。技术要求分析：ϕ24mm的内孔是为安装紧定头部，ϕ42mm的孔是为了减少接触表面设定，总长为26mm，有两条外切槽需要加工，加工精度要求不高。

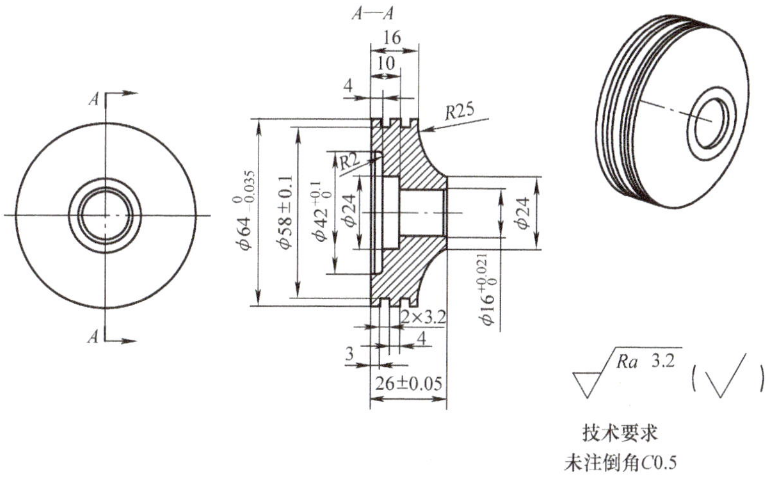

图3-3-1　顶盖零件图

2. 分析毛坯

盘盖类零件常采用钢、铸铁、黄铜或青铜制成。孔径小的盘一般选择热轧或冷拔棒料，根据不同的材料，也可选择实心铸件，孔径较大时，可做预孔。若生产批量较大时，可选择冷挤压等先进毛坯制造工艺，既能提高生产率，又节约材料。零件材料为 ϕ65mm 的6061棒料，该材料为铝合金，切削性能较好，如图3-3-2所示。

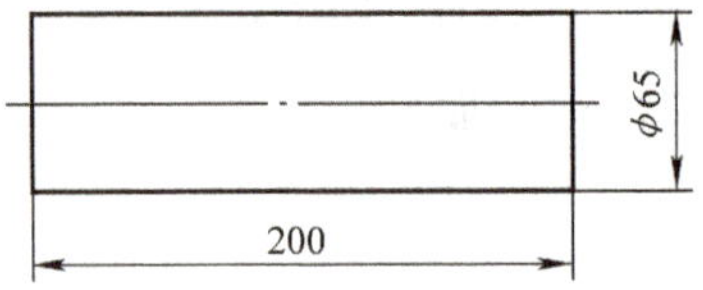

图3-3-2 毛坯

顶盖零件的加工内容见表3-3-1。

表3-3-1 加工内容 （单位：mm）

内容	要求（公差无说明默认自由公差IT12）
圆弧面	圆弧面，半径为25
ϕ64外圆	$\phi64_{-0.035}^{0}$外圆，长16
ϕ16内孔	内孔直径为 $16_{0}^{+0.021}$
ϕ24内孔	内孔直径为24
ϕ42内孔	内孔直径为42，孔深4
槽 ϕ58	两条槽，深 $\phi58\pm0.1$，宽3.2
表面粗糙度	外圆的 Ra 为3.2μm
总长度	零件总长为 26 ± 0.05

3. 制订加工路线

1）备料：直径为65mm的6061棒料，长200mm。

2）自定心卡盘夹毛坯左端，先用直径为14mm的钻头，在车床上打孔，孔深度至少30mm（以便于后面的切断）。

3）粗车右端：自定心卡盘夹毛坯左端，车零件右端面至光滑。

4）粗车圆弧面、ϕ64mm外圆，留0.5mm精车余量（在 ϕ64mm的总长上多车5mm，以便于零件的切断）。

5）精车圆弧面、ϕ64mm外圆至图样尺寸。

6）切槽：切两条平行槽，深 $\phi58\pm0.1$mm，宽3.2mm。

7）切断：总长留1mm余量。

8）调头装夹，车端面保证总长。

9）粗车内孔：粗车 ϕ42mm、ϕ24和 ϕ16mm的内孔，留0.5mm精车余量。

10）精车内孔：精车 ϕ42mm、ϕ24和 ϕ16mm的内孔至图样尺寸。

4. 选用加工设备

选用CK6136I水平床身数控车床作为加工设备。

5. 选用夹具

选用经济型数控车床加工，采用自定心卡盘两次装夹完成，第一次装夹完成外圆粗加工和精加工、切槽以及倒角。调头采用自定心卡盘装夹，完成内孔的粗加工和精加工。工件的装夹方案设计见表3-3-2。

表 3-3-2　装夹方案设计

装夹次数	装夹示意图	装夹次数	装夹示意图
第一次装夹	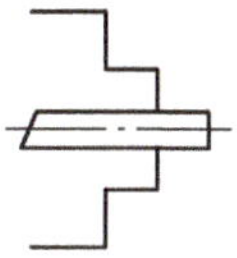	第二次装夹	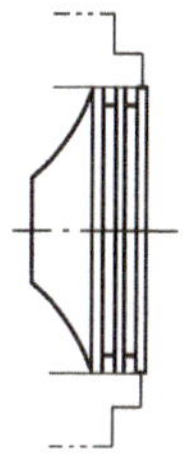

6. 选择刀具以及切削用量

数控机床上用的刀具应满足安装调整方便、刚性好、精度高、寿命合理等要求。以选用 SANDVIK 刀具系统为例，查阅 SANDVIK 刀具手册，选用刀具及切削用量见表 3-3-3。

表 3-3-3　刀具选用及切削用量

序号	刀杆规格	刀片规格	加工内容	转速/(r/min)	切深/mm	进给量/(mm/r)
T01	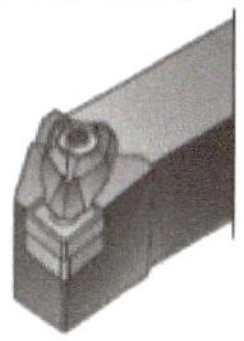 DCLNL2020M09	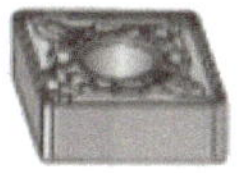 CNMG090408-PR	粗车	600	1	0.15
			精车	1000	0.5	0.1
T02	 S20M-SCLCR06	 CNMG060408-PR	粗车	600	1	0.10
			精车	800	0.5	0.05
T04	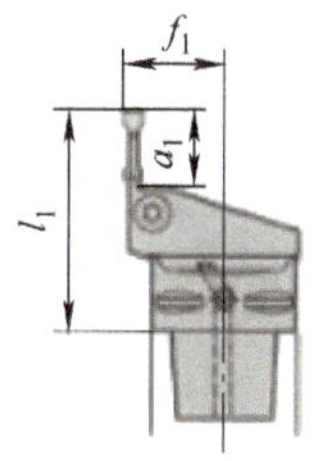 MGEHR2020-03	 N123G2-0300-0001-CF	切断	400		0.05

7. 制订加工工序

粗加工，主轴转速较低，进给速度较高；精加工，主轴转速较高，进给速度较低，手动攻螺纹，梯形螺纹螺距较大，采用相对普通细牙螺纹较低的转速。

顶盖为盘盖类零件，根据零件的结构特点，需经两次装夹才能完成零件的加工。其工序的划分也可根据两次装夹来划分。第一次装夹为夹持毛坯，伸出长度为45mm，先加工工件右端面及外圆、外沟槽，然后切断工件，长度留1mm余量，调头利用自定心卡盘装夹工件，车左端面保证总长，然后进行内孔的加工。顶盖的具体加工工序见表3-3-4～表3-3-6。

表3-3-4　顶盖的加工工艺卡（1）

零件号：		工艺版本号：	工艺流程卡-工序清单			
	MTJZ07	0				
工序号	工序内容	工位	页码：1		页数：3	
001	备料(6061，ϕ65mm棒料)	外协	零件号：DINGGAI		版本：0	
002	粗车/精车右端	数车	零件名称：顶盖			
003	粗车/精车左端	数车	材料：6061			
004			材料尺寸：ϕ65mm×200mm			
005			更改号	更改内容	批准	日期
006						
007						
008			01			
009						
010			02			
011						
012			03			
013						
拟制：	日期：	审核：	日期：	批准：	日期：	××工业职业技术学院

表3-3-5　顶盖的加工工艺卡（2）

零件号：		工序名称：			工艺流程卡-工序单	
MTJZ07		顶盖内孔数车加工				
材料：6061		页码：2			工序号：002	版本号：0
夹具：自定心卡盘		工位：2			数控程序号：	
刀具及参数设置						
加工内容	刀具号	刀具规格	主轴转速/(r/min)	进给量/(mm/r)		
端面加工	T01	DCLNL2020M09	600	0.05		
外圆粗加工	T01	DCLNL2020M09	600	0.15		
外圆精加工	T01	DCLNL2020M09	1000	0.1		
切断	T04	MGEHR2020-03	400	0.05		
02						
01						
更改号	更改内容	批准	日期			
拟制：	日期：	审核：	日期：	批准：	日期：	××工业职业技术学院

表 3-3-6　顶盖的加工工艺卡（3）

零件号：	工序名称：	工艺流程卡–工序单	
MTJZ07	顶盖外圆的数车加工		
材料：6061	页码：3	工序号：003	版本号：0
夹具：自定心卡盘、软爪	工位：2	数控程序号：	

刀具及参数设置

加工内容	刀具号	刀具规格	主轴转速/(r/min)	进给量/(mm/r)
内孔粗加工	T02	S20M-SCLCR06	600	0.1
内孔精加工	T02	S20M-SCLCR06	800	0.05

更改号	更改内容	批准	日期
02			
01			

拟制：	日期：	审核：	日期：	批准：	日期：

××工业职业技术学院

3.3.1.2　编制加工程序

1. 编程举例

编制加工顶盖外沟槽的程序和子程序，见表 3-3-7 和表 3-3-8。

表 3-3-7　加工顶盖外沟槽程序与注释

加工程序	注释
%	
O0001；	
N010 T0101；	选择 1 号刀具为外圆车刀
N020 M08；	
N030 M03 S600；	
N040 G00 X67 Z0	
N050 G01 X0 F0.1；	
N060 G00 X65 Z2；	将刀具快速移至（X65，Z2），起刀点
N070 G71 U1 R1；	
N080 G71 P090 Q120 U0.5 F0.15；	
N090 G01 X24；	粗车外圆轮廓
N100 G01 Z0；	
N110 G02 X64 Z-10 R25；	
N120 G01 Z-30；	考虑切断时割刀的位置，所以 Z 方向圆柱略长
N130 G00 X150 Z150；	
N140 M00；	
N150 T0101；	
N160 M03 S1000；	
N170 M08；	

（续）

加工程序	注释
N180 G00 X65 Z2；	
N190 G70 P90 Q120 F0.1；	精车轮廓
N200 G00 X150 Z150；	
N210 M00；	
N220 T0404；	
N230 M08；	
N240 M03 S400；	
N250 G00 X67 Z－8.6；	考虑刀具Z方向移动
N260 M98 P20002；	调用O0002的子程序2次
N270 G00 X150 Z150；	
N280 M30；	
%	

表3-3-8 加工顶盖外沟槽子程序与注释

加工子程序	注释
%	
O0002；	
G00 W－7.2；	移动到左刀尖对准槽
G01 X58 F0.08；	车槽
G00 X67；	退刀
M99；	返回
%	

2. 子程序的定义

在编制加工程序中，有时会遇到一组程序段在一个程序中多次出现，或者在几个程序中都要使用它，可以把这类程序做成固定程序，并单独加以命名，事先存储起来，这组程序段就称为子程序。

12. 子程序

3. 子程序的调用

子程序可以在存储器方式下调出使用，主程序可以调用子程序，一个子程序也可以调用下一级的子程序，子程序执行完后返回到主程序中调用子程序的下一句程序段继续运行。子程序的调用格式如下：

M98 P____；

其中，P为被调用的子程序号，P后跟8位数，前四位表示调用子程序次数，省略时为调用一次；后四位表示调用子程序名。

例：M98 P20002；

第一个2表示调用2次子程序，0002表示调用O0002子程序。

子程序的格式与主程序相似，区别在于程序结束使用M99从子程序返回，如下所示：

O××××

……

M99

4. 子程序的应用原则

1）零件上有若干处相同的轮廓形状。在这种情况下只编写一个子程序，然后用主程序调用该子程序即可。

2）程序的内容具有相对独立性。在加工较复杂的零件时，往往包含许多独立的工序，有时工序之间的调整也是容许的，为了优化加工顺序，把每一个工序编成一个独立子程序，主程序中只需加入换刀和调用子程序等指令即可。

3.3.1.3　工装准备

1. 刀具准备

机夹外圆车刀、内孔车刀、切断刀。

2. 夹具准备

自定心卡盘。

3. 测量工具

外圆：游标卡尺、千分尺。

内孔：内径百分表。

3.3.1.4　加工零件

工件第一次装夹完毕后，完成外圆刀、切断刀的对刀。

工件第二次装夹完毕后，完成镗孔刀的对刀。

3.3.1.5　检测零件

测量工件，并完成表3-3-9所示的顶盖检测表。

表3-3-9　顶盖检测表　（单位：mm）

考核项目	考核内容及其要求	评分标准	检测结果	分析
1	形状正确	形状正确		
2	$\phi64$	偏差 $^{0}_{-0.035}$ 内合格		
3	$\phi42$	偏差 $^{+0.1}_{0}$ 内合格		
4	$R25$	在公差范围内合格		
5	$\phi16$	偏差 $^{+0.021}_{0}$ 内合格		
6	$\phi24$	在公差范围内合格		
7	4	在公差范围内合格		
8	10	在公差范围内合格		
9	12	在公差范围内合格		
10	26	偏差 ±0.05 内合格		
11	3.2	在公差范围内合格		
12	$\phi58$	偏差 ±0.1 内合格		
13	倒角	$C1$		
14	表面粗糙度	$Ra3.2\mu m$		

3.3.2 总结与拓展

专家点拨

为保证顶盖外圆与内孔的同轴度要求，如果是短棒料，可以采用心棒装夹，方法是预先加工好与工件内孔相配的一根心棒，先加工内孔，再利用心棒装夹工件，完成外圆面的加工。

3.3.3 课后训练

1. 操作题

完成考工工件14的加工程序，如图3-3-3所示，编制其加工程序并进行模拟运行。

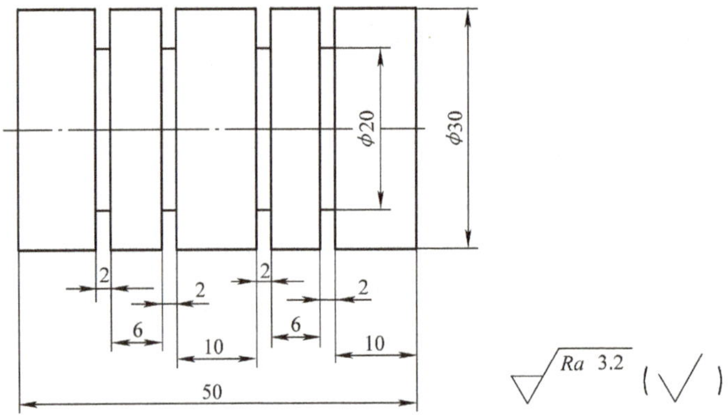

图3-3-3 考工工件14

2. 思考题

顶盖与螺钉的紧固方式有哪些？

项目 4　制作单出杆气缸

任务 4.1　加工无杆腔端盖

【教学目标】

知识目标：

1）掌握数控车床卡爪的更换和软爪的使用方法。

2）掌握 UG 1UX10.0 软件数控车削编程的方法。

3）熟悉 UG 1UX10.0 软件车削加工程序的后处理。

4）掌握数控车床程序自动传输方法。

5）熟悉盘盖类零件数控车削的工艺制订原则，掌握数控车削盘盖类零件切削用量选择的基本原则。

能力目标：

1）能完成软爪的更换与调整，能正确使用软爪装夹工件。

2）能使用 UG 1UX10.0 软件编制端盖的车削程序，并完成程序从计算机到机床的自动传输。

3）能正确制订盘盖类零件的数控车削加工工艺。

【任务导读】

端盖属于典型的盘盖类零件，也是典型的车削加工零件。在实际生产中，一般选用棒料作为毛坯，可选用普通车床或者数控车床进行车削加工，还可选用铣床或者铣削加工中心进行铣削加工和钻削加工。

学生以企业制造部门数控程序员的身份完成本次任务，根据无杆腔端盖的零件图样和结构特征，选择合适的刀具和工艺参数、制订合理的数控加工工艺，使用 UG NX10.0 软件编制数控加工程序；生成刀轨；后处理得到加工程序；自动输入机床；操作数控车床完成零件的车削加工与检测，并对操作过程中存在的问题进行研讨和交流。

4.1.1　工作过程

读懂零件图样，设计加工工艺，采用 UG 1UX10.0 软件进行编程生成刀轨，经过后处理得到加工程序，操作数控机床，完成无杆腔端盖的加工。

4.1.1.1　制订加工工艺

1. 分析无杆腔端盖图样

无杆腔端盖结构如图 4-1-1 所示，零件最大直径为 48mm，总长 17mm。零件结构相对比较简单，主要由外圆、内孔、台阶、通孔、锥管螺纹孔等组成。无杆腔端盖加工内容及要求见表4-1-1。

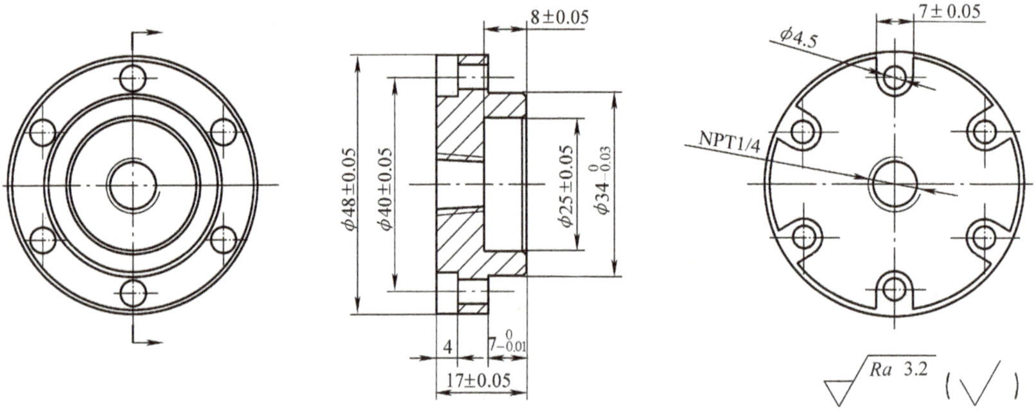

图4-1-1 无杆腔端盖

表4-1-1 加工内容及要求 （单位：mm）

内　容	要　求
ϕ48 外圆	外圆直径为48，公差±0.05
ϕ34 外圆	外圆直径为34，公差$^{0}_{-0.03}$；长度为7，公差$^{0}_{-0.1}$
ϕ25 内孔	内孔直径25，公差±0.05；深度为8，公差±0.05
ϕ4.5 通孔	ϕ4.5 通孔有6个，在ϕ40±0.05 圆上均布
U形槽	槽宽7±0.05，槽深4
螺纹孔	NPT1/4
表面粗糙度	外圆为3.2μm
总长	总长为17，公差±0.05

从加工内容可以看出，该无杆腔端盖加工要求不高，加工难度不大，加工难点为ϕ34mm外圆。

2. 制订加工路线

无杆腔端盖既有车削加工内容又有铣削加工内容，需要车、铣两种加工设备，车削时为保证零件总长以及左端面的表面粗糙度，零件需要调头车削。

1）备料：直径为50mm的Al8081棒料，长22mm。

2）软爪夹毛坯外圆，伸出长度19mm，打ϕ8mm通孔。

3）扩ϕ20mm孔，深度为7.5mm。

4）车右端面。

5）粗车右端ϕ34mm外圆和ϕ48mm外圆，留0.5mm的精加工余量。

6）精车右端 ϕ34mm 外圆和 ϕ48mm 外圆至尺寸。

7）粗车右端 ϕ25mm 内孔，留 0.5mm 的精加工余量。

8）精车右端 ϕ25mm 内孔至尺寸。

9）调头装夹，夹 ϕ34mm 外圆，车左端面至总长。

10）攻 NPT1/4 螺纹。

11）铣削加工中心夹 ϕ48mm 外圆，钻 6 个 ϕ4.5mm 通孔。

12）铣 U 形槽。

3. 选用加工设备

车削设备选用纽威 NL201E 型斜床身数控车床，该机床为 45°整体斜床身，贴塑导轨刚性高、易排屑；主轴精度高、跳动小；8 工位液压刀架工作平稳、换刀速度快、可靠性高；适合盘盖类、轴套类零件的大批量生产。机床性能指标和外形见表 4-1-2（因篇幅所限，只讲述车削部分机床的选用）。

表 4-1-2 机床性能指标和外形

主要技术参数		机床外观
最大车削直径/mm	350	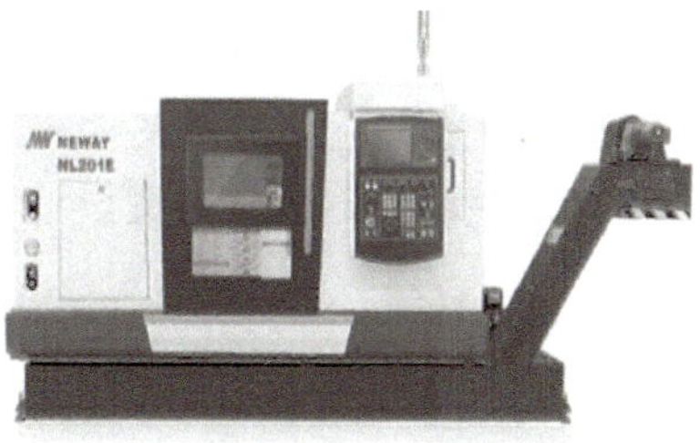
最大车削长度/mm	445	
主电动机功率/kW	7.5	
主轴最高转速/(r/mm)	6000	
刀塔形式及工位	八工位液压刀塔	
数控系统	FANUC 0i Mate - TC	

4. 选用毛坯

根据零件的结构特点，选用直径为 50mm、长度为 22mm 的短棒料作为毛坯，零件材料为铝合金 8081，切削性能较好。毛坯尺寸如图 4-1-2 所示。

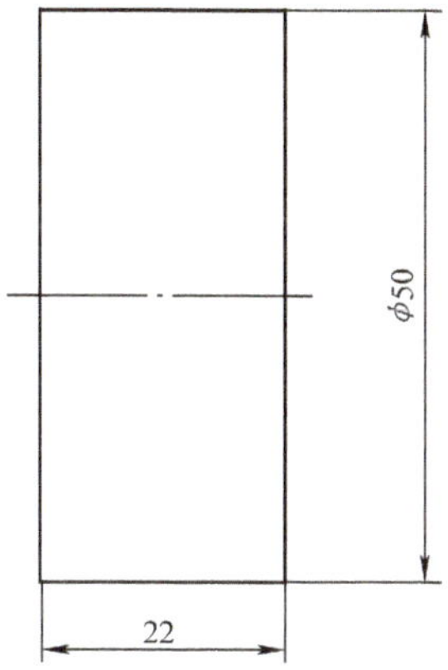

图 4-1-2 毛坯

5. 选用夹具

由于零件长度方向余量不大，只有5mm，为实现装夹时的稳固以及轴线方向的定位，车削右端时采用自定心卡盘和软爪进行装夹，夹持零件毛坯外圆，夹持长度为3mm。调头车削左端时采用自定心卡盘夹持已加工的ϕ34mm外圆。

（1）软爪介绍　在车削批量较大的且轴向夹持量较少的工件时，为了提高工件在加工时的定位精度和节约工件安装时的辅助时间，可利用软爪装夹。可根据实际需要，随时改变爪面圆弧直径与形状，把淬火的卡爪改换为低碳钢、铜或铝合金卡爪，并在卡爪上车削出一个和被夹持工件直径一样的内台阶。

软爪卡盘的卡爪加工后，可以提高工件的定位精度。如是新自定心卡盘，工件安装后的定位精度在0.01mm内。如自定心卡盘的平面螺纹磨损较严重，精度较差，换上软爪经加工后，工件安装定位精度仍能保持在0.05mm以内。软爪卡盘装夹已加工表面或软金属，不易夹伤表面。对于薄壁工件，可用扇形爪，增大与工件的接触面积以减小工件变形。软爪适用于已加工表面作为定位精基准，在大批量生产时进行工件的半精车与精车。

软爪正确的调整与车削，是保证软爪卡盘精度的首要条件。软爪的底面和定位台阶应与卡爪底座滑配和正确定位。软爪用于装夹工件的部分比硬爪加长10～15mm，以备多次车削，并要对号装配；车削软爪的直径最好与被装夹工件直径一致，否则不能保证装夹精度。车削软爪时，为了消除间隙，必须在卡爪内或卡爪外安装一适当直径的圆柱或圆环，它们在软爪安装的位置，应和工件夹紧的方向一致，否则不能保证工件定位精度。

（2）装夹设计　装夹方案设计见表4-1-3。

表4-1-3　装夹方案设计

装夹次数	装夹示意图	装夹次数	装夹示意图
第一次装夹	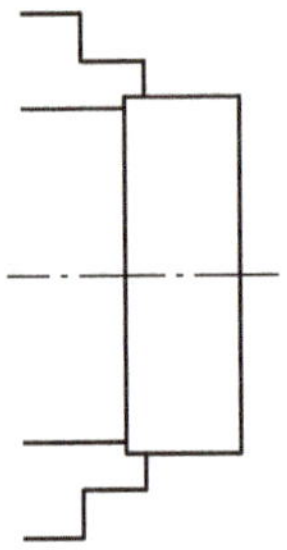	第二次装夹	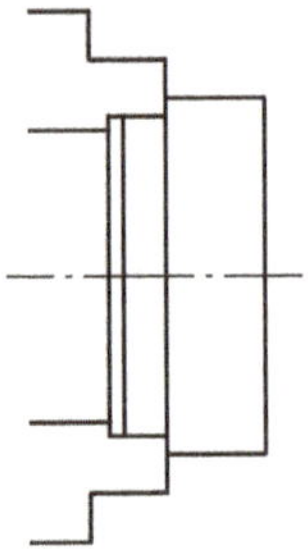

6. 制订加工工序

（1）刀具选择　数控车床使用的刀具从切削方式上分为三类：外圆表面切削刀具、端面切削刀具和内孔类刀具。

端盖是典型的回转体轴类零件，没有特殊要求，故选择机夹式外圆刀切削端面和外圆，如图4-1-3a所示；内孔车刀用于车削内孔，如图4-1-3b所示。

（2）无杆腔端盖的刀具及参数选择　在实际操作中，选定刀具后，可查阅刀具和切削用量表来决定切削用量的选择。

a)　　b)

图4-1-3　外圆刀与内孔车刀

（3）制作工艺卡　根据切削用量的选择原则，以一次装夹作为一个工序，制作加工工艺卡，见表4-1-4～表4-1-6。

表 4-1-4　无杆腔端盖加工工艺卡（1）

零件号:		工艺版本号:	工艺流程卡–工序清单			
QIGANG01		0				
工序号	工序内容	工位	页码：1		页数：3	
001	备料(8081，ϕ50mm棒料)	采购	零件号：QIGANG01		版本：0	
002	粗车/精车右端	数车	零件名称：无杆腔端盖			
003	粗车/精车左端	数车	材料：8081			
004	孔加工	加工中心	材料尺寸：ϕ50mm×22mm			
005			更改号	更改内容	批准	日期
006						
007			01			
008			02			
009			03			
拟制：	日期： 审核： 日期：	批准： 日期：	××工业职业技术学院			

表 4-1-5　无杆腔端盖加工工艺卡（2）

零件号:		工序名称:		工艺流程卡–工序单	
QIGANG01		粗车/精车右端			
材料：8081		页码：2		工序号：02	版本号：0
夹具：自定心卡盘+软爪		工位：数控车床		数控程序号：00001.NC	

刀具及参数设置

刀具号	刀具规格	加工内容	主轴转速/(r/min)	进给量/(mm/r)
	D8麻花钻	钻孔	手动	
	D20麻花钻	扩孔	手动	
T01	DCLNL2020M09，CNMG090408–PR	粗车外圆，留0.5mm余量	1200	0.25
T02	DCLNL2020M09，CCMT090404–PF	精车外圆至图样尺寸	1500	0.1
T03	S20M–SCLCR06，CNMG060408–PR	粗车内孔，留0.5mm余量	800	0.15
T04	S20M–SCLCR06，CCMT060404–PF	精车内孔至图样尺寸	1000	0.08

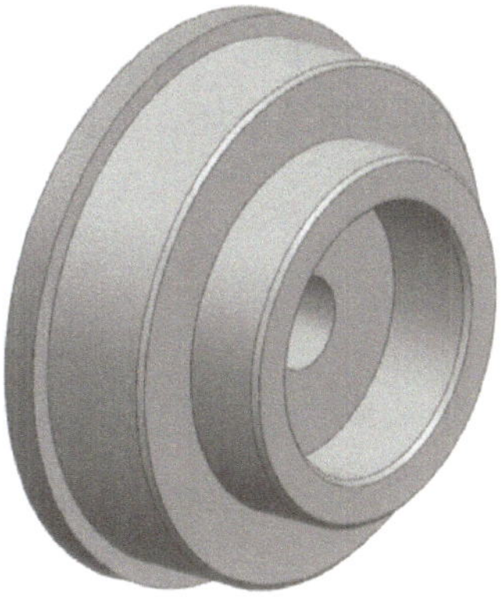

所有尺寸参阅零件图，锐边加0.3mm倒角

更改号	更改内容	批准	日期
02			
01			
更改号	更改内容	批准	日期
拟制： 日期：	审核： 日期：	批准：	日期：

××工业职业技术学院

表4-1-6　无杆腔端盖加工工艺卡（3）

零件号： QIGANG01	工序名称： 粗/精车左端		工艺流程卡-工序单
材料：8081	页码：3	工序号：03	版本号：0
夹具：自定心卡盘+软爪	工位：数控车床	数控程序号：00002.NC	

刀具及参数设置

刀具号	刀具规格	加工内容	主轴转速/(r/min)	进给量/(mm/r)
T01	DCLNL2020M09, CNMG090408-PR	粗车左端，留0.5mm余量	1200	0.25
T02	DCLNL2020M09, CCMT090404-PF	精车左端保证总长	1500	0.1

所有尺寸参阅零件图，锐边加0.3mm倒角

02							
01							
更改号	更改内容			批准		日期	
拟制：	日期：	审核：	日期：	批准：		日期：	

××工业职业技术学院

4.1.1.2　自动编程

该无杆腔端盖车削时分两次装夹，主要加工内容在右端，此处采用UG 1UX10.0软件编制车削右端的加工程序。车削左端时仅需要车端面控制总长即可，程序比较简单，此处不再叙述。

13. 无杆腔端盖编程

1）打开UG 1UX10.0软件，单击“文件”→“打开”，选择“无杆腔端盖.prt”文件，单击“确定”，完成文件打开。打开后的文件为无杆腔端盖的三维模型及加工毛坯，工作坐标系位于无杆腔端盖右端面中心，如图4-1-4所示。

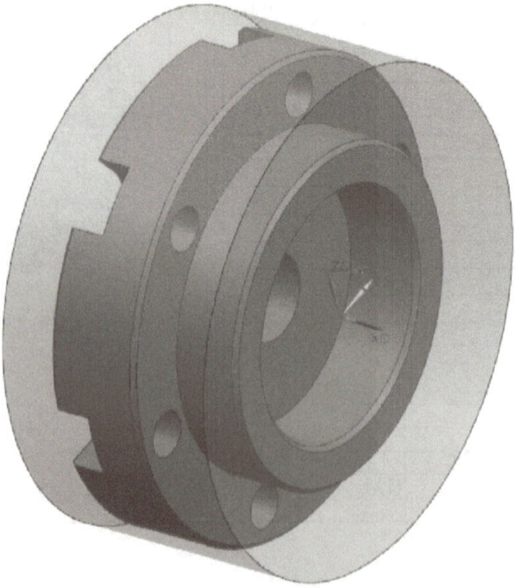

图4-1-4　无杆腔端盖三维模型

2）单击“应用模块”→“加工”，弹出“加工环境”对话框，设置“CAM 会话配置”为“cam_general”；设置“要创建的 CAM 设置”为“turning”，如图 4-1-5 所示，然后单击“确定”，进入加工模块。

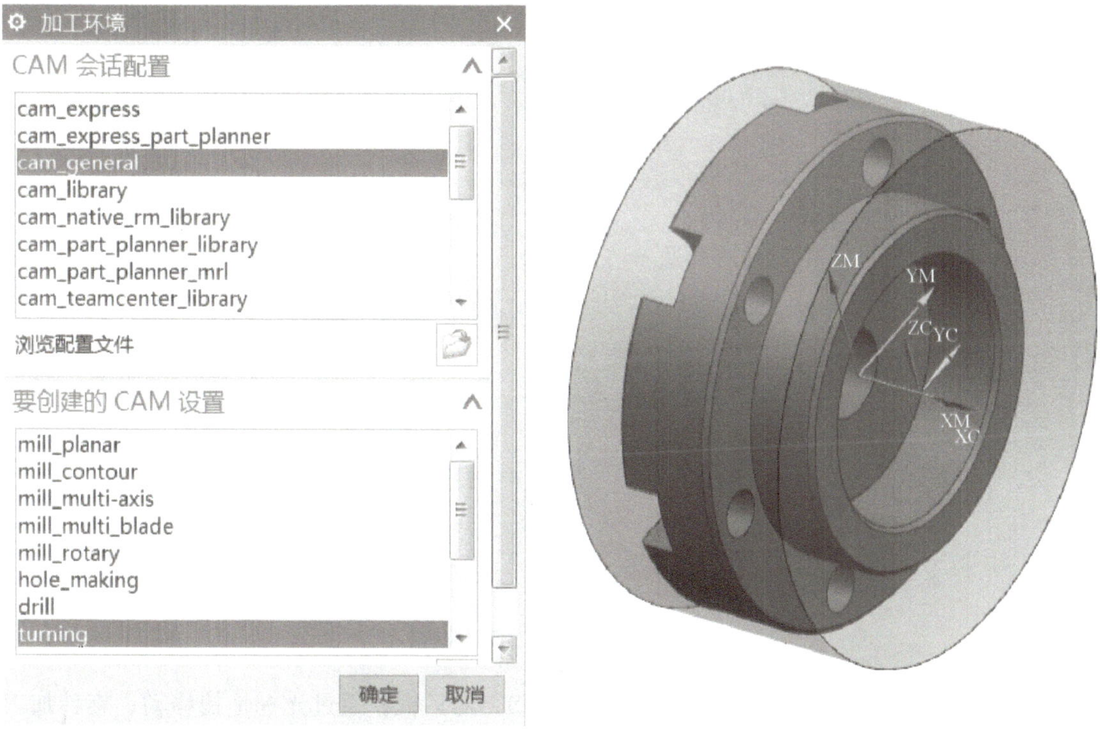

图 4-1-5　加工环境设置

3）在工序导航器空白处，单击鼠标右键，然后单击“几何视图”，如图 4-1-6 所示。

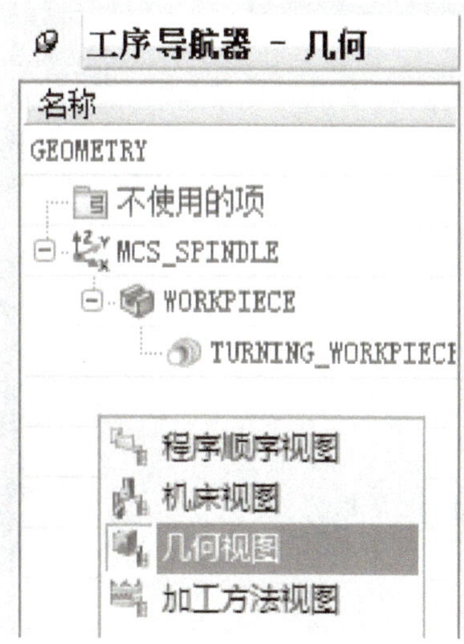

图 4-1-6　工序导航器

4）双击工序导航器中的“MCS_SPINDLE”，弹出“MCS 主轴”对话框，设置“指定平面”为“ZM－XM”，如图4-1-7所示。

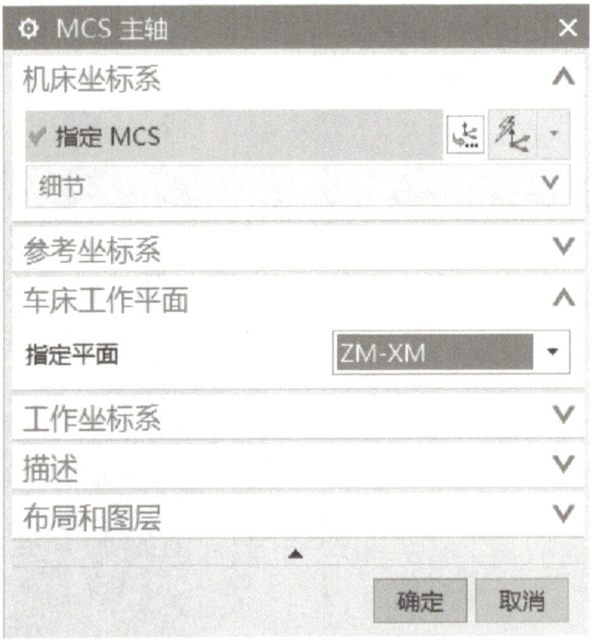

图4-1-7 加工坐标系设置

5）单击指定MCS中“CSYS”，弹出“CSYS”对话框，通过光标拖拽移动、旋转加工坐标系，使加工坐标系和工作坐标系重合，如图4-1-8所示。再单击“确定”，完成加工坐标系设置。

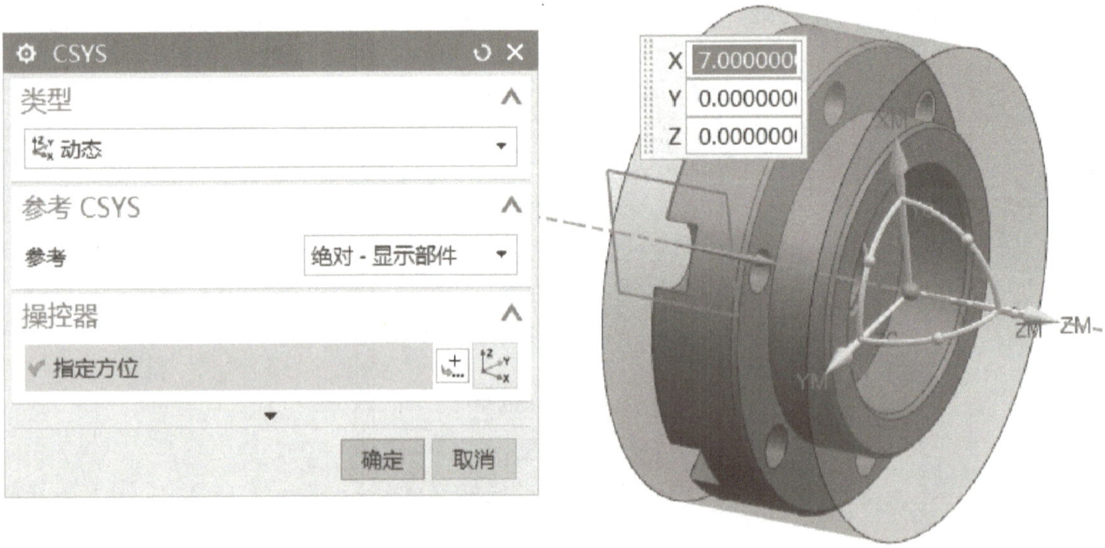

图4-1-8 加工原点设置

6）双击工序导航器中的“WORKPIECE”，弹出“工件”设置对话框，如图4-1-9所示。

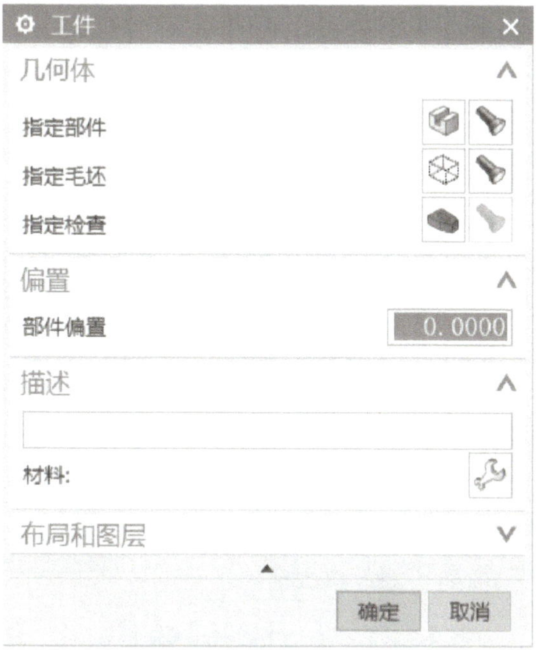

图4-1-9 WORKPIECE设置

7）单击“指定部件”，弹出“部件几何体”对话框，选择无杆腔端盖实体为部件，单击“确定”，完成指定部件。单击“指定毛坯”，弹出“毛坯几何体”对话框，选择圆柱体为毛坯，单击“确定”，完成指定毛坯，如图4-1-10所示。

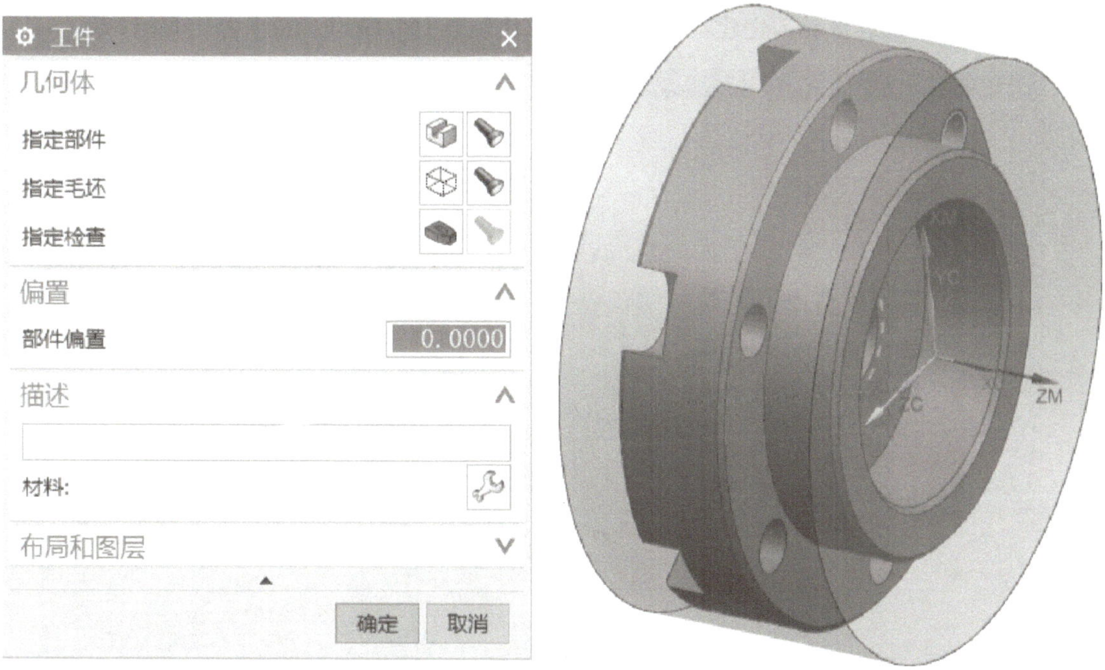

图4-1-10 指定部件和毛坯

8）双击工序导航器中的“TURNING_WORKPIECE”，自动生成车加工截面和毛坯边界，如图4-1-11所示。

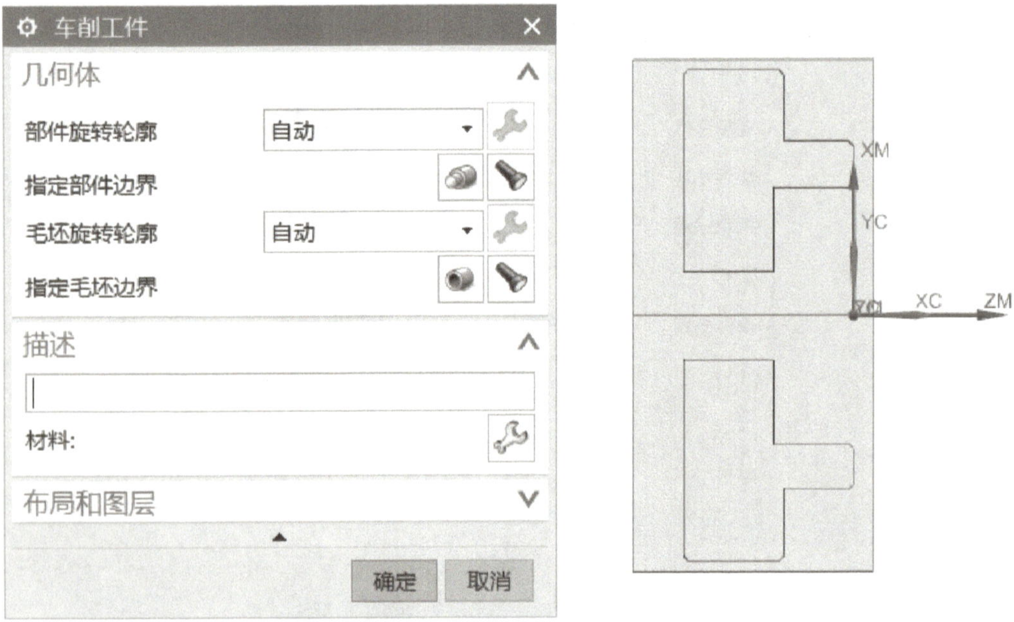

图4-1-11 车加工截面和毛坯边界

9）在工序导航器空白处单击鼠标右键，选择“机床视图”，单击“创建刀具”，弹出“创建刀具”对话框，如图4-1-12所示。设置“类型”为“turning”，“刀具子类型”为“DRILLING_TOOL”，“刀具位置”为“GENERIC_MACHINE”，“名称”为“drill_D8”，单击“确定”，弹出“钻刀”对话框。设置刀具直径为8mm，其余参数设置如图4-1-13所示，单击“确定”，完成D8钻刀创建。采用同样的方法创建D20钻刀，名称为“drill_D20。

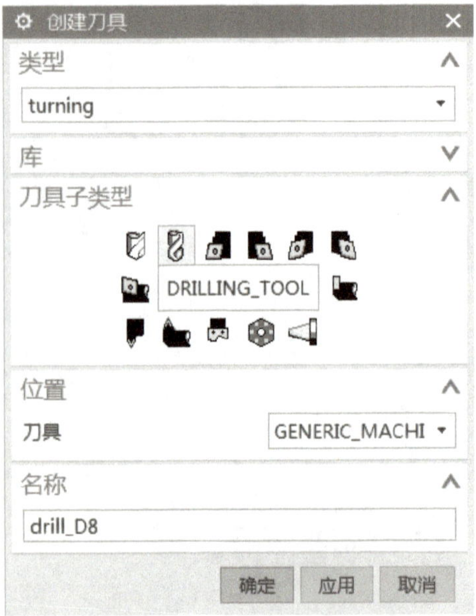

图4-1-12 创建钻刀

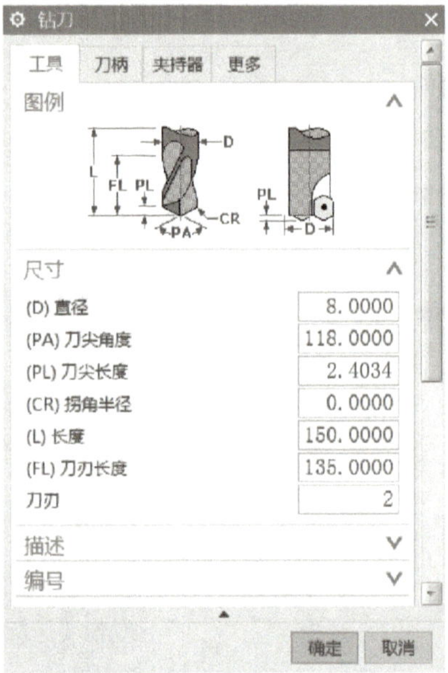

图4-1-13 设置钻刀参数

10）单击“刀具”，弹出“创建刀具”对话框，如图4-1-14所示。设置“类型”为“turning”，刀具子类型为“OD_80_L”，“位置”为“GENERIC_MACHINE”，“名称”为“OD_ROUGH_TOOL”，单击“确定”，弹出“车刀－标准”对话框。设置刀具参数，如图4-1-15所示，刀尖半径角为0.8mm，方向角度为5°，刀具号为1，单击“确定”，完成刀具创建。用同样的方法创建刀具2，设置“类型”为“turning”，“刀具子类型”为“OD_80_L”，“刀具位置”为“GENERIC_MACHINE”，“名称”为“OD_FINISH_TOOL”，刀尖半径为0.4mm，方向角度为5°，刀具号为2。

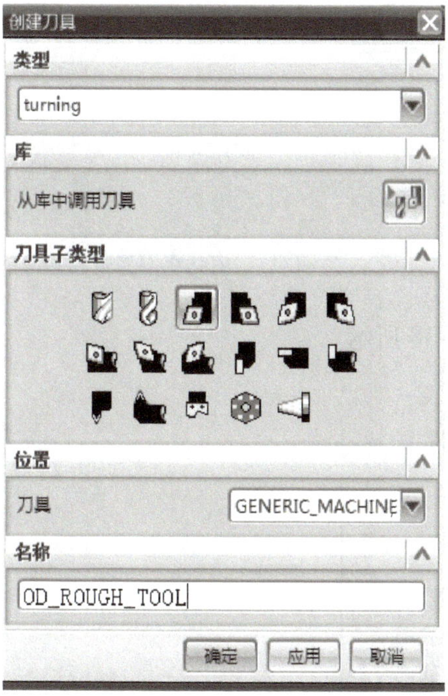

图4-1-14 创建外圆车刀

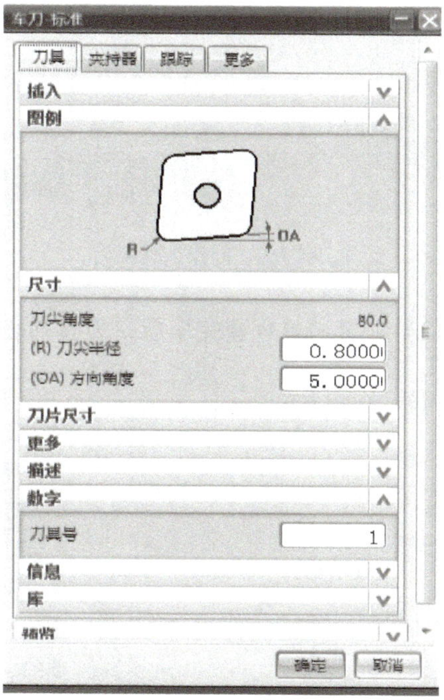

图4-1-15 外圆车刀参数设置

11）单击“刀具”，弹出“创建刀具”对话框，如图4-1-16所示。设置“类型”为“turning”，“刀具子类型”为“ID_80_L”，“刀具位置”为“GENERIC_MACHINE”，“名称”为“ID_ROUGH_TOOL”，单击“确定”，弹出“车刀－标准”对话框。设置刀具参数，如图4-1-17所示，刀尖半径为0.8，方向角度为275°，刀片长度为5mm，刀具号为3，单击“确定”，完成刀具创建。用同样的方法创建刀具4，设置“类型”为“turning”，“刀具子类型”为“ID_80_L”，“刀具位置”为“GENERIC_MACHINE”，“名称”为ID_FINISH_TOOL，刀尖半径为0.4mm，方向角度为275°，长度为5mm，刀具号为4。

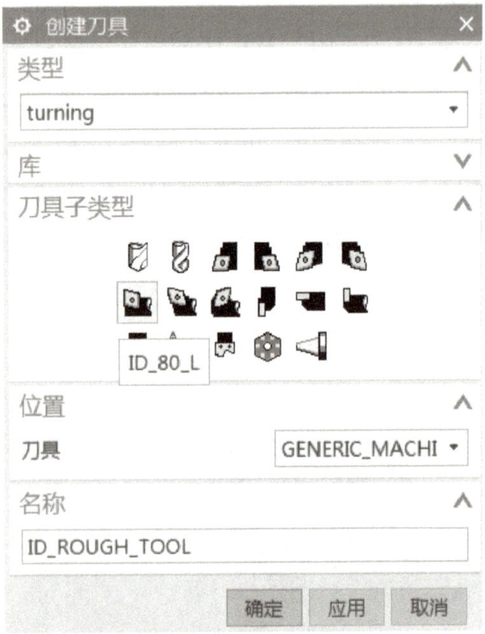

图 4-1-16 创建内孔车刀

图 4-1-17 内孔车刀参数设置

12）所有刀具创建完毕后，刀具列表如图 4-1-18 所示。

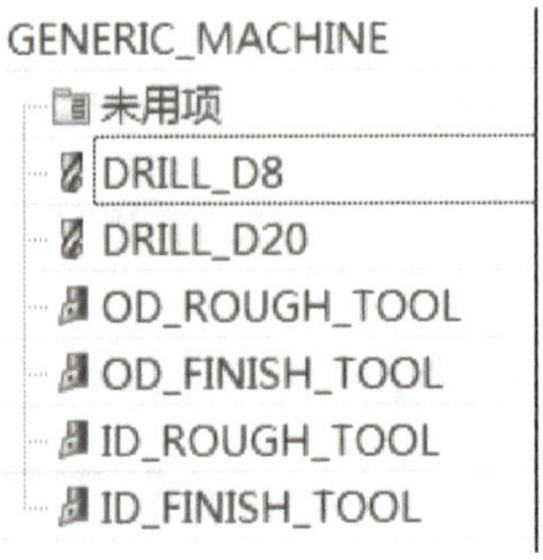

图 4-1-18 刀具列表

13）在工序导航器空白处，单击鼠标右键，单击“程序视图”，单击“创建工序”，弹出“创建工序”对话框，设置“类型”为“turning”，“工序子类型”为“drill”，“程序”为“PROGRAM”，“刀具”为“DRILL_D8（钻刀）”，“几何体”为“TURNING_WORKPIECE”，“方法”为“LATHE_AUXILIAR”，名称为“DRILL－D8”，如图 4-1-19 所示。单击“确定”，弹出“中心线钻孔－［DRILL－D8］”对话框，设置“参考深度”为“刀肩”，“偏置”为“25”，其他采用默认值，如图 4-1-20 所示。

图4-1-19　创建钻孔操作

图4-1-20　钻孔参数设置

14）单击“进给率和速度”，弹出“进给率和速度”对话框，设置主轴转速为1500r/min，进给量为0.12mm/r，如图4-1-21所示。单击“确定”，完成进给率和速度设置。单击“生成刀轨”，得到零件的加工刀轨，如图4-1-22所示。

图4-1-21　钻孔切削参数设置

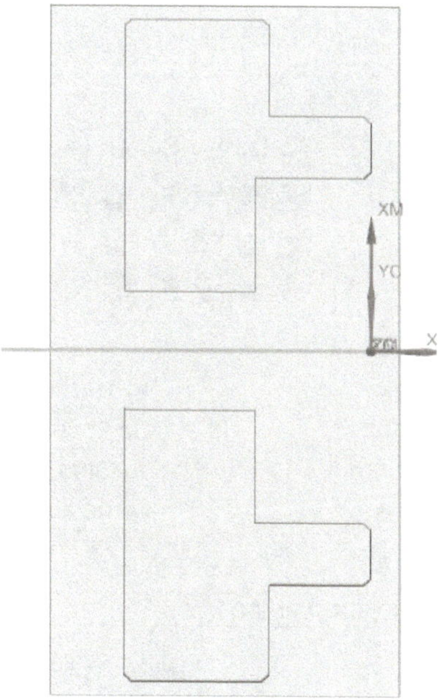

图4-1-22　钻孔刀轨

15）用同样的方法创建扩孔操作，刀具选用 DRILL_D20，钻孔深度为 4mm，转速为 500r/min，进给量为 0.1mm/r，刀具路径如图 4-1-23 所示。

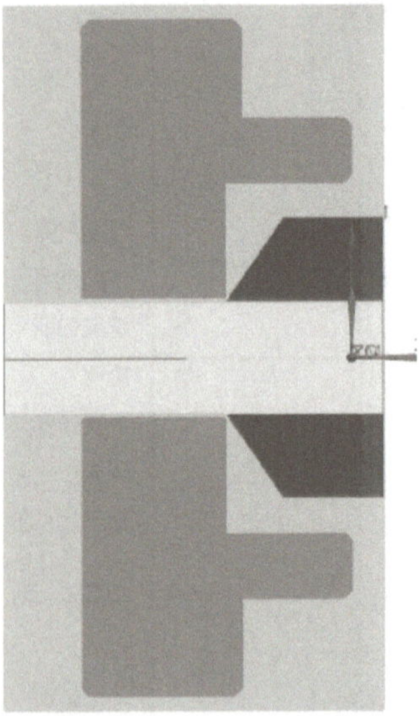

图 4-1-23　扩孔刀具路径

16）单击“创建工序”，弹出“创建工序”对话框，设置“类型”为“turning”，“工序子类型”为“ROUGH_TURNING_OD”，“程序”为“PROGRAM”，“刀具”为“OD_ROUGH_TOOL”，“几何体”为“TURNING_WORKPIECE”，“方法”为“LATHE_AUXILIAR”，“名称”为“ROUGH_TURN_OD”，如图 4-1-24 所示，单击“确定”，弹出“外径粗车 - [ROUGH_TURN_OD]”对话框，设置切削深度最大值为 2mm，其他采用默认值，如图 4-1-25所示。

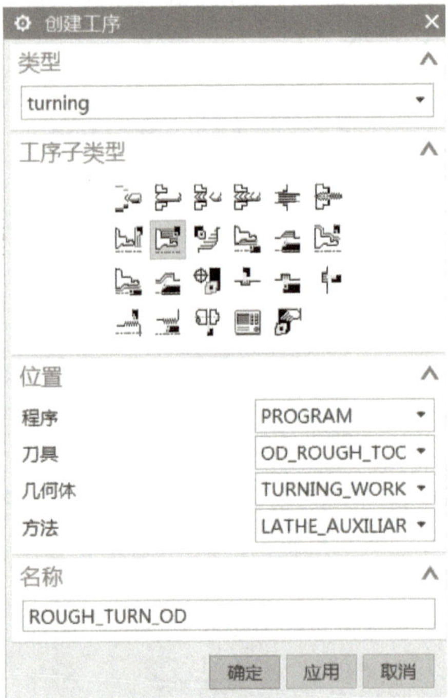

图 4-1-24　创建外圆粗车操作

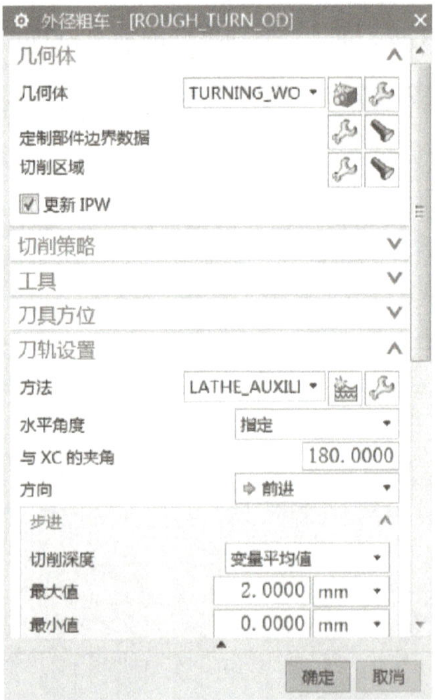

图 4-1-25　外圆粗车参数设置

17）单击“指定切削区域”，弹出“切削区域”对话框，单击“轴向修剪平面 1”，指定图 4-1-26 所示点，单击“确定”，完成操作。

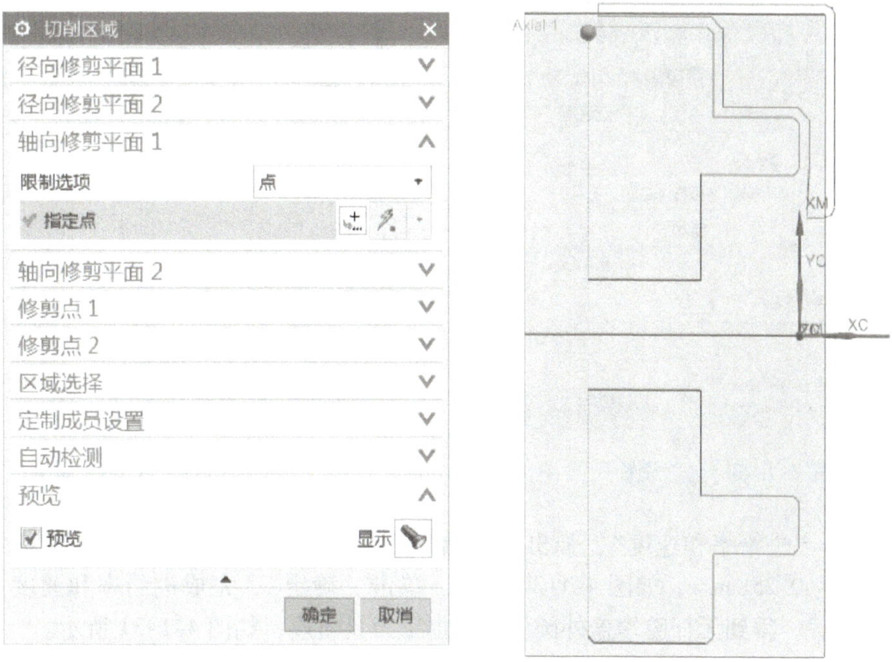

图 4-1-26　指定切削区域

18）单击“切削参数”，选择“余量”选项卡，设置“面”为“0.1”，“径向”为“0.5”，如图 4-1-27 所示。单击“确定”，完成切削参数设置。

图 4-1-27　余量设置

19）单击“非切削移动”，弹出“非切削移动”对话框，设置进刀方式，如图 4-1-28 所示；设置退刀方式，如图 4-1-29 所示。单击“确定”，完成操作。

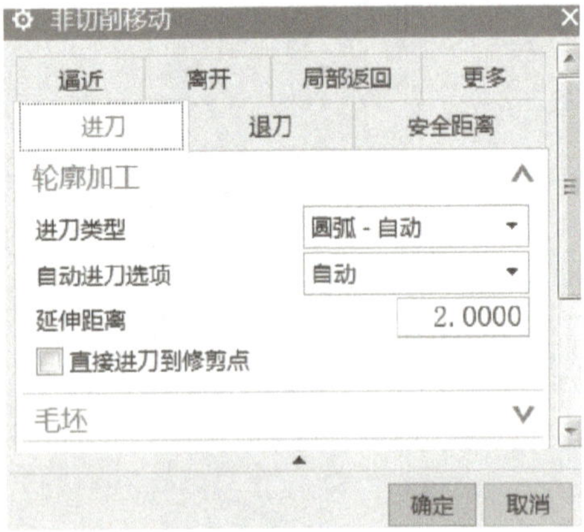

图 4-1-28 进刀设置

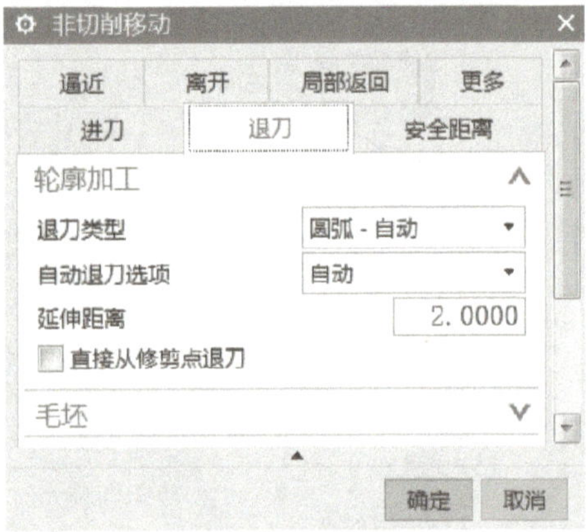

图 4-1-29 退刀设置

20）单击“进给率和速度”，弹出“进给率和速度”对话框，设置主轴转速为 1200r/min，进给量为 0.25mm/r，如图 4-1-30 所示。单击“确定”，完成进给率和速度设置。单击“生成刀轨”，得到无杆腔端盖外圆粗车的加工刀具轨迹，如图 4-1-31 所示。

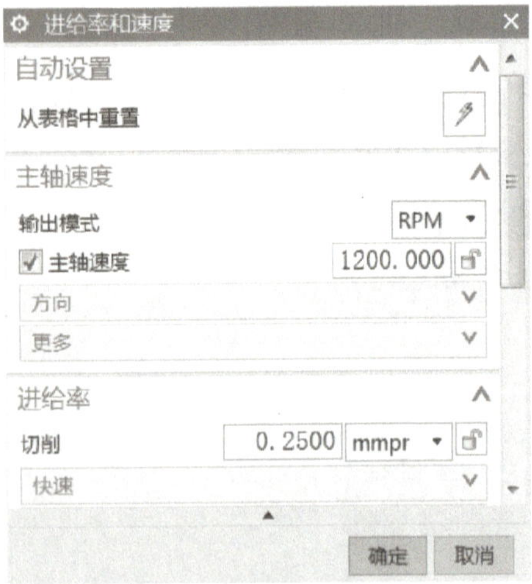

图 4-1-30 进给率和速度设置

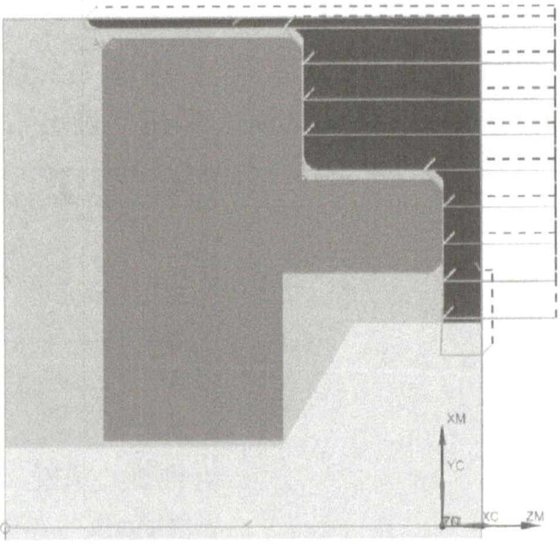

图 4-1-31 外圆粗车刀轨

21）单击“创建工序”，弹出“创建工序”对话框，设置“类型”为“turning”，“工序子类型”为“FINISH_TURNING_OD”，“程序”为“PROGRAM”，“刀具”为“OD_FINISH_TOOL”，“几何体”为“TURNING_WORKPIECE”，“方法”为“LATHE_AUXILIAR”，“名称”为“FINISH_TURN_OD”，如图 4-1-32 所示。单击“确定”，弹出“外径精车 - [FINISH_TURN_OD]”对话框，如图 4-1-33 所示。

图 4-1-32　创建外径精车操作

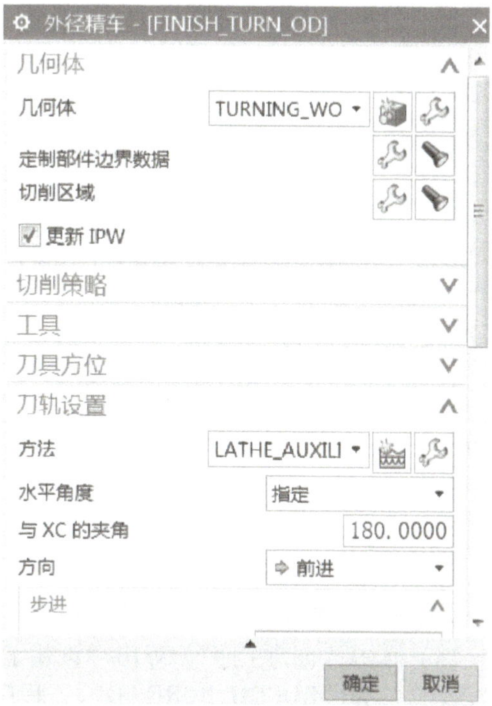

图 4-1-33　精车操作设置

22）单击“指定切削区域”，弹出“切削区域”对话框，单击“轴向修剪平面 1”，指定图 4-1-34 所示点，单击“确定”，完成操作。

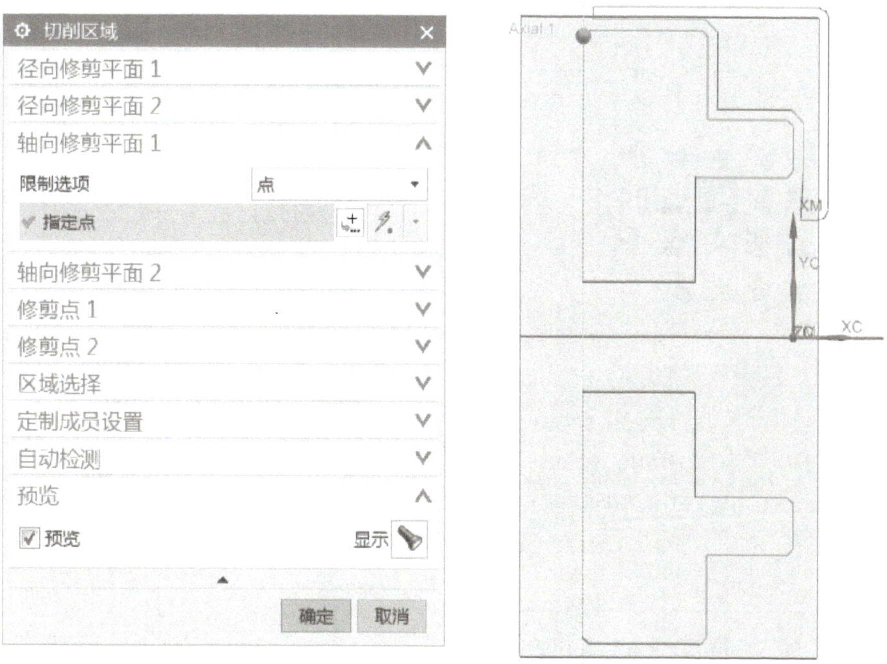

图 4-1-34　指定切削区域

23）单击“进给率和速度”，弹出“进给率和速度”对话框，设置主轴转速为 1500r/min，进给量为 0.1mm/r，如图 4-1-35 所示。单击“确定”，完成进给率和速度设置。单击“生成刀轨”，得到无杆腔端盖外径精车的刀轨，如图 4-1-36 所示。

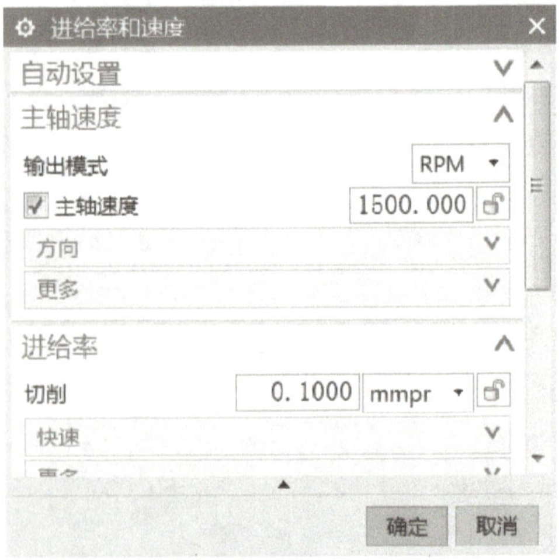

图 4-1-35　外径精车进给率与速度设置

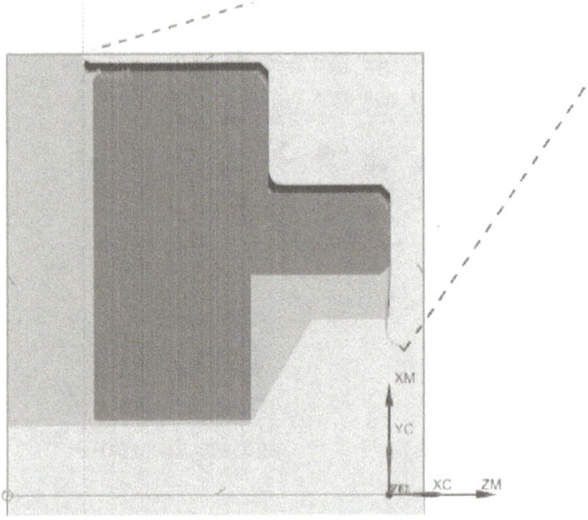

图 4-1-36　外径精车刀轨

24）单击“创建工序”，弹出“创建工序”对话框，设置“类型”为“turning”，“工序子类型”为“ROUGH_BORE_ID”，“程序”为“PROGRAM”，“刀具”为“ID_ROUGH_TOOL”，“几何体”为“TURNING_WORKPIECE”，“方法”为“LATHE_AUXILIAR”，“名称”为“ROUGH_BORE_ID”，如图 4-1-37 所示，单击“确定”，弹出“内径粗镗 - [ROUGH_BORE_ID]”对话框，设置最大切削深度为 2mm，如图 4-1-38 所示。

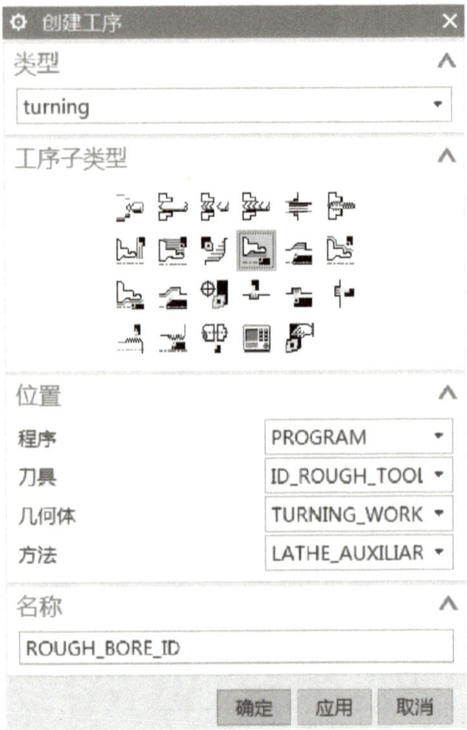

图 4-1-37　创建内径粗镗操作

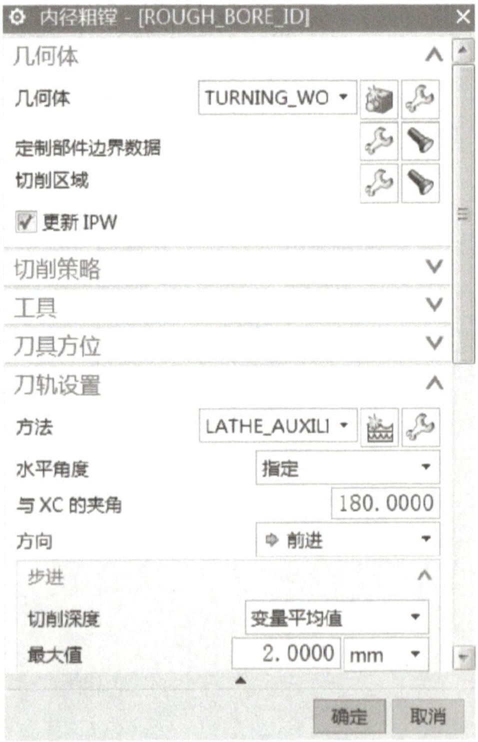

图 4-1-38　内径粗镗设置

25）单击“指定切削区域”，弹出“切削区域”对话框，单击“轴向修剪平面1”，指定图4-1-39所示点，单击“确定”，完成操作。

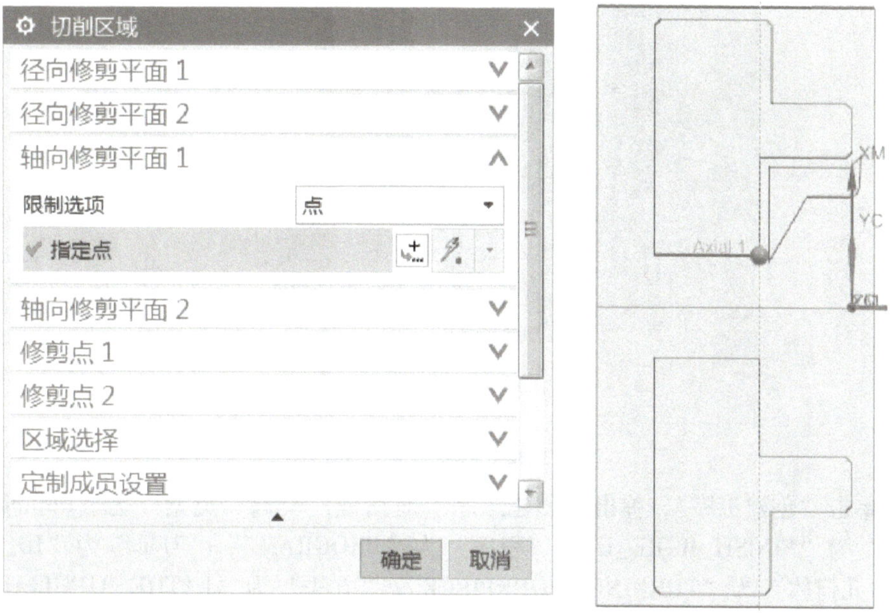

图4-1-39　设置切削区域

26）单击“切削参数”，选择“余量”选项卡，设置“面”为“0.1”，“径向”为“0.5”，如图4-1-40所示，单击“确定”，完成切削参数设置。单击“进给率和速度”，设置主轴转速为800r/min，进给量为0.15mm/r，如图4-1-41所示。单击“非切削移动”，设置进刀距离为3mm，退刀距离为2mm。单击“生成刀轨”，得到无杆腔端盖内径粗镗的加工刀具轨迹，如图4-1-42所示。

图4-1-40　余量设置

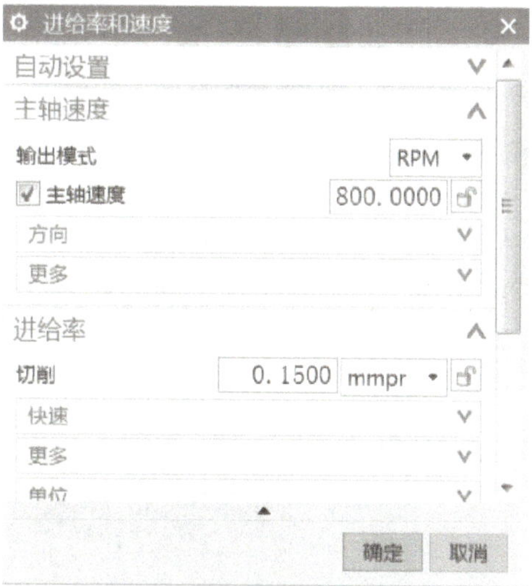

图4-1-41　转速与进给率设置

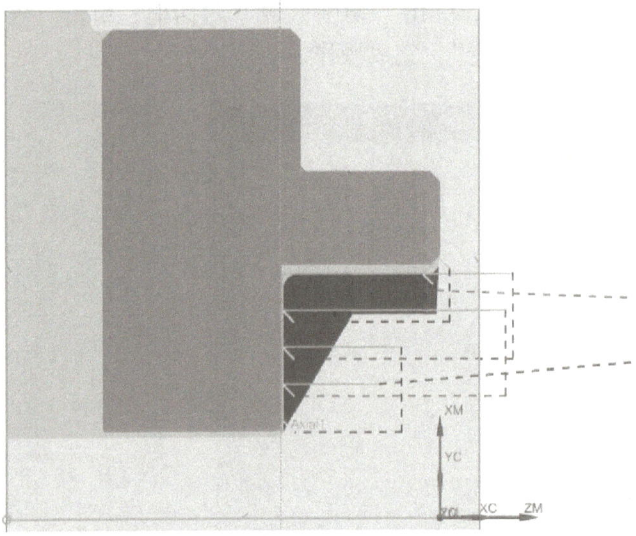

图 4-1-42 内径粗镗刀具轨迹

27）单击“创建工序”，弹出“创建工序”对话框，设置“类型”为“turning”，“工序子类型”为“FINISH_BORE_ID”，“程序”为“PROGRAM”，“刀具”为“ID_FINISH_TOOL”，“几何体”为“TURNING_WORKPIECE”，“方法”为“LATHE_AUXILIAR”，“名称”为“FINISH_BORE_ID”，如图 4-1-43 所示。单击“确定”，弹出“内径精镗 - [FINISH_BORE_ID]”对话框，如图 4-1-44 所示。

图 4-1-43 创建内径精镗操作

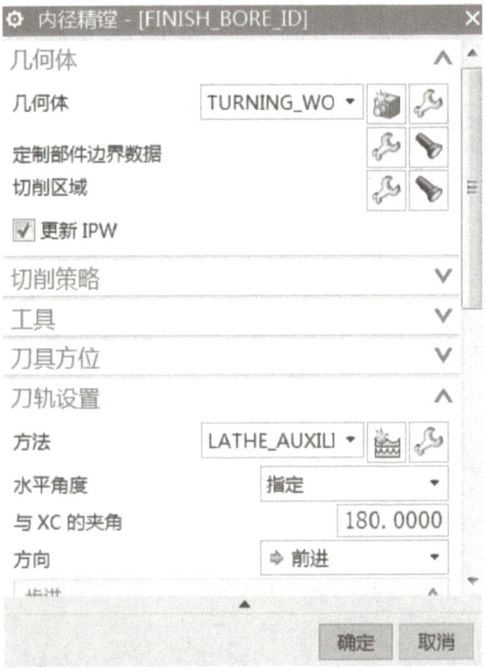

图 4-1-44 内径精镗设置

28）采用与内径粗镗一样的方法设置切削区域，单击“进给率和速度”，设置主轴转速为1000r/min，进给量为 0.05mm/r，如图 4-1-45 所示。单击“非切削移动”，设置进刀距离为3mm，退刀距离为 2mm。单击“生成刀轨”，得到无杆腔端盖内径精镗刀具轨迹，如图 4-1-46 所示。

图 4-1-45　内径精镗转速与进给率设置

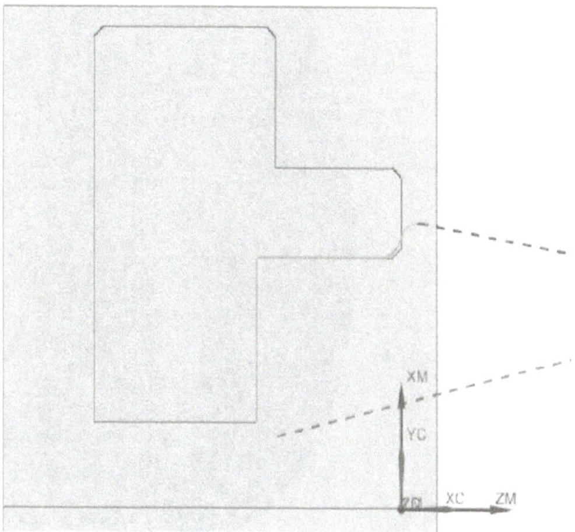

图 4-1-46　内径精镗刀

29）在工序导航器中选择“PROGRAM”，单击鼠标右键，单击“刀轨”，单击“确认”，如图 4-1-47 所示；弹出“刀轨可视化”对话框，单击“3D 动态”，如图 4-1-48 所示；单击“播放”，开始仿真加工，仿真结果如图 4-1-49 所示。

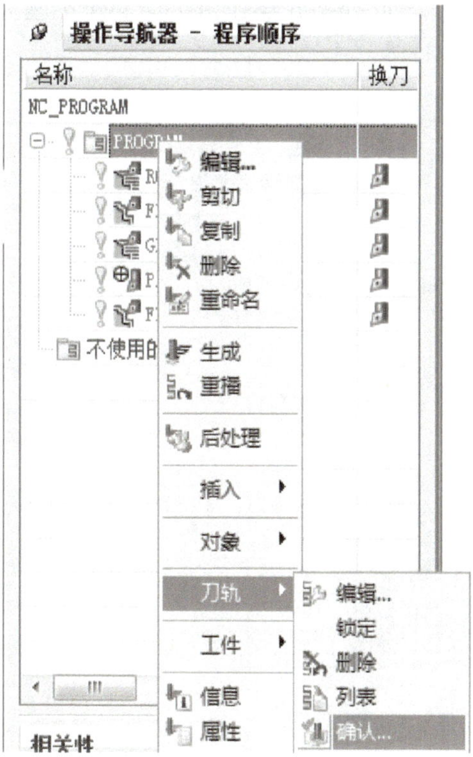

图 4-1-47　刀轨仿真

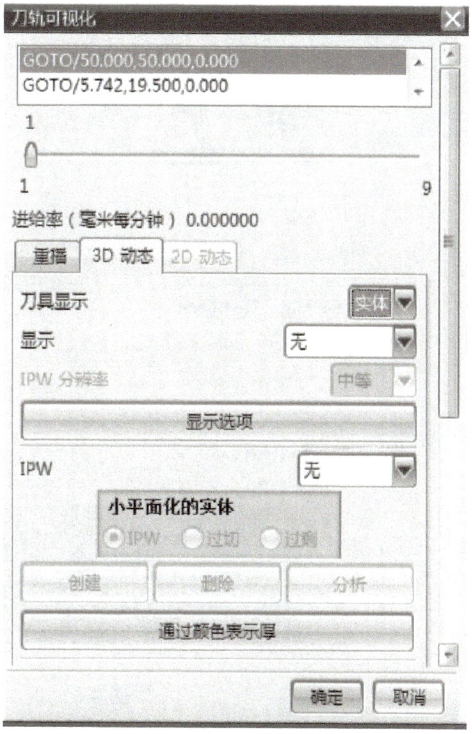

图 4-1-48　“刀轨可视化”对话框

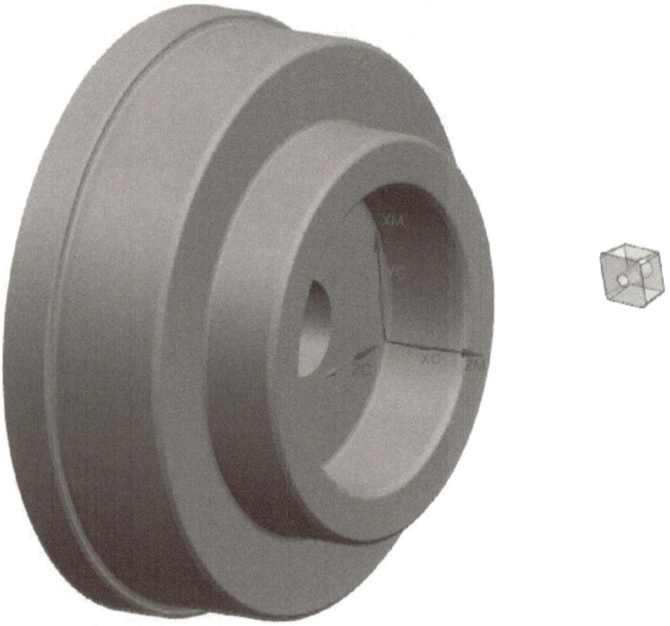

图 4-1-49 仿真结果

30）在工序导航器中选中外径粗车、外径精车、内径粗镗、内径精镗操作，单击“后处理”，弹出“后处理”对话框，如图 4-1-50 所示。此处钻孔操作由手动操作尾座完成，所以钻孔操作不需要后处理。

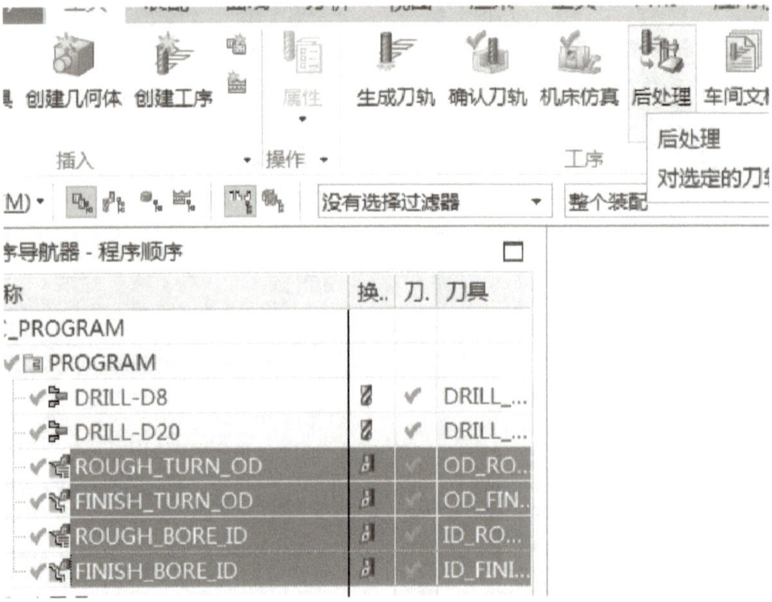

图 4-1-50 “后处理”对话框

31）选择与实际所用数控车床对应的后处理器，此处选择“fanuc_2axis_lathe”，指定合适的文件路径和文件名，单位设置为公制，如图4-1-51所示；单击“确定”，完成后处理，得到车削右端的NC程序，如图4-1-52所示。

图4-1-51　后处理设置

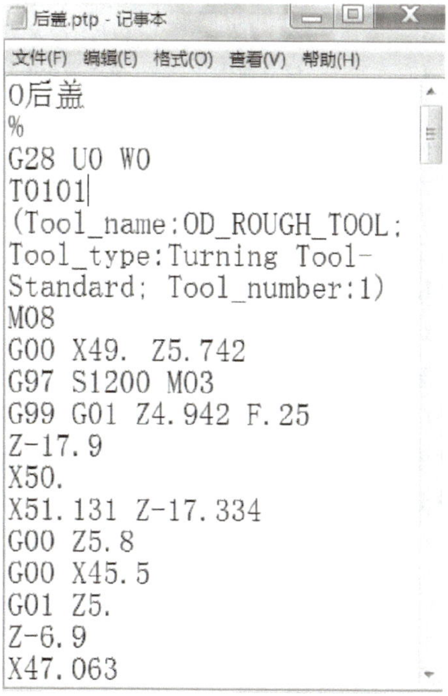

图4-1-52　NC程序

4.1.1.3　加工零件

1. 刀具准备

可转位外圆车刀（粗车刀、精车刀）、内径车刀（粗车刀、精车刀），按照工艺卡上的刀具号，将刀具正确安装到数控车床的刀塔上，并调整伸出合适的长度，调整刀具刀尖与数控车床主轴轴线等高。

2. 夹具准备

自定心卡盘、软爪。

3. 测量工具

外圆：游标卡尺、千分尺。

内孔：内径百分表。

4. 加工零件

工件第一次装夹完毕后，完成外圆刀（粗车刀、精车刀）、内孔车刀（粗车刀、精车刀）的对刀。

工件第二次装夹完毕后，完成外圆刀（粗车刀、精车刀）的对刀。

4.1.1.4　检测零件

无杆腔端盖的检测表见表4-1-7。

表 4-1-7 无杆腔端盖检测表 （单位：mm）

考核项目	考核内容及其要求	检测标准	检测结果	分析
1	ϕ48 外圆	外圆直径为 48，公差 ±0.05		
2	ϕ34 外圆	外圆直径为 34，公差 $^{0}_{-0.03}$；长度为 7，公差 $^{0}_{-0.01}$		
3	ϕ25 内孔	内孔直径为 25，公差 ±0.05；深度为 8，公差 ±0.05		
4	ϕ4.5 通孔	ϕ4.5 通孔 6 个，ϕ40 ±0.05 圆上均布		
5	U 形槽	槽宽 7 ±0.05，槽深 4		
6	螺纹孔	NPT1/4		
7	表面粗糙度	外圆的表面粗糙度为 $Ra3.2\mu m$		
8	总长	外圆长度为 17，公差 ±0.05		

4.1.1.5 设备维护与保养

1. 软爪与硬爪的区别

软爪与硬爪指的是机床上用来夹紧工件的机械装置。其区别如下：

（1）作用不同 在车削批量较大的工件时，为了提高工件在加工时的定位精度和节约工件安装时的辅助时间，可使用软爪卡盘装夹。当电磁制动器组件通电时，电动卡盘装置夹持单元与床头箱连接为一体且不旋转，可用硬爪卡盘装夹。

（2）形状不同 软爪可根据实际需要随时改变爪面圆弧直径与形状，可把淬火的卡爪改换为低碳钢、铜或铝合金卡爪。硬爪无法改变形态。

（3）精度不同 软爪卡盘定位精度能保持在 0.05mm 以内。软爪卡盘装夹已加工表面或软金属，不易夹伤表面。对于薄壁工件可用扇形爪，如图 4-1-53 所示，增大与工件的接触面积以减小工件变形。硬爪卡盘精度相对较低。

2. 软爪的维修

在加工薄壁或者环形工件时，要克服工件的变形，首先面对的难题是选对软爪的类型和合适的卡盘压力。在相同的卡盘压力下，扇形软爪比标准软爪拥有更大的接触面积，这意味着工件所受到的压力更加均匀，而标准软爪则会出现图 4-1-54 所示状况。

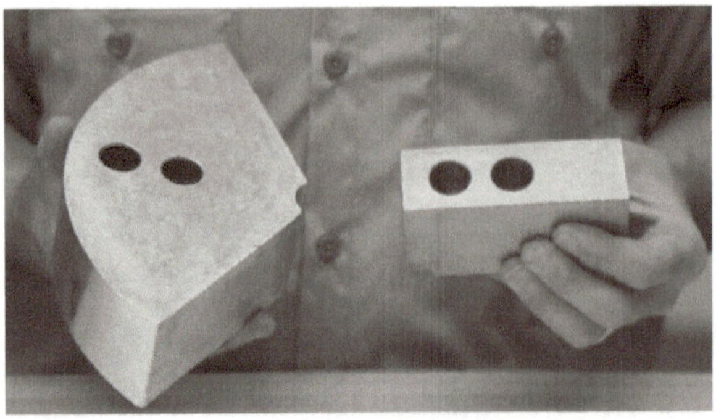

图 4-1-53 扇形软爪

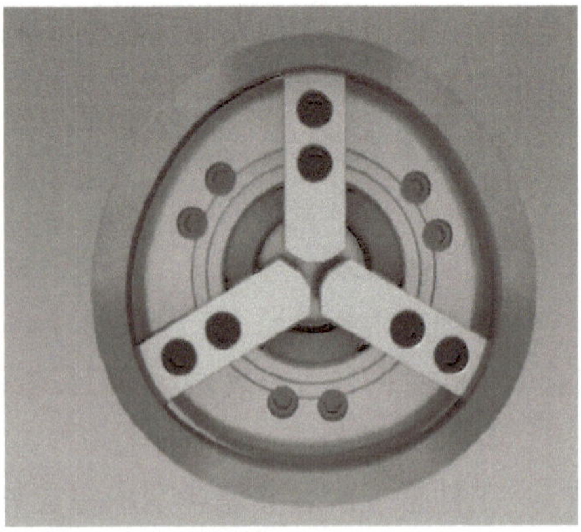

图 4-1-54 受力不均示意图

实际的状况可能没有图 4-1-54 中所示的那么明显，但是在除了软爪类型不一样，其他条件都相同的情况下，工件的变形程度可能出现几十倍的差别。不管是扇形软爪还是标准软爪，都会因为软爪磨损过大或者加工零件的更换而需要重修。在重修的过程中，首先要给即将拆下来的软爪刻上标记，打上序号，这是为了增加软爪的使用次数。详细的标记也会减少误用的可能性，如图4-1-55所示。

应正确选择修爪器。通常来说，图4-1-56中左边的修爪器修内爪，右边的修外爪。

图4-1-55 打上序号

图4-1-56 修爪器

注意：T形块不能超过卡盘的最大直径，修爪的卡盘压力接近加工工件的压力时，卡盘正处在活动范围的中间，修爪时夹持力的方向应和工件夹持力的方向一致，如图4-1-57所示。注意修爪时的转速，添加退刀槽，去除毛刺和尖角。

图4-1-57 夹持力方向

当两种修爪器都不能满足条件时，就需要制作一个特殊的修爪部件，如图4-1-58所示的圆环外爪部件。

当加工零件需要夹持的部分比较长时，会出现工件和软爪不能完全贴合的状况，俗称"喇叭口"，具体表现为软爪的顶部与工件之间留有缝隙，如图4-1-59所示。

最有效的解决办法是在软爪上加工出锥度，通过塞尺测量出缝隙的大小和夹持的长度，然后就可以计算出锥度的大小，如图4-1-60所示。

4.1.2 总结与拓展

专家点拨

1）车削加工时常用的毛坯有两种，分别是长棒料和短棒料，为减少料头的产生，优先

图 4-1-58 安装圆环

图 4-1-59 喇叭口

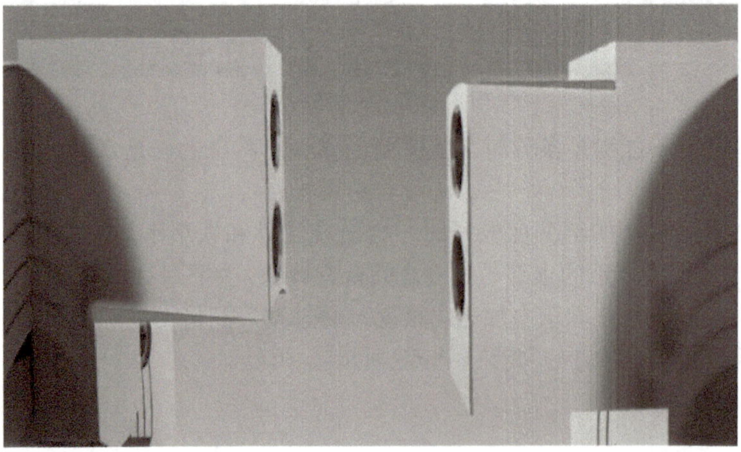

图 4-1-60 测锥度

使用长棒料，但是使用长棒料有个前提，所用数控车床的主轴孔直径要大于毛坯直径。

2）使用短棒料作为毛坯时，一般长度方向余量都比较少，所以夹持量也比较少，为提高装夹的稳定性并实现轴向定位，可以在自定心卡盘上采用带有内台阶的软爪进行装夹。

4.1.3 课后训练

1. 操作题

完成图 4-1-61 所示连接环的加工程序编制和仿真。

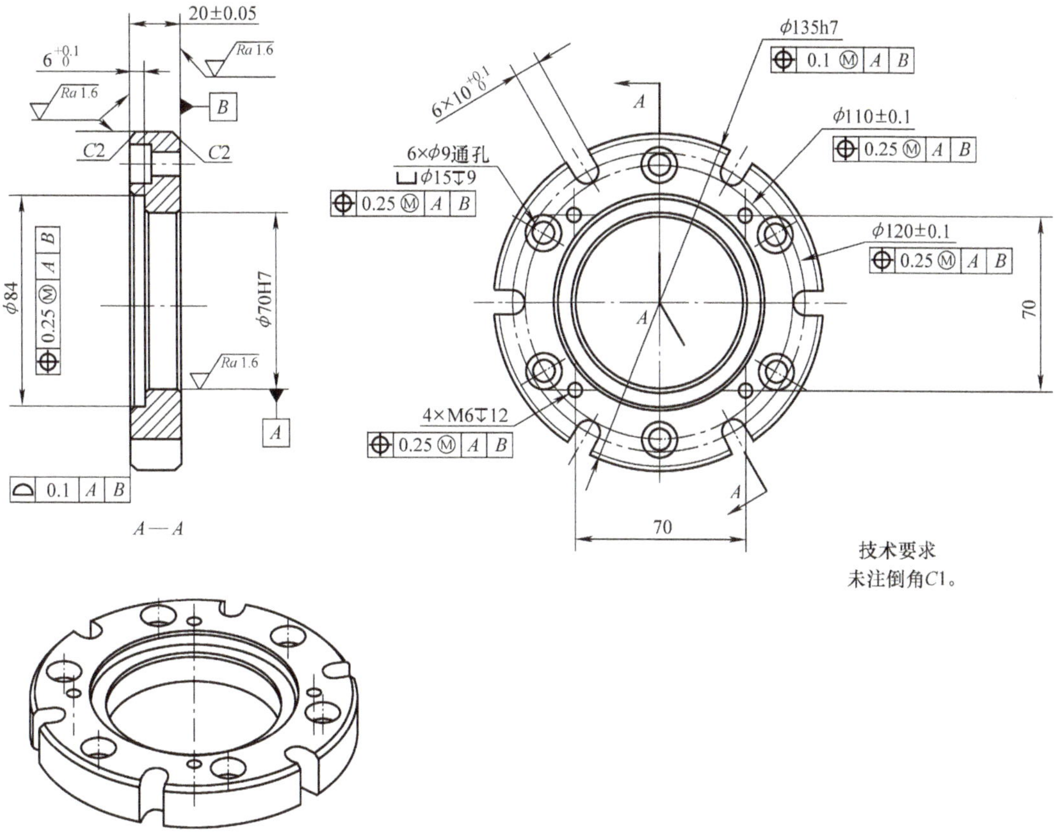

图 4-1-61 连接环

2. 思考题

1）落料的时候要考虑哪些问题？

2）钻孔的时候，如何选择钻头的大小？

任务 4.2 加工活塞杆

【教学目标】

知识目标：

1）掌握数控车床顶尖的使用方法。

2）掌握 UG10.0 软件的螺纹车削程序编制方法。

3）掌握 UG10.0 软件的外沟槽车削程序编制方法。

4）熟悉数控车削轴类零件的工艺制订原则、掌握数控车削轴类零件的切削用量选择的基本原则。

能力目标：

1）能正确使用数控车床的顶尖，完成零件的一夹一顶装夹。

2）能使用 UG10.0 软件完成沟槽、螺纹等的数控程序编制。

3）能正确编制轴类零件的加工工艺。

【任务导读】

活塞杆属于长轴类零件，是典型的车削加工零件。在实际生产中常使用长棒料作为毛坯，在数控车床上采用一夹一顶的装夹方式进行车削加工。

学生以企业制造部门数控操作员的身份完成本次任务，根据活塞杆的特征，选择合适的刀具和工艺参数，制订合理的数控加工工艺，编制数控加工程序，进行仿真建模并生成刀轨，然后模拟运行，手工或自动将加工程序输入机床，装刀并对刀完成零件的加工与检测，最终对操作过程中存在的问题进行研讨和交流，完成活塞杆的制作。

4.2.1 工作过程

读懂图样，分析加工工艺，采用编程软件仿真建模，生成刀轨，采用模拟软件模拟，操作数控机床，完成活塞杆的加工。

4.2.1.1 制订加工工艺

1. 分析活塞杆图样

活塞杆结构如图4-2-1所示，整体为一长轴类零件，最大直径为 ϕ30mm，总长96mm。主要由外圆、圆锥、台阶、沟槽、螺纹、倒角等特征组成，活塞杆加工内容及要求见表4-2-1。

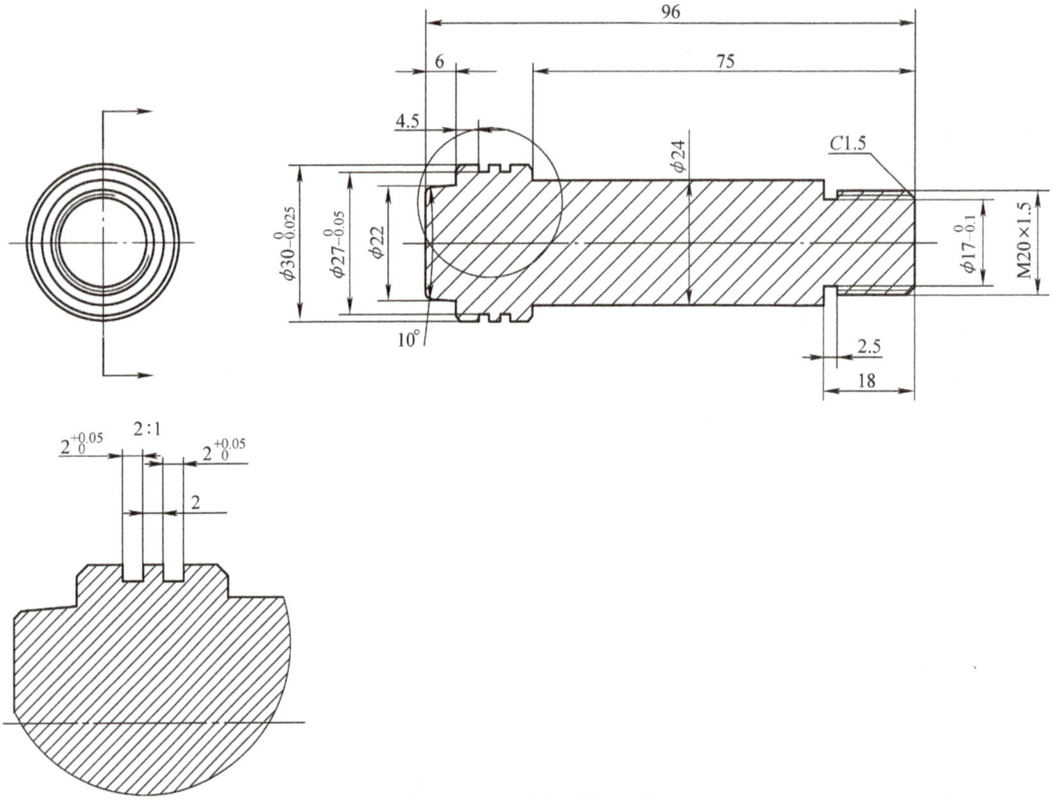

图4-2-1 活塞杆零件图样

表4-2-1　加工内容及要求　（单位：mm）

内　　容	要　　求	备　　注
ϕ30 外圆	外圆直径为30，公差 $_{-0.025}^{0}$	
ϕ24 外圆	外圆直径为24	
ϕ22 外圆锥	外圆直径为22，公差；长度度为6，公差±0.05，角度为10°	
M20×1.5 螺纹	通规进，止规止	
退刀槽	槽底直径为17，公差 $_{-0.1}^{0}$；槽深2.5±0.05	
矩形槽	槽底直径为27，公差 $_{-0.05}^{0}$；槽宽 $2_{0}^{+0.05}$	
总长	长度为96，公差±0.05	

从加工内容可以看出，该零件结构相对简单，主要加工难点在于保证外圆尺寸和沟槽尺寸。

2. 制订加工路线

根据该活塞杆直径较小，长度较大的结构特点，为了减少废料，可以采用 ϕ32mm×500mm 长棒料作为毛坯。第一次装夹采用一夹一顶，先加工 ϕ24mm 外圆、退刀槽、M20×1.5mm 螺纹。调头加工左端面，保证总长，然后加工 ϕ30mm 和 ϕ22mm 外圆以及切槽。

1）备料：ϕ32mm 的 AL8081 棒料，长 500mm。

2）车端面至见光。

3）钻中心孔 A3.15/6.7。

4）粗车右端 ϕ24mm 的外圆、M20×1.5mm 螺纹大径，留 0.5mm 的精加工余量。

5）精车右端 ϕ24mm 的外圆、M20×1.5mm 螺纹大径至图示尺寸。

6）车退刀槽。

7）车 M20×1.5mm 螺纹至图示尺寸。

8）切断，留 1mm 余量。

9）调头，车端面，保证总长。

10）粗车左端 ϕ22mm 的外圆锥、ϕ30mm 的外圆，留 0.5mm 余量。

11）精车左端 ϕ22mm 的外圆锥、ϕ30mm 的外圆至尺寸。

12）车矩形槽。

3. 加工设备选用

选用纽威 NL201E 型斜床身数控车床，该机床为45°整体斜床身，贴塑导轨刚性高、易排屑；主轴精度高、跳动小；8 工位液压刀架工作平稳、换刀速度快、可靠性高；适用于盘盖类、轴套类零件的大批量生产。

4. 选用毛坯

采用 ϕ32mm×500mm 的长棒料作为毛坯，材料型号为 AL8081，为铝合金材料，切削性能较好，毛坯如图 4-2-2 所示。

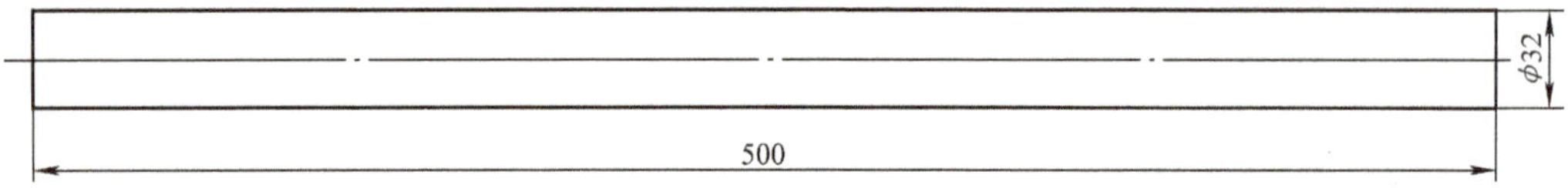

图 4-2-2 毛坯

5. 选用夹具

在车削右端时，考虑到零件长度较大，直径相对较小，为保证加工精度。采用一夹一顶装夹方式。调头车削左端面时，直接装夹已经加工完成的 ϕ24mm 外圆。

活塞杆加工装夹方案设计见表 4-2-2。

表 4-2-2 装夹方案设计

装夹次数	装夹示意图
第一次装夹	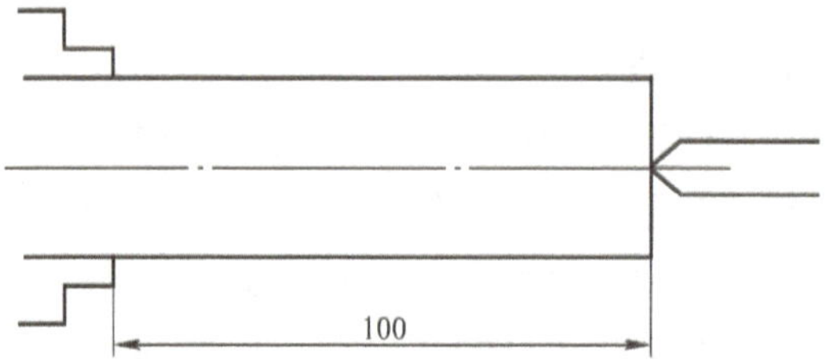
第二次装夹	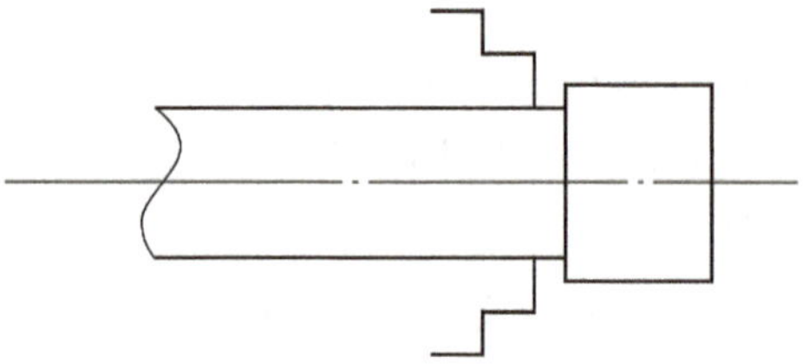

6. 制订加工工序

（1）选择刀具 活塞杆是典型的回转体零件，没有特殊要求，故选择机夹式外圆刀切削端面和外圆，如图 4-2-3a 所示；切槽刀用于加工退刀槽、矩形槽和切断，如图 4-2-3b 所

a) b) c)

图 4-2-3 刀具选择

示；螺纹刀用于车削螺纹，如图4-2-3c所示。在实际操作中，可以在选定刀具后，查阅刀具手册来确定合适的切削参数。

（2）制作加工工艺卡 以一次装夹作为一个工序，制订活塞杆的加工工艺卡，见表4-2-3～表4-2-5。

表4-2-3 活塞杆的加工工艺卡（1）

零件号：		工艺版本号：	工艺流程卡-工序清单			
QIGANG02		0				
工序号	工序内容	工位	页码：1		页数：3	
001	备料(AL8081, ϕ32mm)	采购	零件号：QIGANG02		版本：0	
002	粗车/精车右端	数车	零件名称：活塞杆			
003	粗车/精车左端	数车	材料：AL8081			
004			材料尺寸：ϕ32mm×500mm			
005			更改号	更改内容	批准	日期
006						
007			01			
008						
拟制：	日期： 审核： 日期： 批准：	日期：	××工业职业技术学院			

表4-2-4 活塞杆的加工工艺卡（2）

零件号：			工序名称：		工艺流程卡-工序单	
QIGANG02			精车右端			
材料：AL8081		页码：2			工序号：02	版本号：0
夹具：自定心卡盘+顶尖		工位：数控车床			数控程序号：00001.NC	
刀具及参数设置						
刀具号	刀具规格	加工内容	主轴转速/(r/min)	进给量/(mm/r)		
T01	DCLNL2020M09, CNMG090408-PR	粗车，留0.5mm余量	1200	0.25		
T02	DCLNL2020M09, CCMT090404-PF	精车	1500	0.1		
T04	C6-RF123G20-45065B	车退刀槽至尺寸	800	0.07		
T03	266RFG-2525-22, 266RG-22MM02A250	车螺纹	400	1.5		
T04	C6-RF123G20-45065B	切断，留1mm余量	800	0.07		
02					所有尺寸参阅零件图，锐边加0.3mm倒角	
01						
更改号	更改内容	批准	日期		××工业职业技术学院	
拟制：	日期： 审核：	日期： 批准：	日期：			

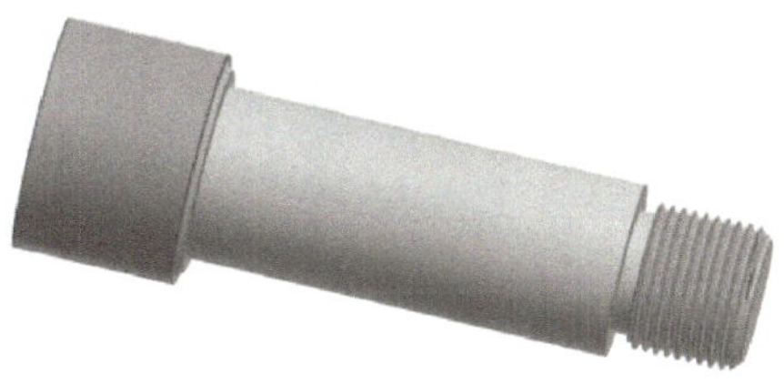

表 4-2-5　活塞杆的加工工艺卡（3）

<table>
<tr><td colspan="3">零件号:
QIGANG02</td><td colspan="2">工序名称:
粗车/精车左端</td><td colspan="2">工艺流程卡-工序单</td></tr>
<tr><td colspan="2">材料：AL8081</td><td colspan="2">页码：3</td><td colspan="2">工序号：03</td><td>版本号：0</td></tr>
<tr><td colspan="2">夹具：自定心卡盘+弹性套</td><td colspan="2">工位：数控车床</td><td colspan="3">数控程序号：00002.NC</td></tr>
<tr><td colspan="5">刀具及参数设置</td><td colspan="2" rowspan="5">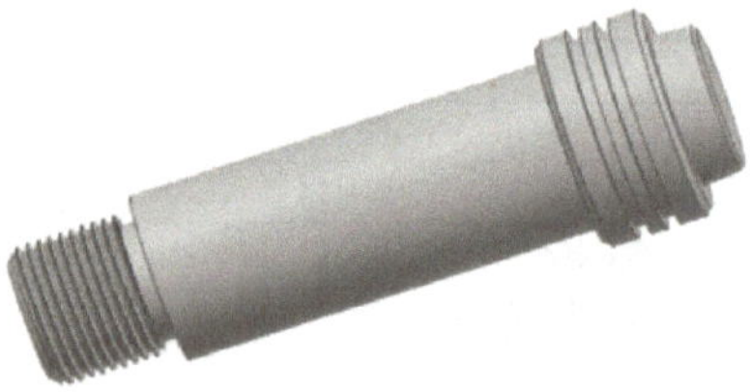
所有尺寸参阅零件图，锐边加0.3mm倒角</td></tr>
<tr><td>刀具号</td><td>刀具规格</td><td>加工内容</td><td>主轴转速/(r/min)</td><td>进给量/(mm/r)</td></tr>
<tr><td>T01</td><td>DCLNL2020M09, CNMG090408-PR</td><td>粗车，留0.5mm余量</td><td>1200</td><td>0.25</td></tr>
<tr><td>T02</td><td>DCLNL2020M09, CCMT090404-PF</td><td>精车</td><td>1500</td><td>0.1</td></tr>
<tr><td>T04</td><td>C6-RF123G20-45065B</td><td>车矩形槽至尺寸</td><td>800</td><td>0.07</td></tr>
<tr><td>02</td><td colspan="2"></td><td></td><td></td><td colspan="2"></td></tr>
<tr><td>01</td><td colspan="2"></td><td></td><td></td><td colspan="2"></td></tr>
<tr><td>更改号</td><td colspan="2">更改内容</td><td>批准</td><td>日期</td><td colspan="2" rowspan="2">××工业职业技术学院</td></tr>
<tr><td>拟制：</td><td>日期：　审核：</td><td>日期：</td><td>批准：</td><td>日期：</td></tr>
</table>

4.2.1.2　自动编程

该活塞杆车削加工分两次装夹，此处采用UG10.0软件分别编制车削右端的加工程序和车削左端的加工程序。为提高编程正确率，右端和左端分别在两个文件内进行编程。

14. 活塞杆右端编程

1. 编制加工活塞杆右端的NC程序

1）打开UG10.0软件，单击“文件”→“打开”，选择“活塞_右端编程.prt”文件，单击“确定”，完成文件打开操作。打开后的文件为活塞杆的三维模型及加工右端时的毛坯，工件坐标系位于活塞杆右端面中心，如图4-2-4所示。

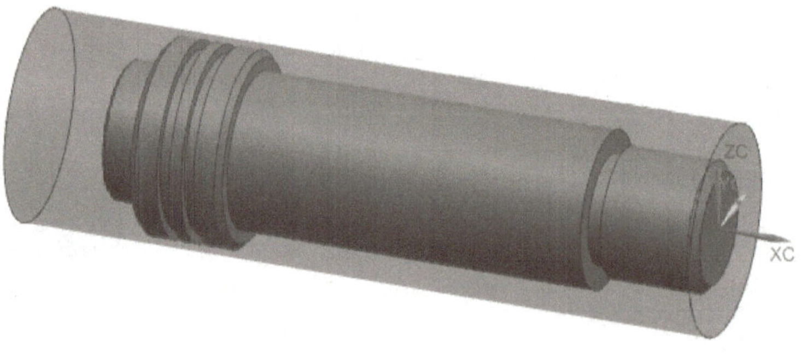

图 4-2-4　活塞杆三维模型

2）单击“应用模块”→“加工”，弹出“加工环境”对话框，设置“CAM会话配置”为“cam_general”，“要创建的CAM设置”为“turning”，如图4-2-5所示。然后单击“确定”，进入加工模块。

3）在工序导航器空白处，单击鼠标右键，再单击“几何视图”，如图4-2-6所示。

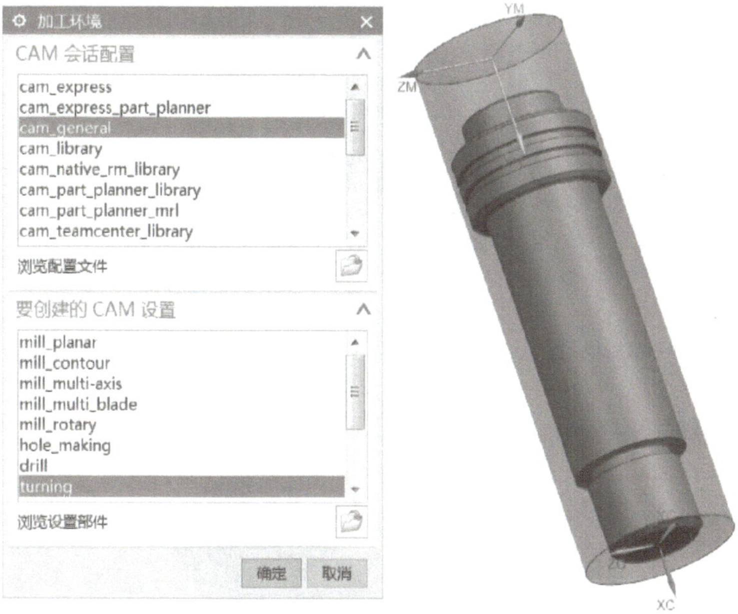

图 4-2-5　加工环境设置

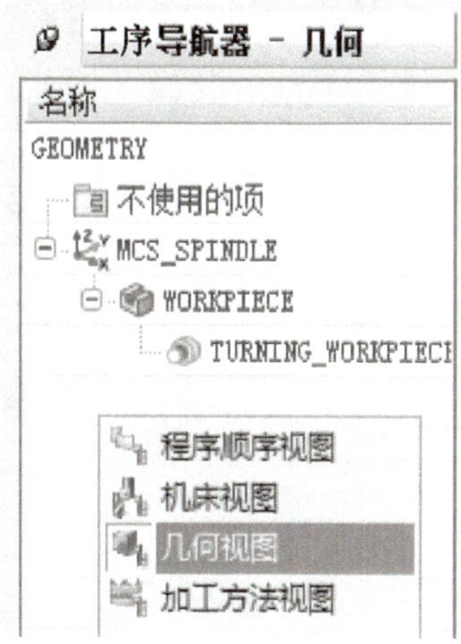

图 4-2-6　工序导航器

4）双击工序导航器中的“MCS_SPINDLE”，弹出“MCS 主轴”对话框，设置“指定平面”为“ZM －XM”，如图 4-2-7 所示。

5）单击“指定 MCS”中的“CSYS”，弹出“CSYS”对话框，通过光标拖拽移动、旋转加工坐标系，如图 4-2-8 所示，使加工坐标系位于活塞杆右端面中心，单击“确定”，完成加工坐标系设置。

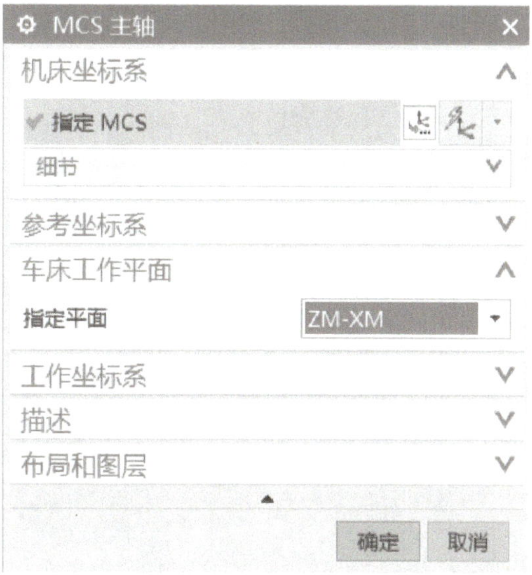

图 4-2-7　加工坐标系设置

6）双击工序导航器中的“WORKPIECE”，弹出“工件”对话框。单击“指定部件”，弹出“部件几何体”对话框，选择活塞杆实体为部件，单击“确定”，完成部件指定。单击“指定毛坯”，弹出“毛坯几何体”对话框，选择圆柱体为毛坯，单击“确定”，完成毛坯指定，如图 4-2-9 所示。

7）双击工序导航器中的“TURNING_WORKPIECE”，自动生成车削加工截面和毛坯边界，然后把部件实体和毛坯实体隐藏，如图 4-2-10 所示。

8）在工序导航器空白处，单击鼠标右键，再单击“机床视图”，然后单击“创建刀具”，弹出“创建刀具”对话框，如图 4-2-11 所示。设置“类型”为“turning”，“刀具子类型”为“SPOTDRILLING_TOOL”，“位置”为“GENERIC_MACHINE”，“名称”为“center_drill”，单击“确定”，弹出“钻刀”对话框。设置刀具直径为 10mm，其余参数设

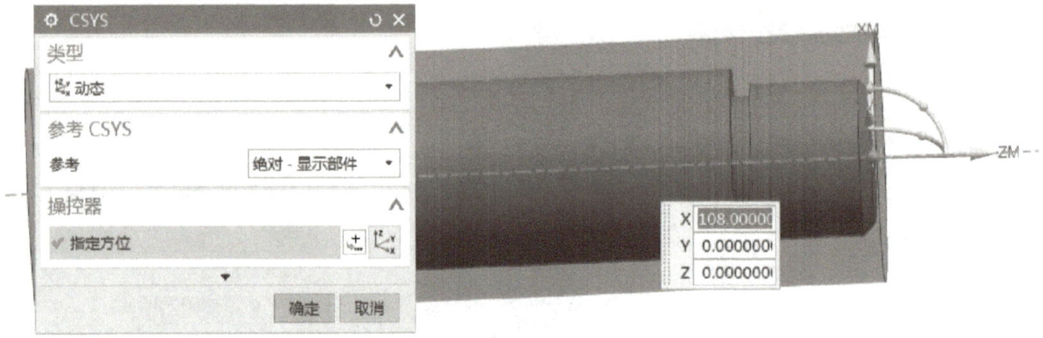

图 4-2-8 加工原点设置

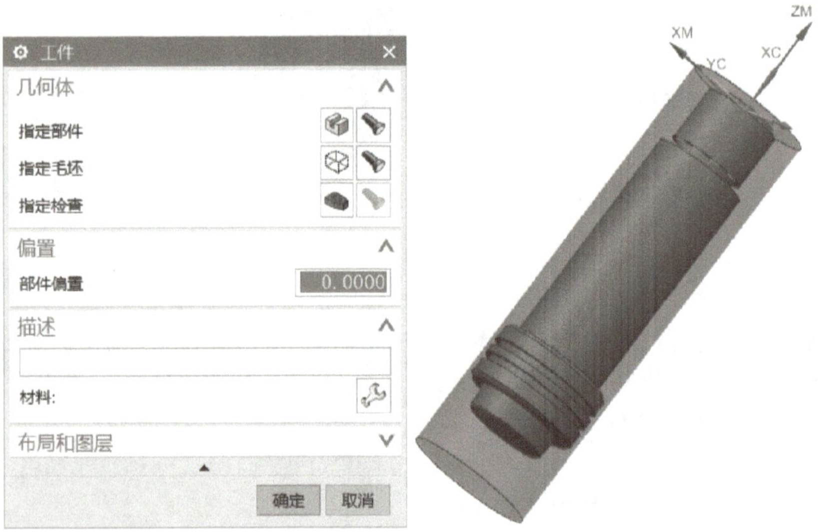

图 4-2-9 指定部件和毛坯

图 4-2-10 车削加工截面

置如图 4-2-12 所示，单击“确定”，完成中心钻的创建。

9）单击“创建刀具”，弹出“创建刀具”对话框，如图 4-2-13 所示。设置“类型”为“turning”，“刀具子类型”为“OD_80_L”，“位置”为“GENERIC_MACHINE”，“名称”为“OD_ROUGH_TOOL”，单击“确定”，弹出“车刀-标准”对话框。刀具参数设置如图 4-2-14 所示，刀尖半径为 0.8mm，方向角度为 5°，刀具号为 1，单击“确定”，完成刀具创建。用同样的方法创建刀具 2，设置“类型”为“turning”，“刀具子类型”为“OD_80_L”，“位置”为“GENERIC_MACHINE”，“名称”为“OD_FINISH_TOOL”，刀尖半径为 0.4mm，方向角度为 5°，刀具号为 2。

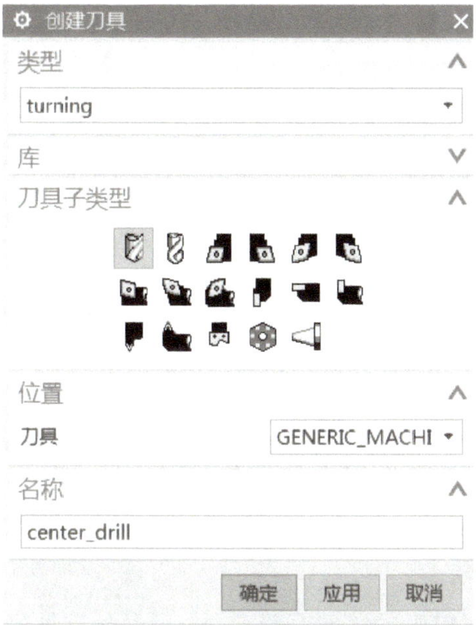

图 4-2-11　创建中心钻

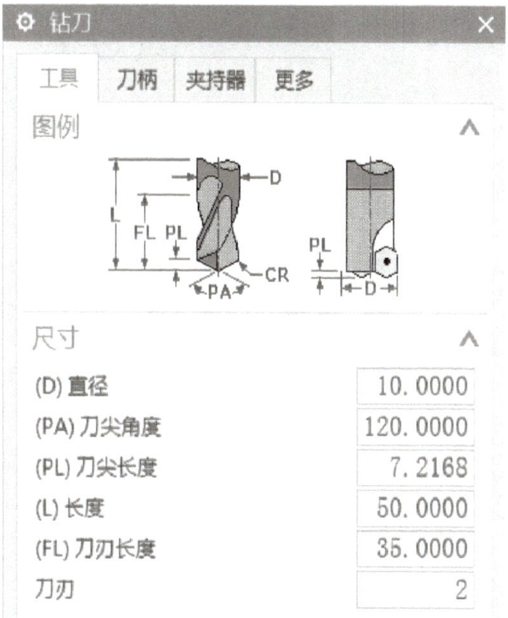

图 4-2-12　设置钻刀参数

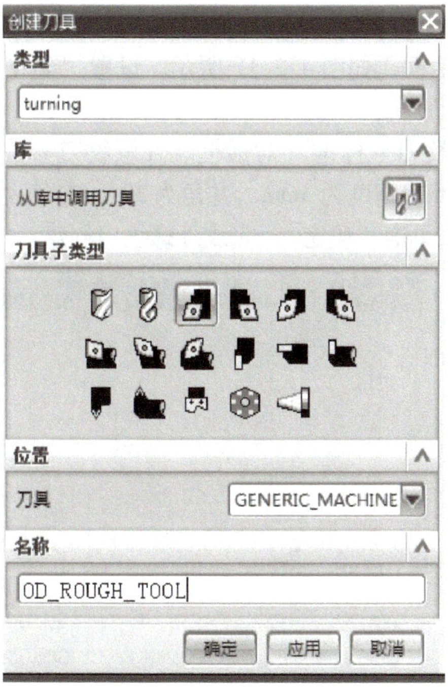

图 4-2-13　创建外圆车刀

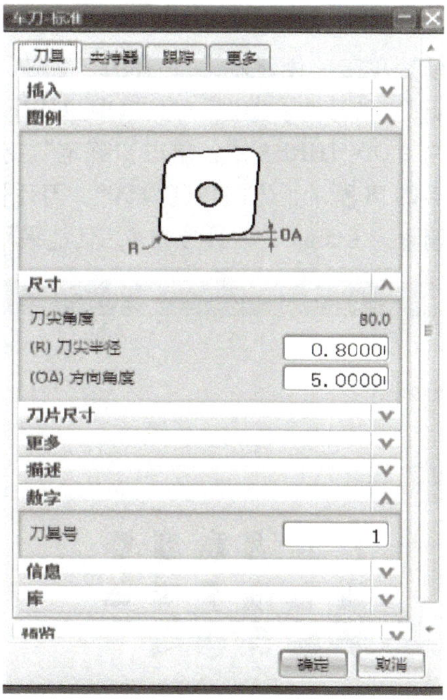

图 4-2-14　外圆车刀参数设置

10）单击“创建刀具”，弹出“创建刀具”对话框，如图 4-2-15 所示。设置“类型”为“turning”，“刀具子类型”为“OD_GROOVE_L”，“位置”为“GENERIC_MACHINE”，“名称”为“OD_GROOVE”，单击“确定”，弹出“槽刀－标准”对话框。外槽刀参数设置如图 4-2-16 所示，刀尖半径为 0.2mm，方向角度为 90°，刀片宽度为 2.5mm，刀具号为 3，其他采用默认设置，单击“确定”，完成外槽刀创建。

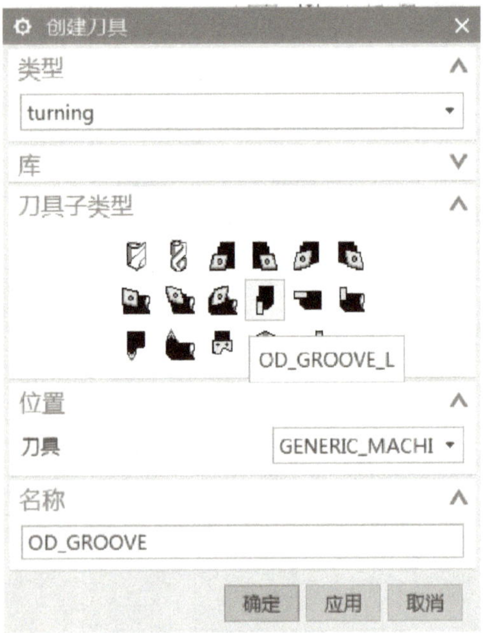

图 4-2-15　创建外槽刀

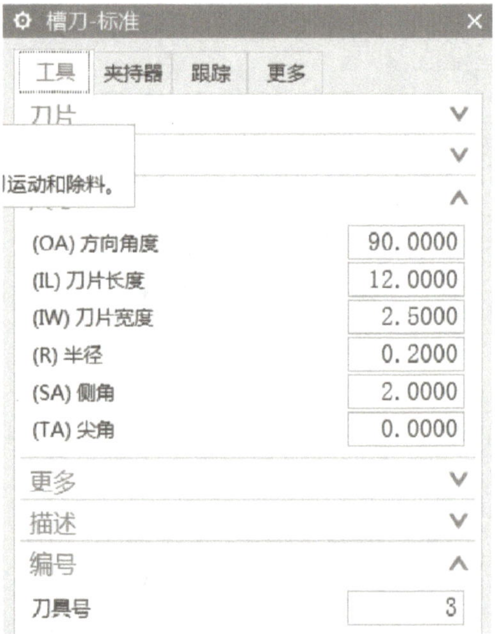

图 4-2-16　外槽刀参数设置

11）单击“创建刀具”，弹出“创建刀具”对话框，如图 4-2-17 所示。设置“类型”为“turning”，“刀具子类型”为“OD_THREAD_L”，“位置”为“GENERIC_MACHINE”，“名称”为“OD_THREAD”，单击“确定”，弹出“螺纹刀－标准”对话框。外螺纹刀参数设置如图 4-2-18 所示，方向角度为 90°，刀片长度为 6mm，宽度为 3mm，左角为 30°，右角为 30°，刀尖偏置为 1.5mm，刀具号为 4，其他采用默认值，单击“确定”，完成外螺纹刀创建。

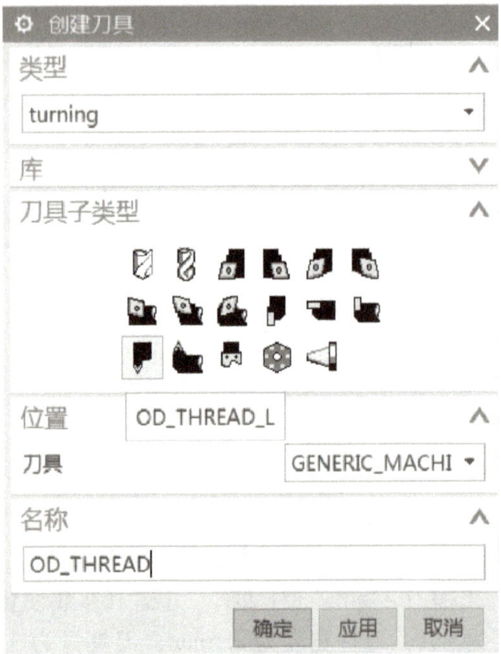

图 4-2-17　创建外螺纹刀

图 4-2-18　外螺纹刀参数设置

12）所有刀具创建完毕后，刀具列表如图 4-2-19 所示。

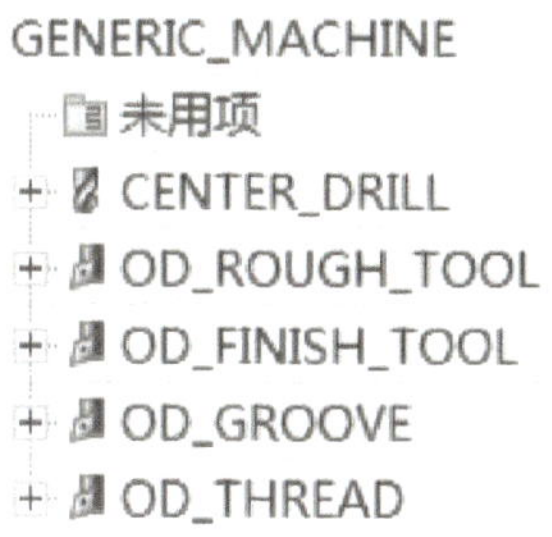

图 4-2-19　刀具列表

13）单击“创建工序”，弹出“创建工序”对话框，设置“类型”为“turning”，“工序子类型”为“FACING”，“程序”为“PROGRAM”，“刀具”为“OD_ROUGH_TOOL”，“几何体”为“TURNING_WORKPIECE”，“方法”为“LATHE_FINISH”，“名称”为“FACING”，如图 4-2-20 所示。单击“确定”，弹出“面加工 - [FACING]”对话框，设置切削深度最大值为 2mm，其他采用默认值，如图 4-2-21 所示。

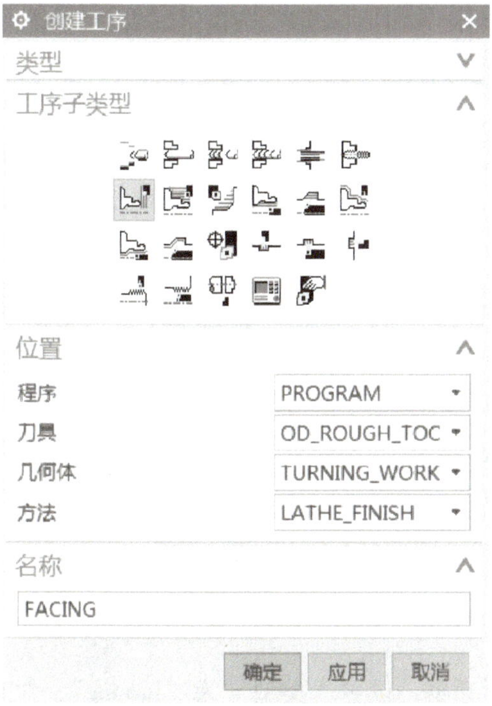

图 4-2-20　创建车端面操作

图 4-2-21　车端面参数设置

14）单击“指定切削区域”，弹出“切削区域”对话框，单击“轴向修剪平面 1”，指定端面上的点，如图 4-2-22 所示，单击“确定”，完成操作。

15）单击“非切削移动”，设置进刀距离和退刀距离均为 2mm，单击“确定”，完成操作。单击“进给率和速度”，设置主轴转速为 1200r/min，进给量为 0.1mm/r，单击“确

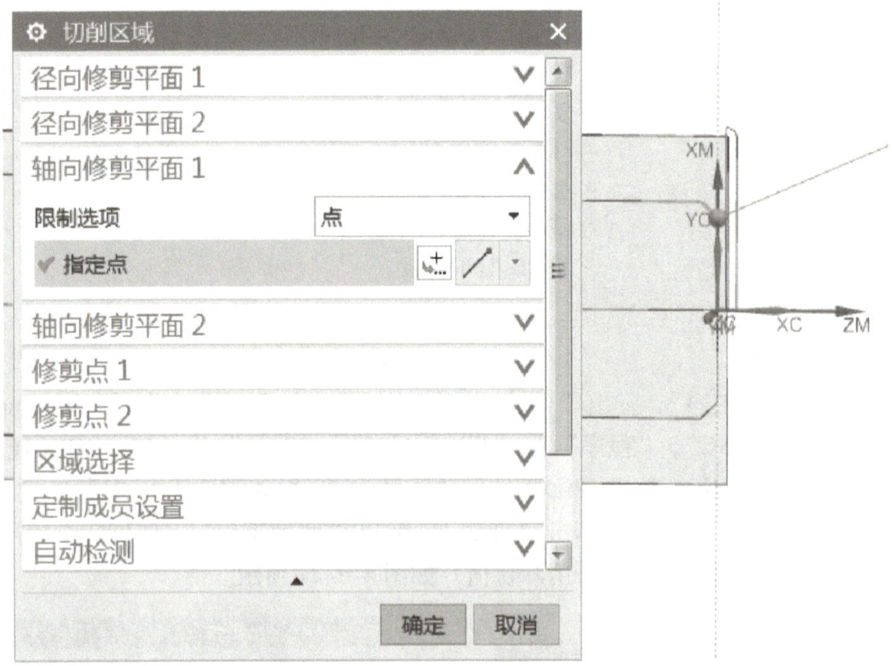

图 4-2-22 指定车右端面切削区域

定”，完成进给率和速度设置。单击“生成刀轨”，得到活塞杆端面车削的刀具轨迹，如图 4-2-23所示。

图 4-2-23 车端面刀轨

16）单击“创建工序”，弹出“创建工序”对话框，设置“类型”为“turning”，“工序子类型”为“drill”，“程序”为“PROGRAM”，“刀具”为“CENTER_DRILL”，“几何体”为“TURNING_WORKPIECE”，“方法”为“METHOD”，“名称”为“DRILL”，如图 4-2-24 所示。单击“确定”，弹出“中心线钻孔 - [DRILL]”对话框，设置“参考深度”为“刀尖”，“偏置”为“5”，其他采用默认值，如图 4-2-25 所示。

17）单击“进给率和速度”，设置主轴转速为 1500r/min，进给量为 0.1mm/r，单击“确定”，完成进给率和速度设置。单击“生成刀轨”，得到活塞杆中心孔钻削的刀具路径，如图 4-2-26 所示。

图 4-2-24　创建钻中心孔操作

图 4-2-25　钻中心孔参数设置

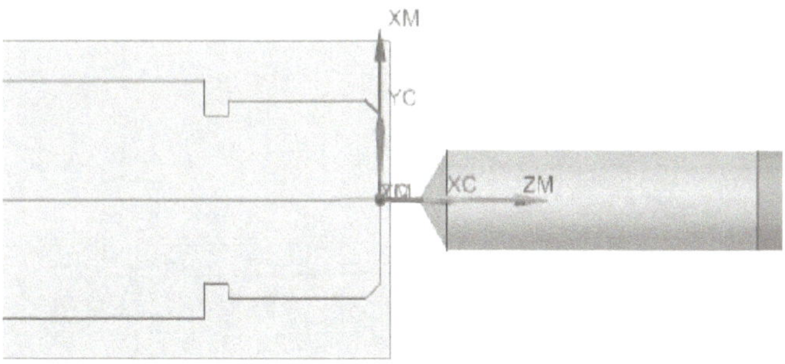

图 4-2-26　钻中心孔刀具路径

18）单击“创建工序”，弹出“创建工序”对话框，设置“类型”为“turning”，“工序子类型”为“ROUGH_TURNING_OD”，“程序”为“PROGRAM”，“刀具”为“OD_ROUGH_TOOL”，“几何体”为“TURNING_WORKPIECE”，“方法”为“METHOD”，“名称”为“ROUGH_TURN_OD”，如图 4-2-27 所示。单击“确定”，弹出“外径粗车 - [ROUGH_TURN_OD]”对话框，设置切削深度最大值为 2mm，其他采用默认值，如图 4-2-28所示。

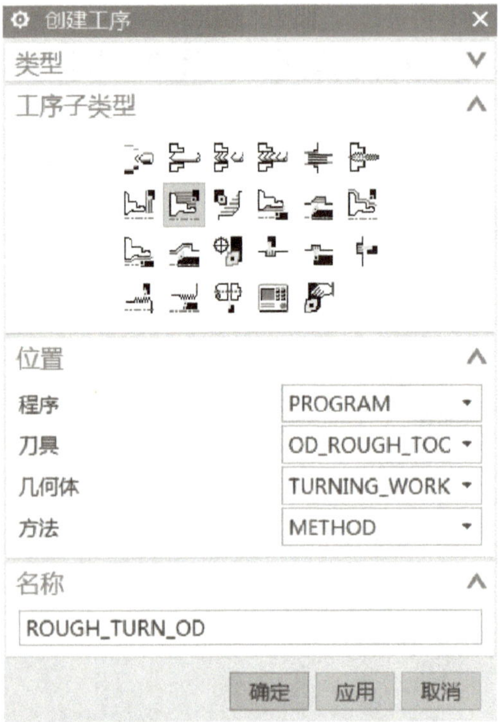

图 4-2-27 创建外径粗车操作

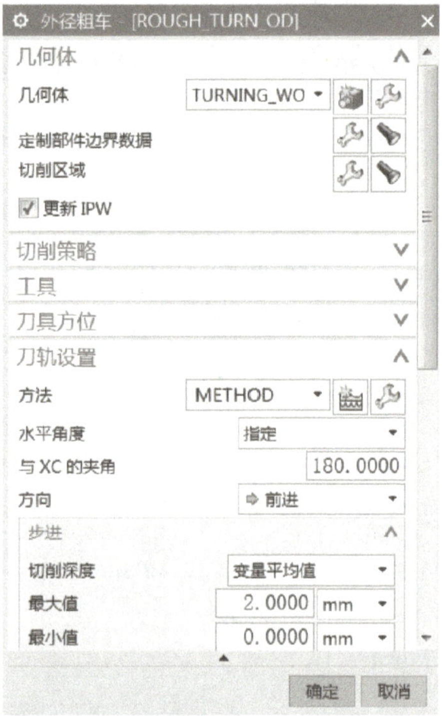

图 4-2-28 外径粗车参数设置

19）单击“指定切削区域”，弹出“切削区域”对话框，单击“轴向修剪平面 1”，指定图 4-2-29 所示点，单击“确定”，完成操作。

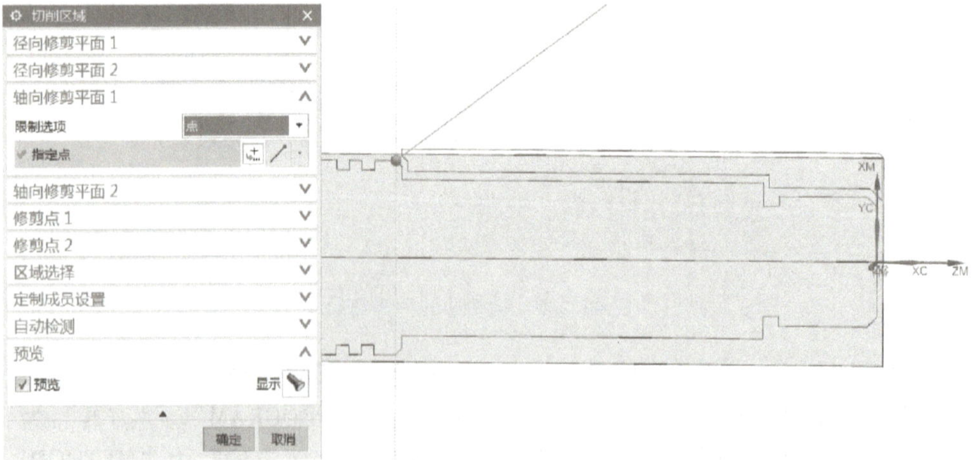

图 4-2-29 切削区域

20）单击“切削参数”，选择“余量”选项卡，设置“面”为“0.1”，“径向”为“0.5”，如图 4-2-30 所示。单击“确定”，完成切削参数设置。单击“进给率和速度”，设置主轴转速为 1200r/min，进给量为 0.25mm/r，如图 4-2-31 所示。单击“确定”，完成进给率和速度设置。单击“生成刀轨”，得到活塞杆右端粗车的刀具轨迹，如图 4-2-32 所示。

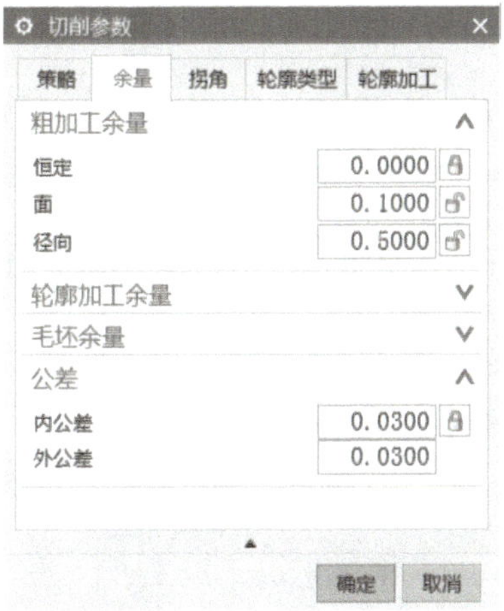

图 4-2-30　余量设置

图 4-2-31　进给率和速度设置

图 4-2-32　活塞杆右端粗车刀轨

21）单击“创建工序”，弹出“创建工序”对话框，设置“类型”为“turning”，“工序子类型”为“FINISH_TURNING_OD”，“程序”为“PROGRAM”，“刀具”为“OD_FINISH_TOOL”，“几何体”为“TURNING_WORKPIECE”，“方法”为“LATHE_FINISH”，“名称”为“FINISH_TURN_OD”，如图 4-2-33 所示。单击“确定”，弹出“外径精车 – [FINISH_TURN_OD]”对话框，如图 4-2-34 所示。

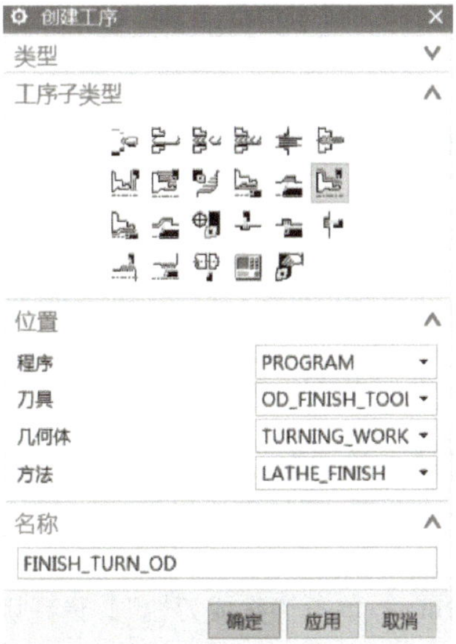

图 4-2-33　创建外径精车操作

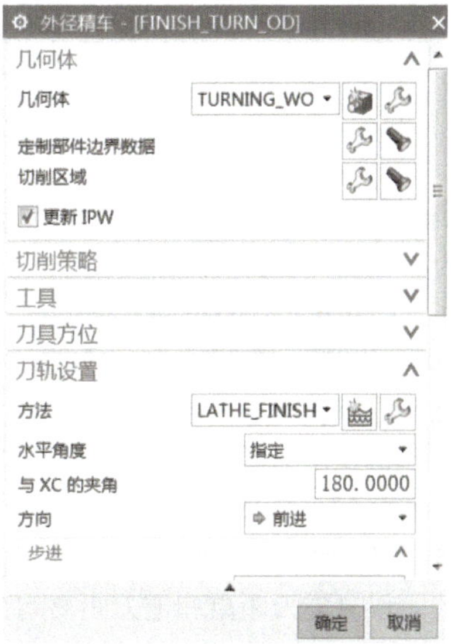

图 4-2-34　外径精车参数设置

22）单击“指定切削区域”，弹出“切削区域”对话框，单击“轴向修剪平面1”，指定图4-2-35所示点，单击“确定”，完成操作。

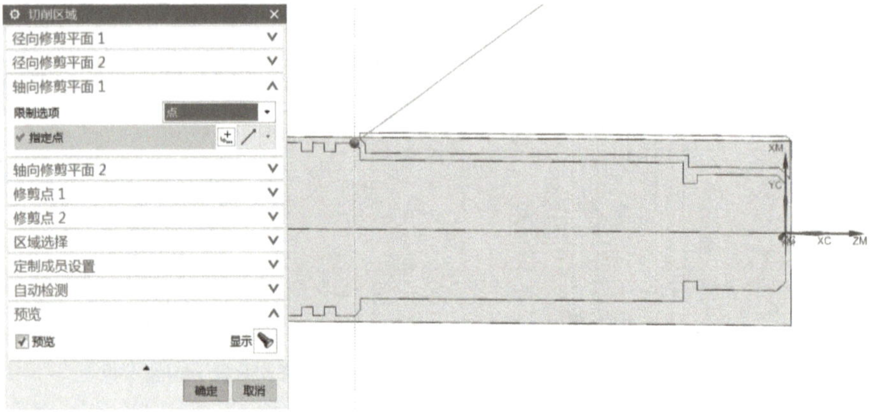

图4-2-35　指定右端精车切削区域

23）单击“进给率和速度”，设置主轴转速为1500r/min，进给量为0.1mm/r，单击“确定”，完成进给率和速度设置。单击“生成刀轨”，得到活塞杆右端精车的刀具轨迹，如图4-2-36所示。

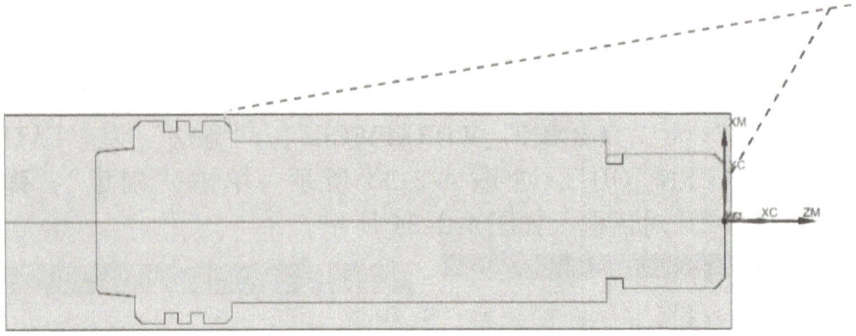

图4-2-36　活塞杆右端精车刀轨

24）单击“创建工序”，弹出“创建工序”对话框，设置“类型”为“turning”，“工序子类型”为“GROOVE_OD”，“程序”为“PROGRAM”，“刀具”为“OD_GROOVE”，“几何体”为“TURNING_WORKPIECE”，“方法”为“LATHE_FINISH”，“名称”为“GROOVE_OD”，如图4-2-37所示。单击“确定”，弹出“外径开槽-［GROOVE_OD］”对话框，如图4-2-38所示。

25）单击“指定切削区域”，弹出“切削区域”对话框，分别指定“轴向修剪平面1”和“轴向修剪平面2”，如图4-2-39所示点。单击“确定”，完成操作。

26）单击“进给率和速度”，设置主轴转速为800r/min，进给量为0.07mm/r。单击“非切削移动”，设置进刀距离和退刀距离均为2mm。单击“生成刀轨”，得到切削活塞杆螺纹退刀槽的刀具轨迹，如图4-2-40所示。

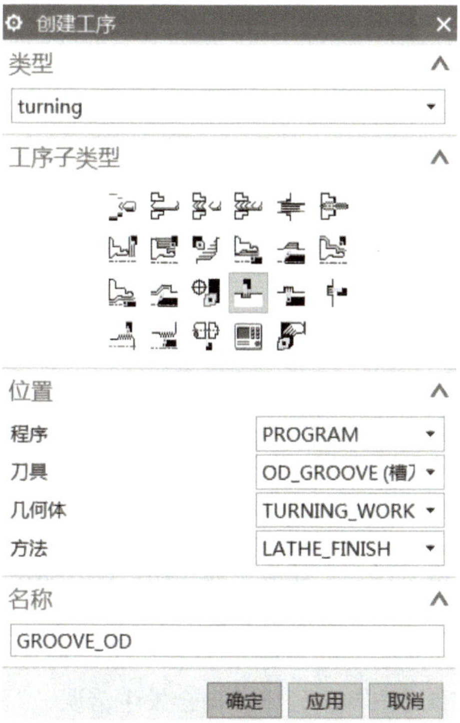

图 4-2-37　创建切外槽操作

图 4-2-38　切外槽参数设置

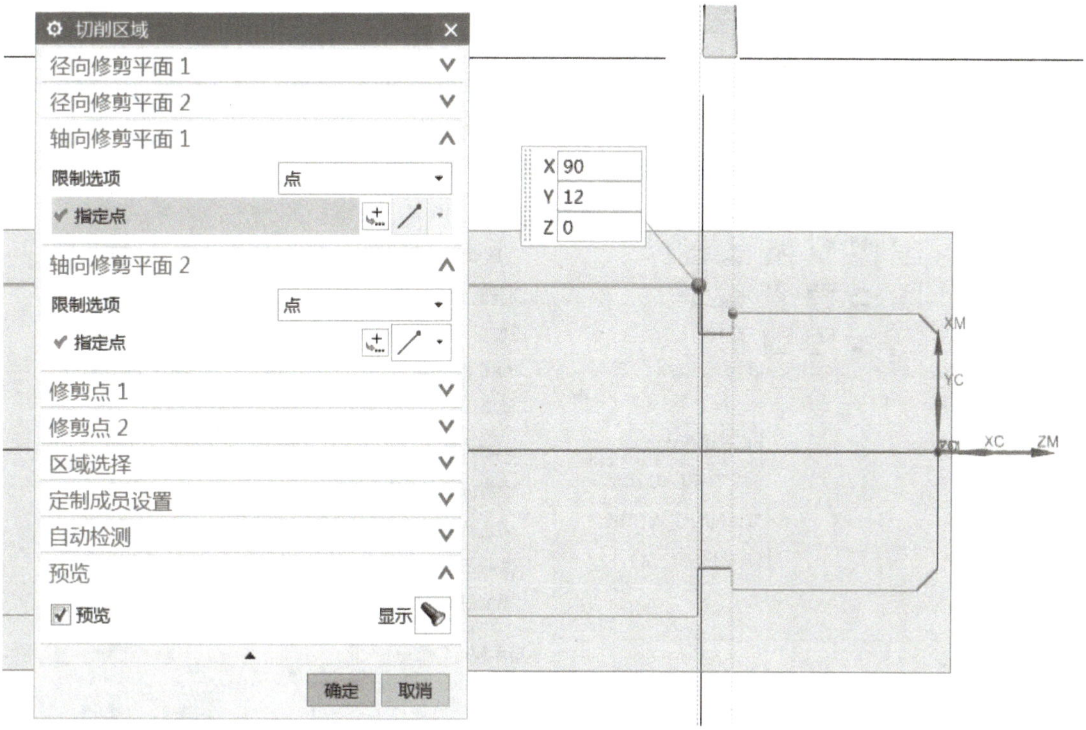

图 4-2-39　指定切削区域

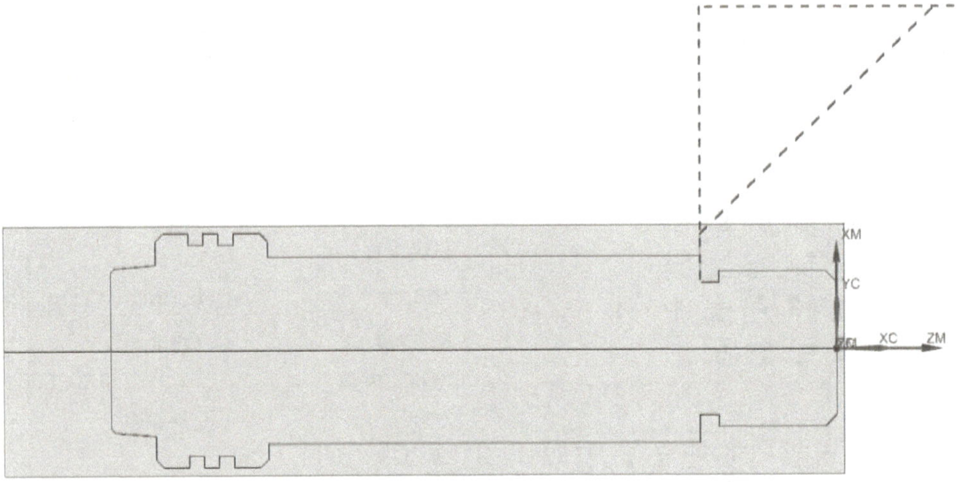

图 4-2-40　切退刀槽刀具路径

27）单击“创建工序”，弹出“创建工序”对话框，设置“类型”为“turning”，“工序子类型”为“THREAD_OD”，“程序”为“PROGRAM”，“刀具”为“OD_THREAD”，“几何体”为“TURNING_WORKPIECE”，“方法”为“LATHE_FINISH”，“名称”为“THREAD_OD”，如图 4-2-41 所示。单击“确定”，弹出“外径螺纹加工 - [THREAD_OD]”对话框，选择螺纹大径为顶线，选择时要单击线的右端，否则方向会发生错误，“深度选项”设为“深度和角度”，设置“深度”为“1.05”，“与 XC 的夹角”为“180”，“起始偏置”为“3”，“终止偏置”为“1.25”，其他采用默认值，如图 4-2-42 所示。

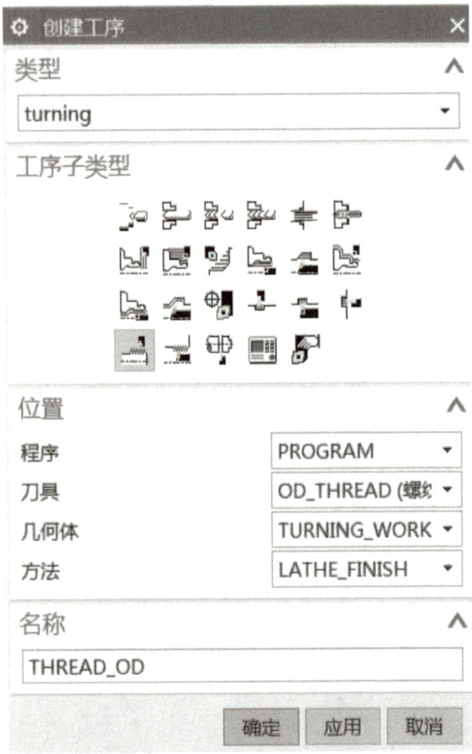

图 4-2-41　创建切外螺纹操作

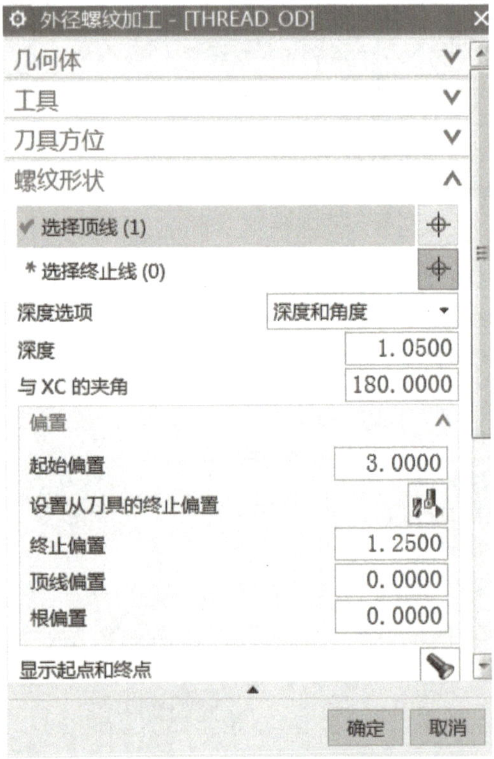

图 4-2-42　切外螺纹参数设置

28）单击“切削参数”，然后单击“策略”，设置“螺纹头数”为“1”，其他默认参数，如图4-2-43所示。单击“螺距”，设置“距离”为“1.5”，如图4-2-44所示。单击“确定”，完成切削参数设置。

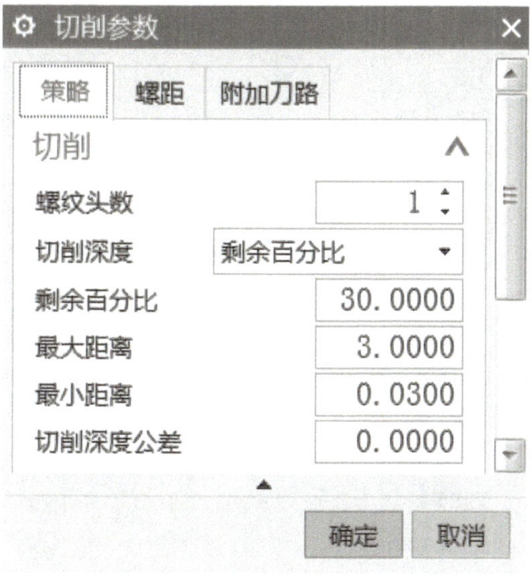

图4-2-43　螺纹加工策略设置

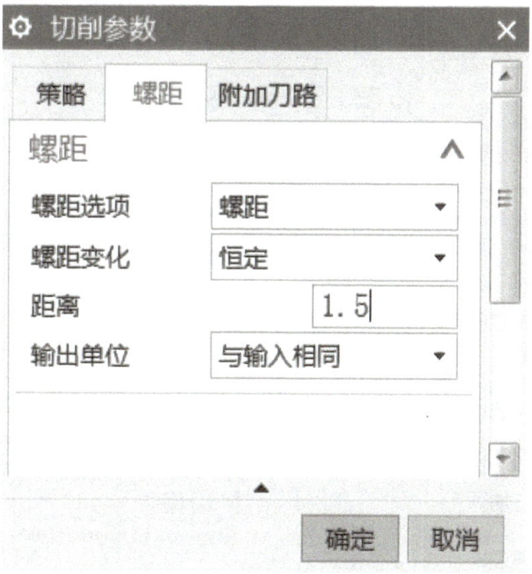

图4-2-44　螺纹螺距设置

29）单击“进给率和速度”，设置主轴转速为400r/min，进给量为1.5mm/r。单击“生成刀轨”，得到活塞杆螺纹车削的刀具轨迹，如图4-2-45所示。

图4-2-45　车螺纹刀具路径

30）单击“创建工序”，弹出“创建工序”对话框，设置“类型”为“turning”，“工序子类型”为“PARTOFF”，“程序”为“PROGRAM”，“刀具”为“OD_GROOVE”，“几何体”为“TURNING_WORKPIECE”，“方法”为“METHOD”，“名称”为“PARTOFF”，如图4-2-46所示。单击“确定”，弹出“部件分离－［PARTOFF］”对话框，选择“策略”为“部件分离”，“与XC的夹角”为“0”，“延伸距离”为“1”，其他采用默认值，如图4-2-47所示。

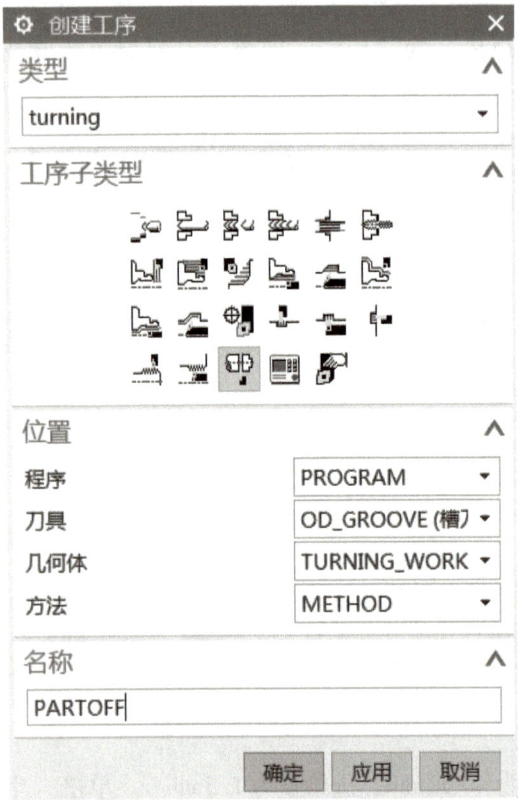

图 4-2-46 创建切断操作

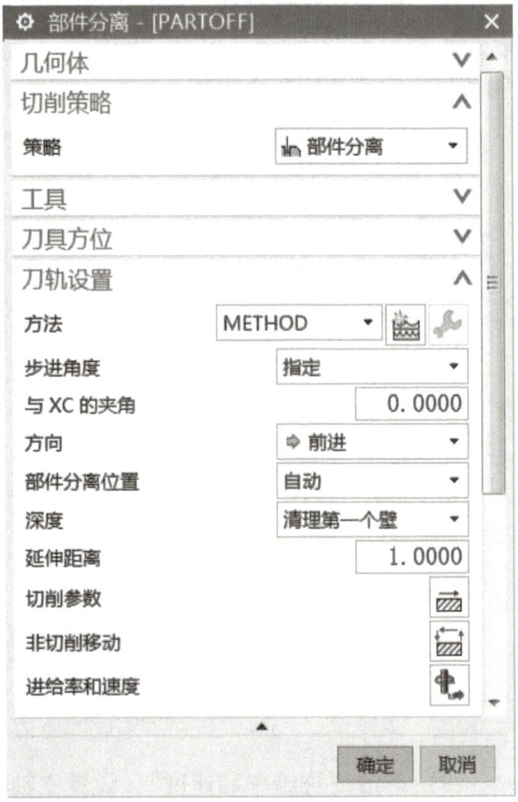

图 4-2-47 切断参数设置

31）单击“切削参数”，然后单击“余量”，设置“面”为“1”，如图 4-2-48 所示。单击“确定”，完成切削参数设置。单击“进给率与速度”，设置主轴转速为 800r/min，进给量为 0.07mm/r，单击“确定”，完成转速及进给率设置。单击“生成刀轨”，得到活塞杆切断的刀具轨迹，如图 4-2-49 所示。

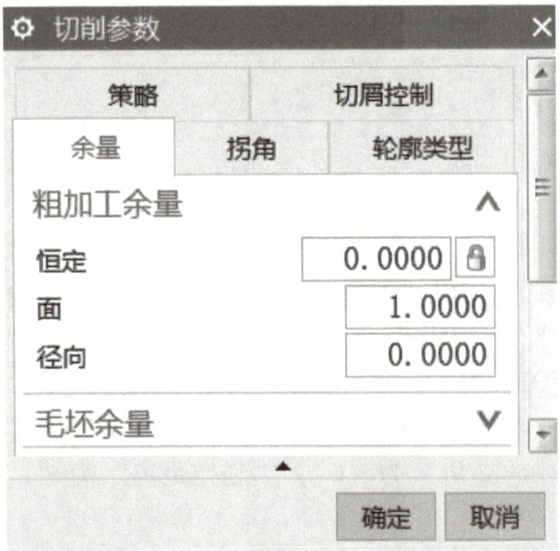

图 4-2-48 切断余量设置

图 4-2-49　切断刀具轨迹

32）在工序导航器中选择“PROGRAM”，单击鼠标右键，再单击“刀轨”→“确认”，如图 4-2-50 所示。弹出“刀轨可视化”对话框，选择 3D 动态，如图 4-2-51 所示。单击“播放”，开始仿真加工。仿真结果如图 4-2-52 所示。

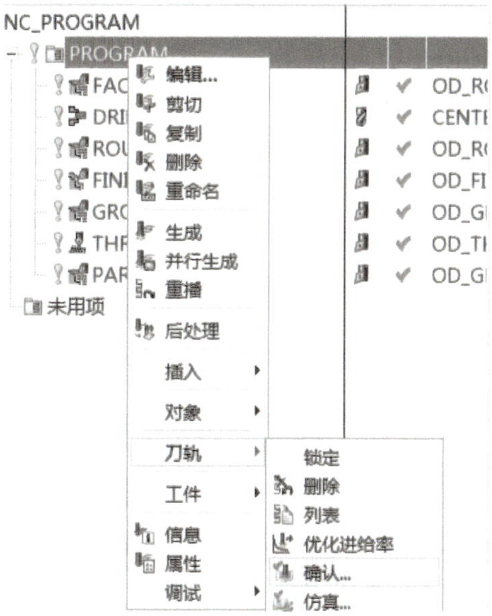

图 4-2-50　刀轨确认

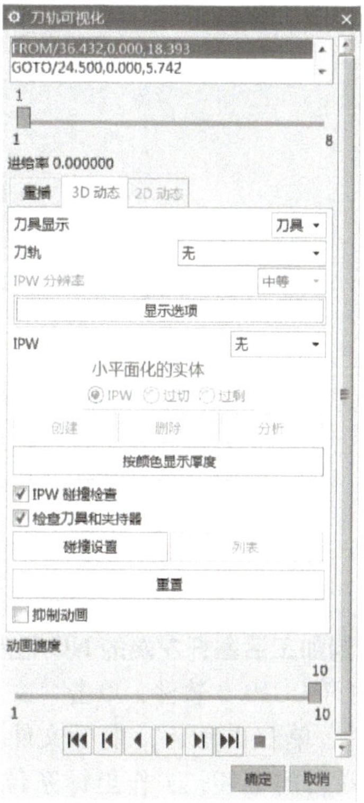

图 4-2-51　刀轨可视化对话框

33）在工序导航器中选中所有操作，单击鼠标右键，再单击“后处理”，弹出“后处理”对话框如图 4-2-53 所示。在后处理的时候，也可以单个操作进行后处理，得到多个加工程序，然后在机床上调试所有程序无误后再进行拼合。

34）选择与实际所用数控车床所对应的后处理器，此处选择“fanuc_2axis_lathe”，指定合适的文件路径和文件名，单位设置为公制，如图 4-2-54 所示。单击“确定”，完成后处理操作，得到车削活塞杆右端的 NC 程序，如图 4-2-55 所示。

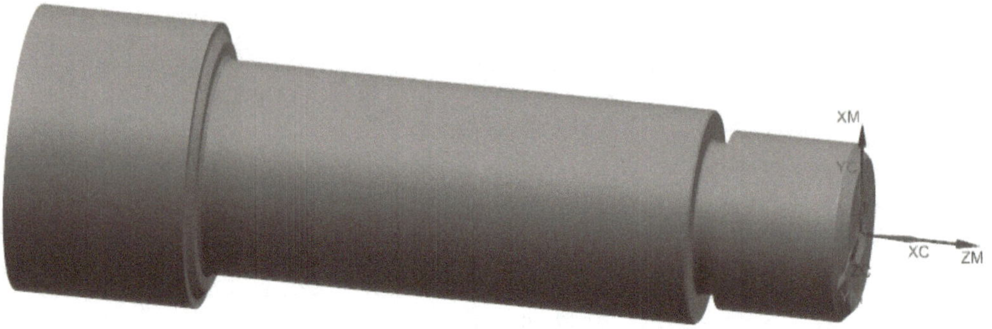

图4-2-52 活塞杆右端加工仿真结果

图4-2-53 后处理命令

2. 编制加工活塞杆左端的NC程序

15. 活塞杆左端编程

1）打开UG10.0软件，单击“文件”“打开”，选择“活塞_左端编程.prt”文件，单击“确定”，打开文件。打开后的文件为活塞杆的三维模型及加工左端时的毛坯，工作坐标系位于活塞杆左端面中心，如图4-2-56所示。

2）单击“应用模块”→“加工”，弹出“加工环境”对话框，设置“CAM会话配置”为“cam_general”，“要创建的CAM”设置为“turning”，然后单击“确定”，进入加工模块。在工序导航器空白处单击鼠标右键，单击“几何视图”。双击操作导航器中的“MCS_SPINDLE”，弹出“MCS主轴”对话框，设置“指定平面”为“ZM -XM”。单击“指定MCS”中的“CSYS”，弹出“CSYS”对话框，通过光标拖拽移动、旋转加工坐标系，如图4-2-57所示。加工坐标系位于活塞杆左端面中心，再单击“确定”，完成加工坐标系设置。

图 4-2-54　“后处理”对话框

图 4-2-55　活塞杆右端 NC 程序

图 4-2-56　活塞杆三维模型

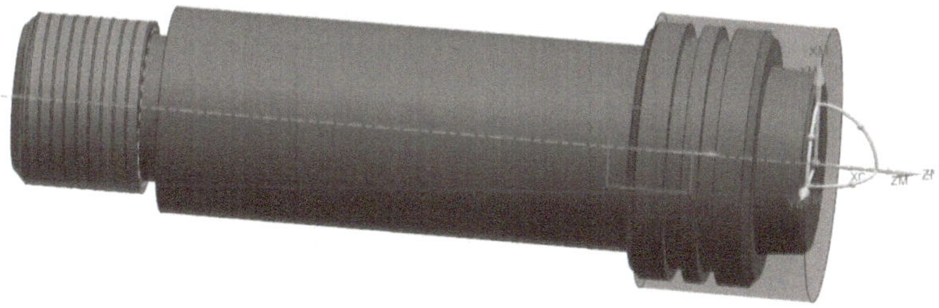

图 4-2-57　加工原点设置

3）双击工序导航器中的“WORKPIECE”，弹出“工件”对话框，单击“指定部件”，弹出“部件几何体”对话框，选择活塞杆实体为部件，单击“确定”，完成指定部件。单击“指定毛坯”，弹出“毛坯几何体”对话框，选择圆柱体为毛坯，单击“确定”，完成指定毛坯，如图 4-2-58 所示。

图 4-2-58 指定部件和毛坯

4）双击工序导航器中的“TURNING_WORKPIECE”，自动生成车加工截面和毛坯边界，然后把部件实体和毛坯实体隐藏，如图 4-2-59 所示。

图 4-2-59 活塞杆左端车削加工截面

5）单击“创建刀具”，弹出“创建刀具”对话框，如图 4-2-60 所示。设置“类型”为“turning”，“刀具子类型”为“OD_80_L”，“刀具”为“GENERIC_MACHINE”，“名称”为“OD_ROUGH_TOOL”，单击“确定”，弹出“车刀－标准”对话框。设置刀具参数，如图 4-2-61 所示。刀尖半径为 0.8mm，方向角度为 5°，刀具号为 1，单击“确定”，完成刀具创建。用同样的方法创建刀具 2，设置“类型”为“turning”，“刀具子类型”为“OD_80_L”，“刀具”为“GENERIC_MACHINE”，“名称”为“OD_FINISH_TOOL”，刀尖半径为 0.4mm，方向角度为 5°，刀具号为 2。

6）单击“创建刀具”，弹出“创建刀具”对话框，如图 4-2-62 所示。设置“类型”为“turning”，“刀具子类型”为“OD_GROOVE_L”，“刀具”为“GENERIC_MACHINE”，“名称”为“OD_GROOVE”，单击“确定”，弹出“槽刀－标准”对话框。设置刀具参数，如图 4-2-63 所示，方向角度为 90°，刀片长度为 5mm，刀片宽度为 1.5mm，刀尖半径为 0，刀具号为 3，其他采用默认值，单击“确定”，完成外槽刀创建。

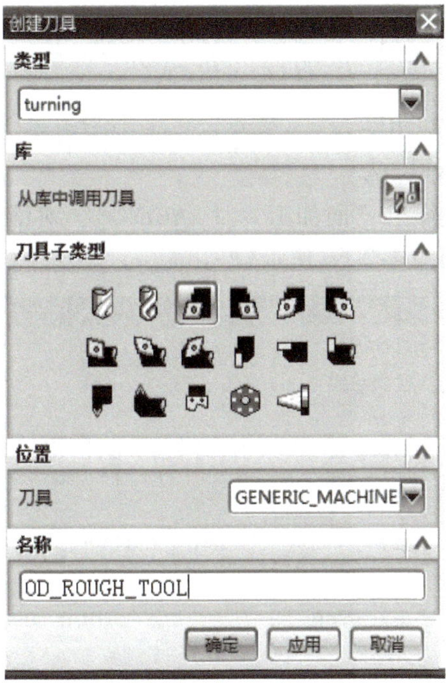

图 4-2-60　创建外圆车刀

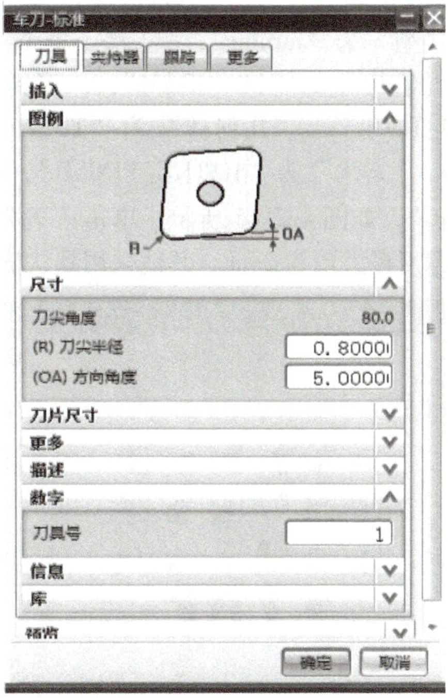

图 4-2-61　外圆车刀参数设置

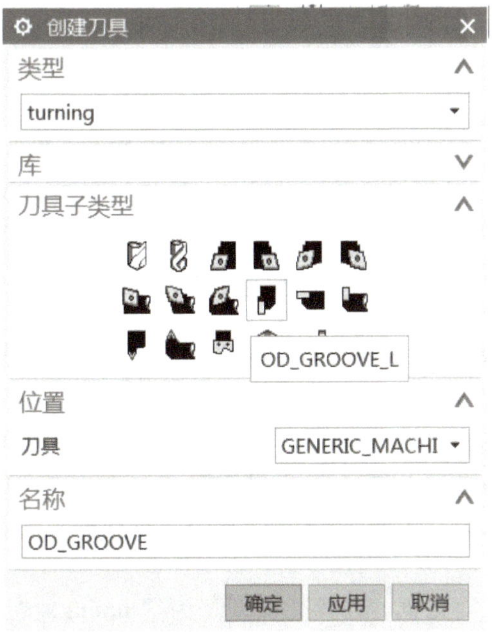

图 4-2-62　创建外槽刀

图 4-2-63　外槽刀参数设置

7）所有刀具创建完毕后，刀具列表如图4-2-64所示。

图4-2-64 刀具列表

8）单击“创建工序”，弹出“创建工序”对话框，设置“类型”为“turning”，“工序子类型”为“FACING”，“程序”为“PROGRAM”，“刀具”为“OD_ROUGH_TOOL”，“几何体”为“TURNING_WORKPIECE”，“方法”为“LATHE_FINISH”，“名称”为“FACING”，如图4-2-65所示。单击“确定”，弹出“面加工－［FACING］”对话框，设置切削深度最大值为2mm，其他采用默认值，如图4-2-66所示。

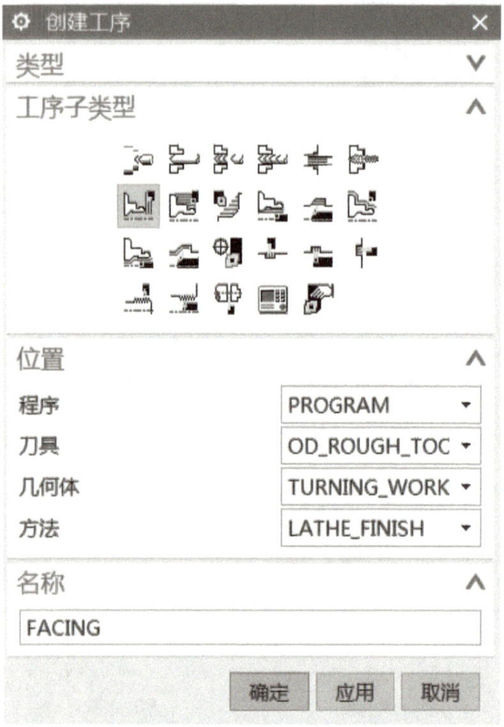

图4-2-65 创建外圆粗车操作

图4-2-66 外圆粗车参数设置

9）单击“指定切削区域”，弹出“切削区域”对话框，单击“轴向修剪平面1”，指定端面上的点，如图4-2-67所示。单击“确定”，完成操作。

10）单击“非切削移动”，设置进刀距离为2mm，退刀距离为2mm，单击“确定”完成操作。单击【进给率和速度】，设置主轴转速为1200r/min，进给量为0.1mm/r，单击“确定”完成进给率和速度设置。单击“生成刀轨”，得到活塞杆左端面车削的刀轨，如图4-2-68所示。

11）单击“创建工序”，弹出“创建工序”对话框，设置“类型”为“turning，“工序子类型”为“ROUGH_TURNING_OD”，“程序”为“PROGRAM”，“刀具”为“OD_ROUGH_TOOL”，“几何体”为“TURNING_WORKPIECE”，“方法”为“LATHE_ROUGH”，“名称”为“ROUGH_TURN_OD”，如图4-2-69所示。单击“确定”，弹出“外径粗车－

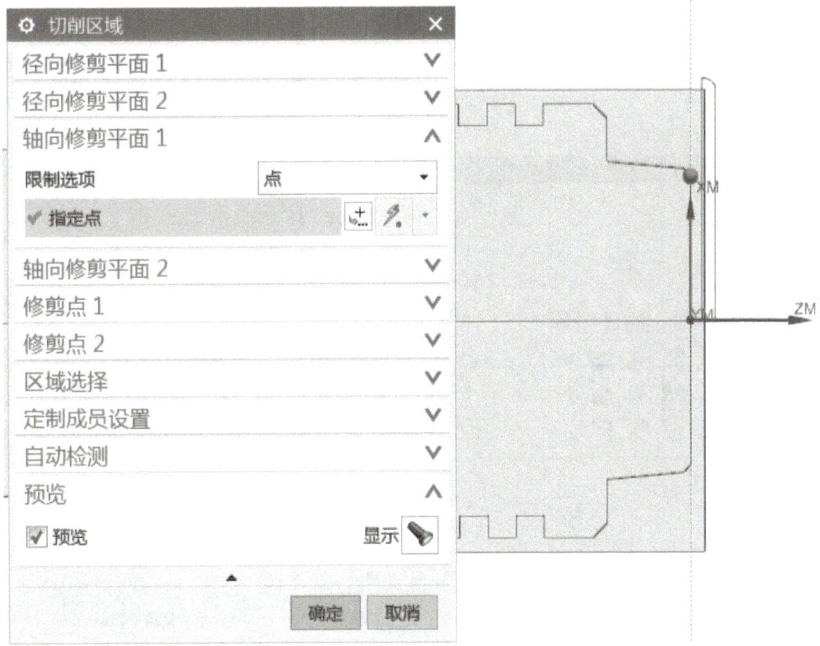

图 4-2-67　指定活塞杆左端面切削区域

图 4-2-68　活塞杆左端面车削刀轨

[ROUGH_TURN_OD]”对话框，设置切削深度最大值为 2mm，其他采用默认值，如图 4-2-70 所示。

12）单击“切削参数”，选择“余量”选项卡，设置“面”为“0.1”，“径向”为“0.5”，如图 4-2-71 所示。单击“确定”，完成切削参数设置。

13）单击“非切削移动”，设置进刀距离为 2mm，退刀距离为 2mm，单击“确定”，完成操作。单击“进给率和速度”，设置主轴转速为 1200r/min，进给量为 0.25mm/r，单击“确定”，完成进给率和速度设置。单击“生成刀轨”，得到活塞杆左端粗车的刀具轨迹，如图 4-2-72 所示。

14）单击“创建工序”，弹出“创建工序”对话框，设置“类型”为“turning”，“工序子类型”为“FINISH_TURNING_OD”，“程序”为“PROGRAM”，“刀具”为“OD_FINISH_TOOL”，“几何体”为“TURNING_WORKPIECE”，“方法”为“LATHE_FINISH”，“名称”为“FINISH_TURN_OD”，如图 4-2-73 所示。单击“确定”，弹出“外径精车 -

[FINISH_TURN_OD]” 对话框，如图 4-2-74 所示。

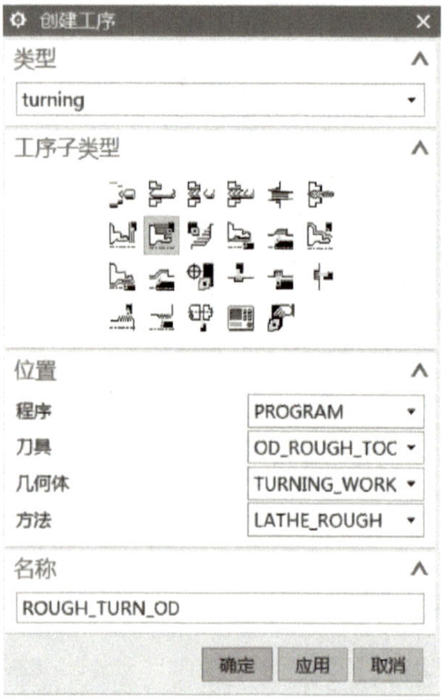

图 4-2-69　创建外径粗车操作

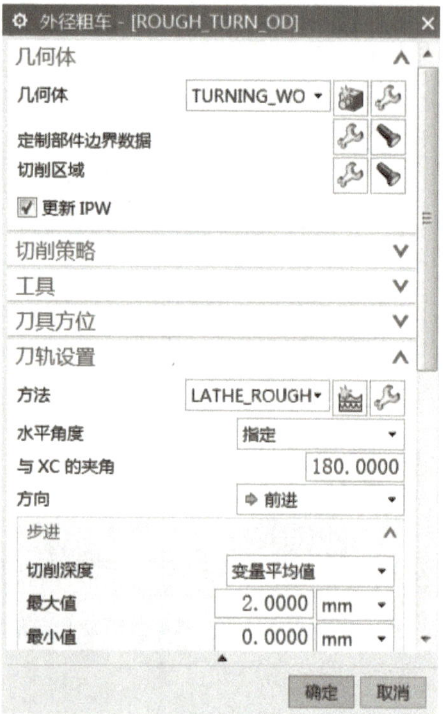

图 4-2-70　外径粗车参数设置

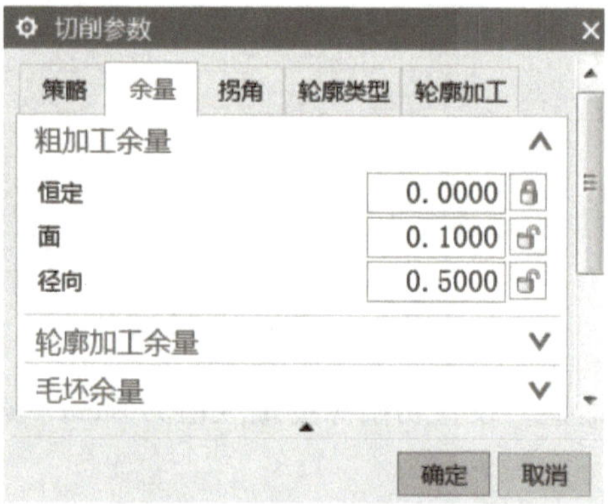

图 4-2-71　余量设置

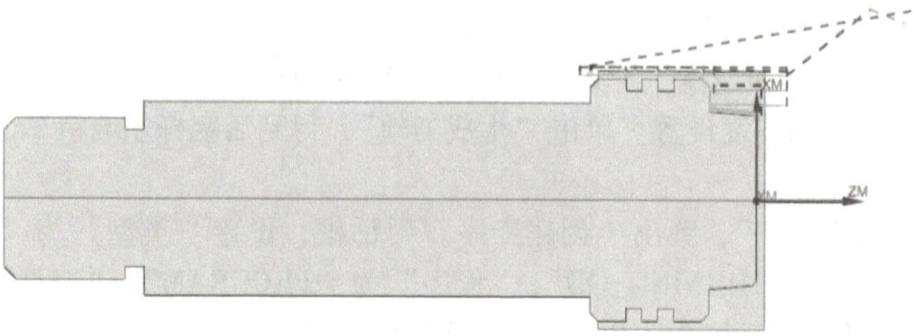

图 4-2-72　粗车左端刀轨

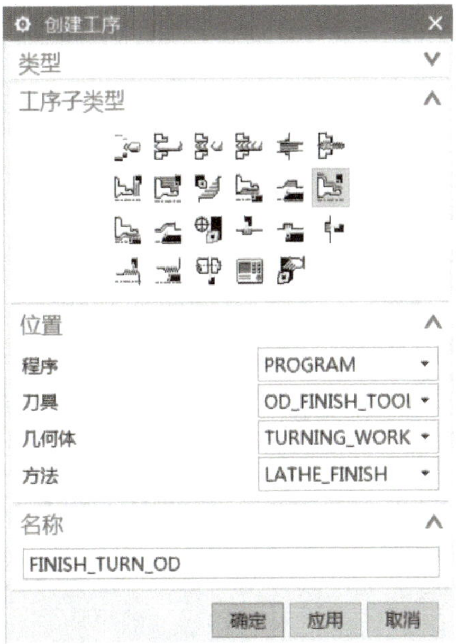

图 4-2-73　创建外径精车操作

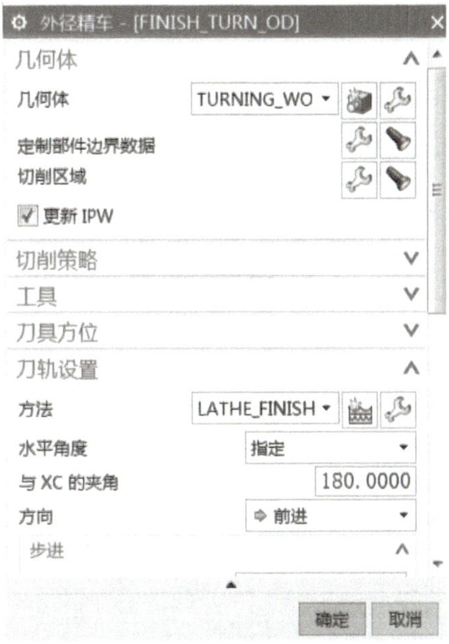

图 4-2-74　外径精车操作设置

15）单击“非切削移动”，设置进刀距离为2mm，退刀距离为2mm，单击“确定”，完成操作。单击“进给率和速度”，设置主轴转速为1500r/min，进给量为0.1mm/r，单击“确定”，完成进给率和速度设置。单击“生成刀轨”，得到活塞杆左端精车的刀轨，如图4-2-75所示。

图 4-2-75　活塞杆左端外圆精车刀轨

16）单击“创建工序”，弹出“创建工序”对话框，设置“类型”为“turning”，“工序子类型”为“GROOVE_OD”，“程序”为“PROGRAM”，“刀具”为“OD_GROOVE”，“几何体”为“TURNING_WORKPIECE”，“方法”为“LATHE_FINISH”，“名称”为“GROOVE_OD”，如图4-2-76所示。单击“确定”，弹出“外径开槽－[GROOVE_OD]”对话框，如图4-2-77所示。

17）单击“指定切削区域”，弹出“切削区域”对话框，设置“径向修剪平面1”为槽底，设置“轴向修剪平面1”为第一个槽的右侧，设置“轴向修剪平面2”为第一个槽的左侧，如图4-2-78所示。单击“确定”，完成操作。

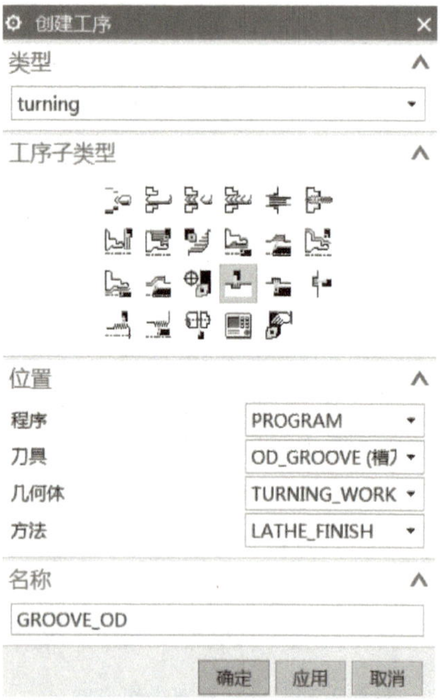

图 4-2-76　创建切外槽操作

图 4-2-77　切槽参数设置

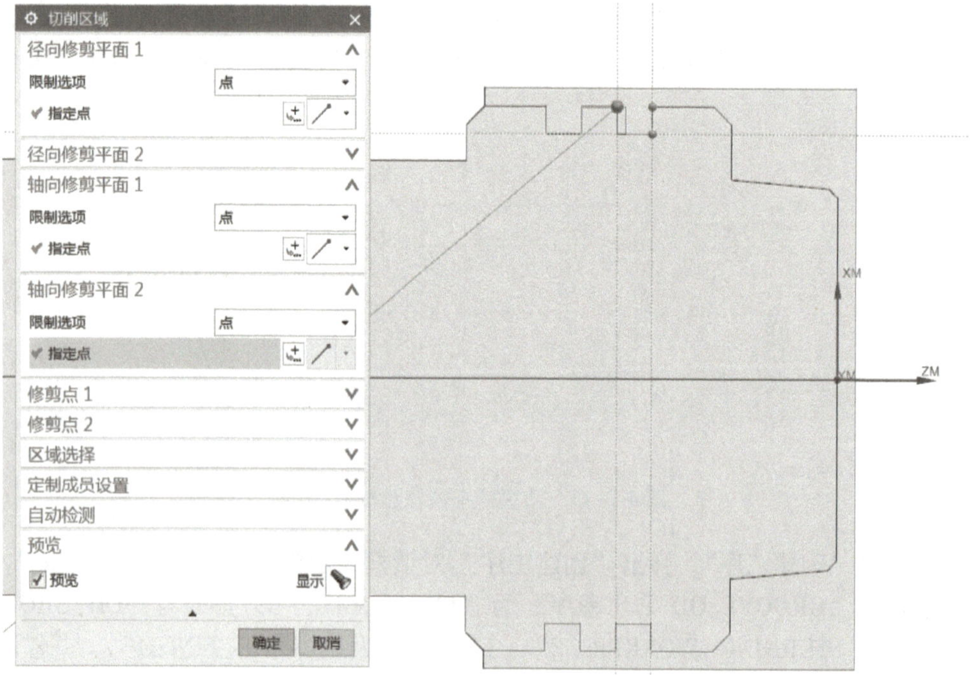

图 4-2-78　指定切第一个槽区域

18）单击“进给率和速度”，设置主轴转速为 800r/min，进给量为 0.07mm/r。单击“非切削移动”，设置进刀距离为 2mm，退刀距离为 2mm。单击“生成刀轨”得到活塞杆第一个外槽切削的刀具路径，如图 4-2-79 所示。

图4-2-79　切第一个槽刀具路径

19）复制切第一个槽的加工程序并粘贴，单击“操作”，再单击“指定切削区域”，弹出“切削区域”对话框，设置“径向修剪平面1”为槽底，设置“轴向修剪平面1”为第二个槽的右侧，设置“轴向修剪平面2”为第二个槽的左侧，如图4-2-80所示。单击“确定”，完成操作。单击“生成刀轨”，得到活塞杆第二个外槽切削的刀具路径，如图4-2-81所示。

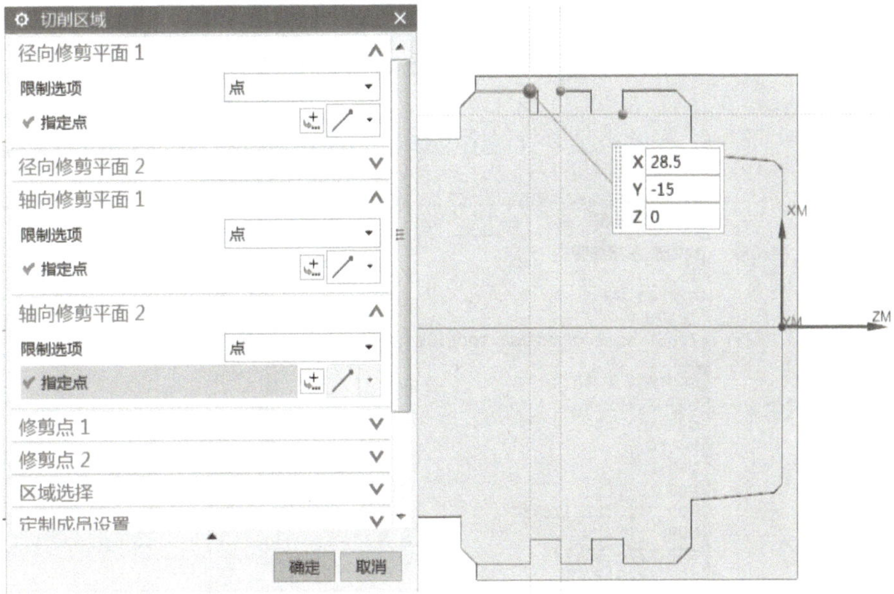

图4-2-80　指定切第二个槽区域

20）在工序导航器中选择“PROGRAM”，单击鼠标右键，单击“刀轨”，再单击“确认”，弹出“仿真加工”对话框，选择“3D动态”，单击“播放”，开始仿真加工。仿真结果如图4-2-82所示。

21）在工序导航器中选中车端面、外径粗车、外径精车、切槽程序，单击“后处理”。选择与实际所用数控车床所对应的后处理器，此处选择“fanuc_2axis_lathe”，指定合适的文件路径和文件名，单位设置为公制，单击“确定”，完成后处理操作。得到车削活塞杆左端的NC程序，如图4-2-83所示。

图 4-2-81　切第二个槽刀具路径

图 4-2-82　活塞杆左端车削仿真结果

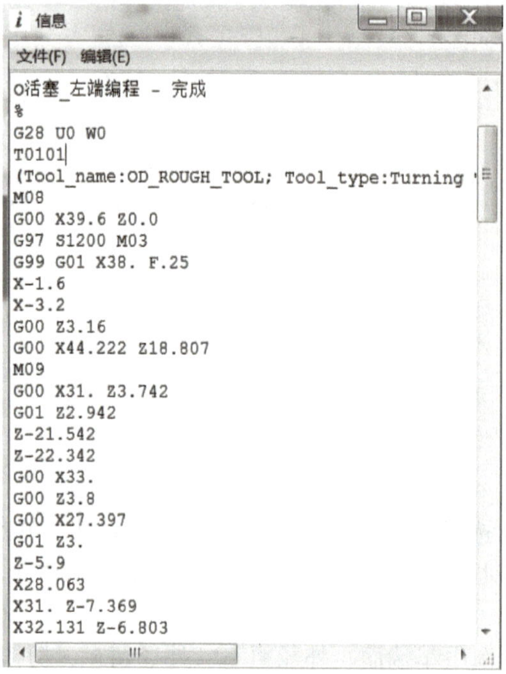


```
O活塞_左端编程 - 完成
%
G28 U0 W0
T0101
(Tool_name:OD_ROUGH_TOOL; Tool_type:Turning '
M08
G00 X39.6 Z0.0
G97 S1200 M03
G99 G01 X38. F.25
X-1.6
X-3.2
G00 Z3.16
G00 X44.222 Z18.807
M09
G00 X31. Z3.742
G01 Z2.942
Z-21.542
Z-22.342
G00 X33.
G00 Z3.8
G00 X27.397
G01 Z3.
Z-5.9
X28.063
X31. Z-7.369
X32.131 Z-6.803
```

图 4-2-83　车削活塞杆左端 NC 程序

4.2.1.3　加工零件

1. 刀具准备

将可转位式外圆车刀（粗车刀、精车刀）、切槽刀、螺纹刀，按照工艺卡序号，安装到数控机床刀塔上，并调整合适的伸出长度，调整刀具中心与主轴轴线等高。

2. 夹具准备

自定心卡盘、顶尖。

3. 测量工具

外圆：游标卡尺、千分尺。

外锥：万能角度尺、游标卡尺。

槽底直径：游标卡尺。

槽宽：块规。

螺纹：螺纹环规。

4. 加工零件

工件第一次装夹完毕后，完成外圆粗车刀、外圆精车刀、切槽刀、螺纹刀的对刀。

工件第二次装夹完成后，完成外圆粗车刀、外圆 精车刀、切槽刀的对刀。

4.2.1.4　检测零件

活塞杆检测表见表 4-2-6。

表 4-2-6　活塞杆检测表　（单位：mm）

考核项目	考核内容及其要求	检测标准	检测结果	分析
1	ϕ30 外圆	外圆直径为 30，公差 ±0.05		
2	ϕ24 外圆	外圆直径为 24，公差 $^{0}_{-0.03}$		
3	ϕ22 外锥	直径为 22，公差 ±0.05；锥度 10°，公差 ±1°		
4	M20×1.5 螺纹	通规进，止规止		
5	退刀槽	槽宽 2.5 ±0.05，槽深 3		
6	矩形槽	槽宽 2 ±0.05，槽深 3		
7	表面粗糙度	外圆的表面粗糙度为 $Ra3.2\mu m$		
8	总长	外圆长度为 96，公差 ±0.05		

4.2.1.5　设备维护与保养

1. 顶尖的使用方法

1）根据工件直径选择合适的活动顶尖和拨盘。

2）更换活动顶尖时，松开紧定螺钉，装入适当的活动顶尖，使螺钉的导向部分位于活动顶尖导向槽内，拧紧螺钉，活动顶尖能轴向滑动，但不能转动。

3）更换端面拨盘，用力将拨盘推进主体处，使拨盘端面的键槽和活塞的扁部结合。卸下拨盘时用撬出。

4）调整螺塞，可以调整活动顶尖长度。活动顶尖尖部与拨盘齿尖相距 3～7mm 为宜。

工件中心孔一端装在活动顶尖上，另一端用机床尾架顶尖支承，尾架顶尖应顶紧尾架，顶紧力可以按下式计算

$$P = 2.5TSR_{m}I$$

式中　P——尾架顶紧力（N）；

T——切削深度（mm）；

S——走刀量（mm/r）；

I——夹持比 d/D；

R_{m}——材料抗拉强度（MPa）。

2. 用顶尖安装工件注意事项

1）卡箍上的支承螺钉不能太紧，以防工件变形。

2）由于靠卡箍传递扭矩，所以车削工件的切削用量要小。

3）钻两端中心孔时，要先用车刀把端面车平，再用中心钻钻中心孔。安装拨盘和工件时，首先要擦净拨盘的内螺纹和主轴端的外螺纹，把拨盘拧在主轴上，再把轴的一端装在卡箍上。最后在双顶尖中间安装工件。

3. 顶尖维护

1）应经常加入 L－AN32 润滑油，润滑活动顶尖。

2）液压油不足时，可松开两处密封螺钉，加入适量齿轮油，使活塞面与主体端面等高，拧紧密封螺钉。当密封组合垫圈损坏时，应更换。上述密封在出厂时已调好，一般不要拆卸。

4.2.2 总结与拓展

专家点拨

本任务中零件属于长轴类零件，第一次装夹伸出量较大，通过一夹一顶，减少了零件的晃动，保证了螺纹车削质量。调头装夹，可以考虑通过制作弹性套等方法，保护已加工表面。

4.2.3 课后训练

1. 操作题

完成图 4-2-84 所示零件程序编制和仿真。

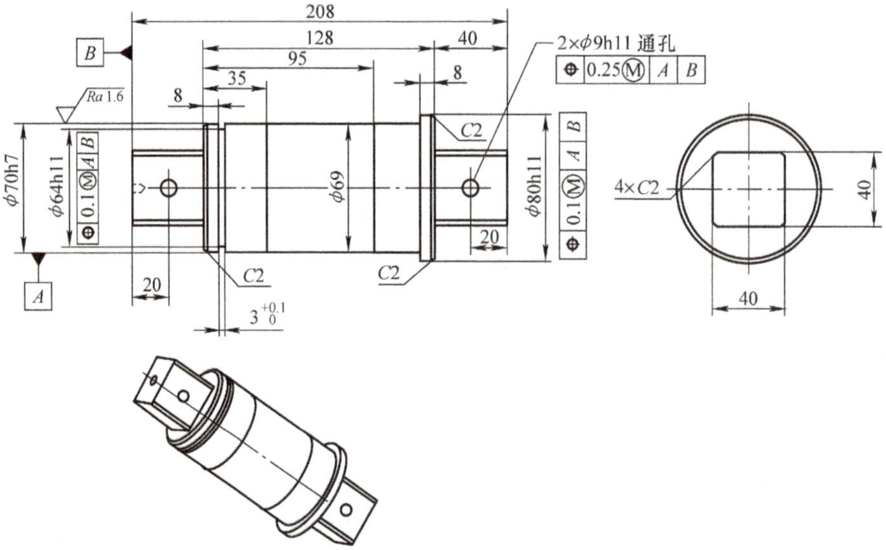

图 4-2-84 方头轴

2. 思考题

1）螺纹加工的注意事项有哪些？

2）常见的螺纹检测方法有哪些？

任务 4.3 加 工 缸 体

【教学目标】

知识目标：

1）掌握 UG10.0 软件的异形外轮廓车削程序编制方法。

2）掌握 UG10.0 软件的内螺纹车削程序编制方法。

3）熟悉数控车削薄壁回转体零件的工艺制订原则、掌握数控车削薄壁回转体零件的切削用量选择的基本原则。

能力目标：

1）能使用 UG10.0 软件完成异形外轮廓、内螺纹的车削程序编制。

2）能编写薄壁回转体零件的数控加工工艺，并选择合理的切削用量，完成薄壁零件的加工。

【任务导读】

缸体属于薄壁回转体零件，是典型的车削加工零件。在实际生产中，常采用棒料作为毛坯，使用普通车床或者数控车床进行加工。

学生以企业制造部门数控操作员的身份完成本次任务，根据缸体的特征，选择合适的刀具和切削参数，制定合理的数控加工工艺，使用 UG10.0 软件编制数控车削加工程序，操作数控车床进行缸体的切削加工，并对操作过程中存在的问题进行研讨和交流，最终完成缸体的制作。

4.3.1　工作过程

读懂图样，分析加工工艺，采用编程软件仿真建模，生成刀轨，采用模拟软件模拟，操作数控机床，完成缸体的加工。

4.3.1.1　制订加工工艺

1. 分析缸体图样

缸体结构如图 4-3-1 所示，最大直径为 48mm，总长 80mm。主要由外圆、内孔、内螺

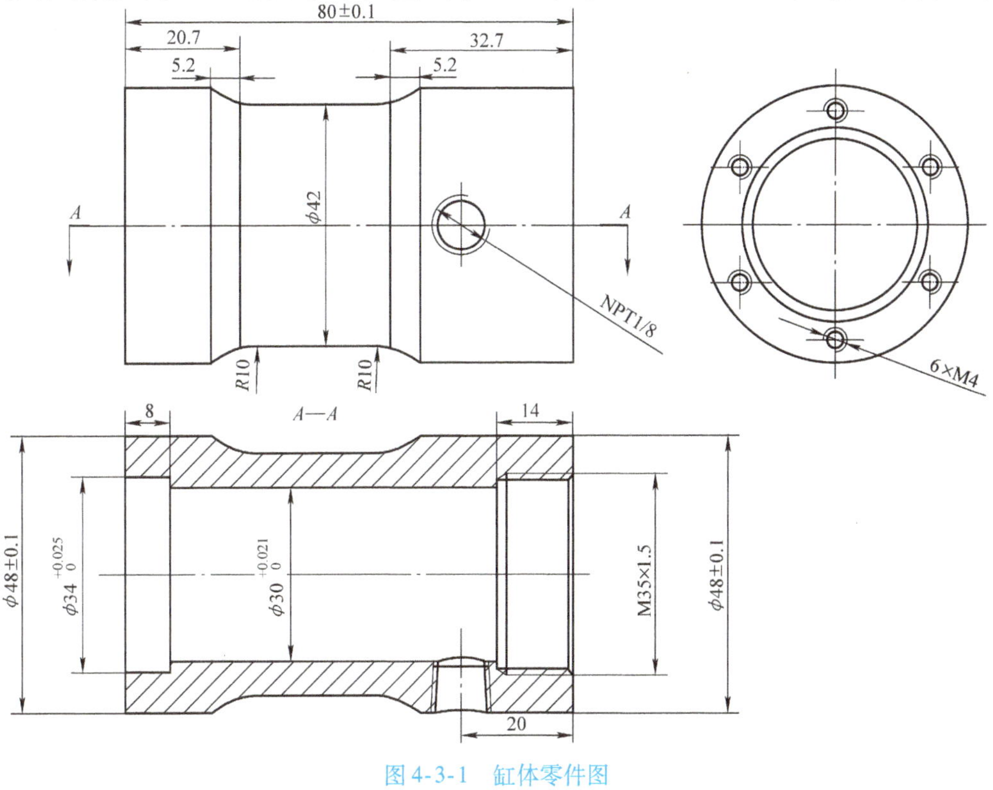

图 4-3-1　缸体零件图

纹、管螺纹等特征组成，其中外轮廓呈内凹异形表面。杆体的加工内容及要求见表4-3-1。

表4-3-1 加工内容及要求 （单位：mm）

内　容	要　求
$\phi48$ 外圆	外圆直径为48，公差 ±0.1
$\phi42$ 外圆	外圆直径为42
$\phi34$ 内孔	内孔直径为34，公差 $^{+0.025}_{0}$；深度为8
$\phi30$ 内孔	内孔直径为30，公差 $^{+0.021}_{0}$
M35×1.5内螺纹	M35×1.5内螺纹，深14，要求通规进止规止
6×M4螺纹孔	M4螺纹孔6个，均布
$R10$ 的圆弧	符合图样要求
管螺纹孔	NPT1/8
总长	外圆长度为80，公差 ±0.1

一般该类零件采用调头加工，本零件先钻 $\phi22$mm 的底孔，深85mm，然后加工外圆、$\phi30$ 内孔和 M35×1.5 的内螺纹至尺寸。调头加工左端面保证总长，加工 $\phi34$mm 内孔。在铣床上完成左端面的6×M4 的螺纹孔以及 NPT1/8 管螺纹加工。

从加工内容可以看出，该缸体零件结构相对简单，但是内孔的尺寸要求比较高，是缸体加工的一个难点。

2. 制订加工路线

该缸体既有车削加工内容，又有铣削加工内容，需要车、铣组合加工。车削加工时分两次装夹，首先车削右端，然后切断；调头装夹后车削左端。完成车削加工后使用铣削加工中心完成螺纹孔加工（铣削加工不在本文中叙述）。

1）备料：直径50mm 的 AL8081 棒料，长500mm。

2）自定心卡盘夹毛坯外圆，伸出长度90mm，打 $\phi22$mm 孔，深85mm。

3）车右端面，见光。

4）粗车右端 $\phi48$mm 的外圆及内凹轮廓，留0.5mm 的精加工余量。

5）精车右端 $\phi48$mm 的外圆及内凹轮廓至图样尺寸。

6）粗车右端 $\phi30$mm 的内孔，车 M35×1.5 螺纹底孔至33.3mm，留0.5mm 的精加工余量。

7）精车右端 $\phi30$mm 的内孔，车 M35×1.5 螺纹底孔至图样尺寸。

8）车 M35×1.5 螺纹底孔的内螺纹。

9）切断，留1mm 余量。

10）调头装夹，夹 $\phi48$mm 的外圆，车左端面至总长。

11）粗车左端 $\phi34$mm 的内孔，留0.5mm 的精加工余量。

12）精车左端 $\phi34$mm 的内孔至图样尺寸。

13）铣削加工中心装夹工件。钻6×M4 螺纹底孔。

14）攻6×M4 螺纹。

15）铣削加工中心装夹。钻 NPT 1/8 锥管螺纹底孔。

16）攻 NPT 1/8 锥管螺纹。

3. 选用加工设备

选用纽威 NL201E 型斜床身数控车床，该机床为 45°整体斜床身，贴塑导轨高刚性、易排屑；主轴精度高、跳动小；8 工位液压刀架工作平稳、换刀速度快、可靠性高；适合盘盖和轴套类零件的大批量生产。

4. 选用毛坯

采用 ϕ50mm×500mm 的长棒料作为毛坯，材料型号为 AL8081，为铝合金材料，切削性能较好，毛坯如图 4-3-2 所示。

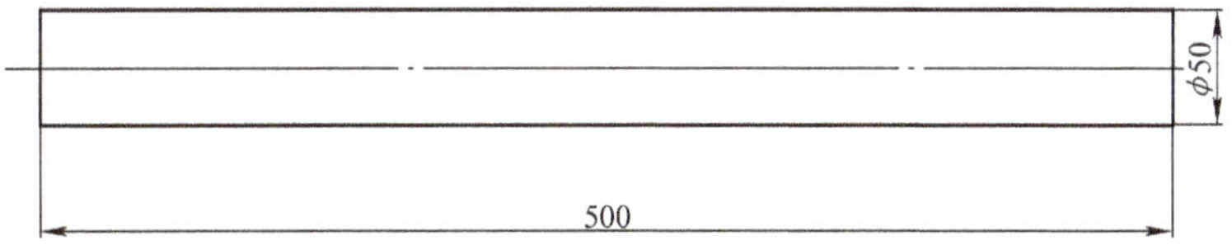

图 4-3-2　毛坯

5. 制订加工工序

缸体是典型的回转体轴类零件，采用可转位式刀具进行切削加工，如图 4-3-3 所示，图 4-3-3a所示为外圆刀，用于外轮廓车削；图 4-3-3b 所示为内孔刀，用于车削内孔；图 4-3-3c所示为切断刀，用于切断；图 4-3-3d 所示为内螺纹刀，用于切削内螺纹。通过查阅刀具手册确定刀具的切削用量。

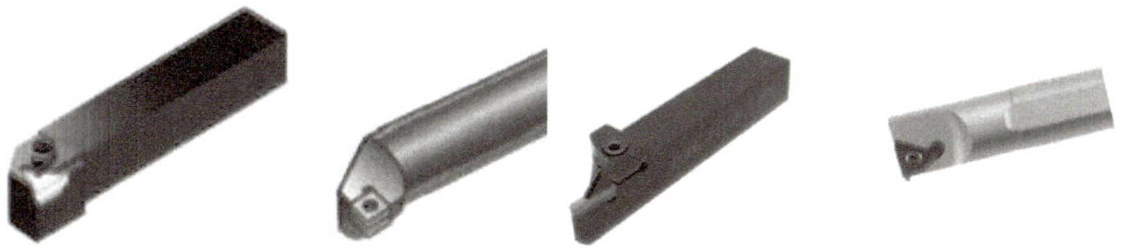

a)　b)　c)　d)

图 4-3-3　刀具

根据零件结构特征，以一次装夹作为一个工序，制订加工工艺卡，见表 4-3-2～表 4-3-4。

表 4-3-2　缸体加工工艺卡（1）

零件号:		工艺版本号:	工艺流程卡-工序清单			
GANGTI_03		0				
工序号	工序内容	工位	页码：　1		页数：3	
001	备料(AL8081，ϕ50mm棒料)	采购	零件号：GANGTI_03		版本：　0	
002	粗车/精车右端	数车	零件名称：缸体			
003	粗车/精车左端	数车	材料：AL8081			
004	加工螺纹孔	加工中心	材料尺寸：　ϕ50mm×500mm			
005	加工管螺纹	加工中心	更改号	更改内容	批准	日期
006						
007						
008			01			
009			02			
拟制:	日期:	审核:	日期:	批准:	日期:	××工业职业技术学院

表 4-3-3 缸体加工工艺卡（2）

零件号：		工序名称：		工艺流程卡–工序单	
GANGTI_03		粗车/精车右端			
材料：AL8081	页码：2	工序号：01		版本号：0	
夹具：自定心卡盘	工位：数控车床	数控程序号：00001.NC			

刀具及参数设置

刀具号	刀具规格	加工内容	主轴转速/(r/min)	进给量/(mm/r)
	D22 钻头	打孔	500	0.07
T01	DCLNL2020M09, CNMG090408–PR	车右端面	1200	0.1
T01	DCLNL2020M09, CNMG090408–PR	粗车右端外圆	1200	0.25
T02	DCLNL2020M09, CCMT090404–PF	精车右端外圆	1500	0.1
T03	S20M–SCLCR06, CNMG060408–PR	粗车右端内孔	1200	0.2
T04	S20M–SCLCR06, CCMT060404–PF	精车右端内孔	1500	0.1
T05	R166.0KF–D08C–2C L166.0L–11MM01–075 1020	车内螺纹	400	1.5
T06	N123G2–0300–0001–CF,C6–RF123G20–45065B	切断	500	0.07

所有尺寸参阅零件图，锐边加0.3mm倒角

更改号	更改内容		批准	日期
02				
01				
拟制：日期：	审核：	日期：	批准：	日期：

××工业职业技术学院

表 4-3-4 缸体加工工艺卡（3）

零件号：		工序名称：		工艺流程卡–工序单	
GANGTI_03		精车左端			
材料：AL8081	页码：3	工序号：02		版本号：0	
夹具：自定心卡盘+软爪	工位：数控车床	数控程序号：00002.NC			

刀具及参数设置

刀具号	刀具规格	加工内容	主轴转速/(r/min)	进给量/(mm/r)
T01	S20M–SCLCR06, CNMG060408–PR	车左端面	1200	0.1
T01	S20M–SCLCR06, CNMG060408–PR	粗车内孔	1200	0.2
T02	S20M–SCLCR06, CCMT060404–PF	精车内孔	1500	0.1

所有尺寸参阅零件图，锐边加0.3mm倒角

更改号	更改内容		批准	日期
02				
01				
拟制：日期：	审核：	日期：	批准：	日期：

××工业职业技术学院

4.3.1.2 缸体自动编程

该缸体车削加工分两次装夹，此处采用 UG10.0 软件分别编制车削右端的加工程序和车削左端的加工程序。为提高编程正确率，右端和左端分别在两个文件内进行编程。

16. 缸体右端编程

1. 编制车削缸体右端的 NC 程序

1）打开 UG10.0 软件，单击“文件”→“打开”，选择“缸体_右端编程.prt”文件，单击“确定”，打开文件。打开后的文件内容为缸体的三维模型及车削右端时的毛坯，工件坐标系位于缸体右端面中心，如图 4-3-4 所示。

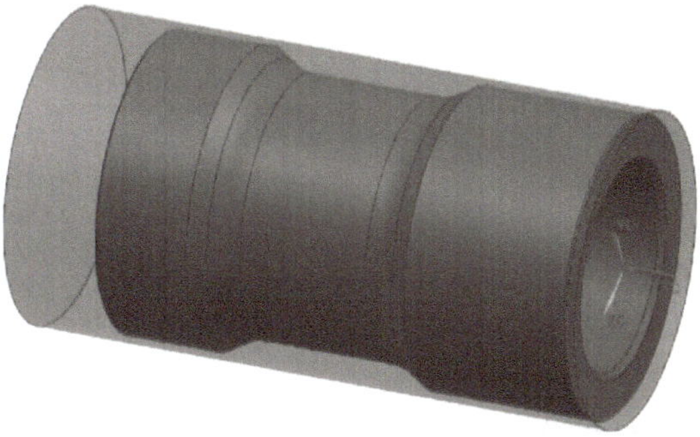

图 4-3-4　缸体三维模型及车削右端毛坯

2）单击“应用模块”→“加工”，弹出“加工环境”对话框，设置“CAM 会话配置”为“cam_general”，“要创建的 CAM 设置”为“turning”，如图 4-3-5 所示。单击“确定”，进入加工模块。

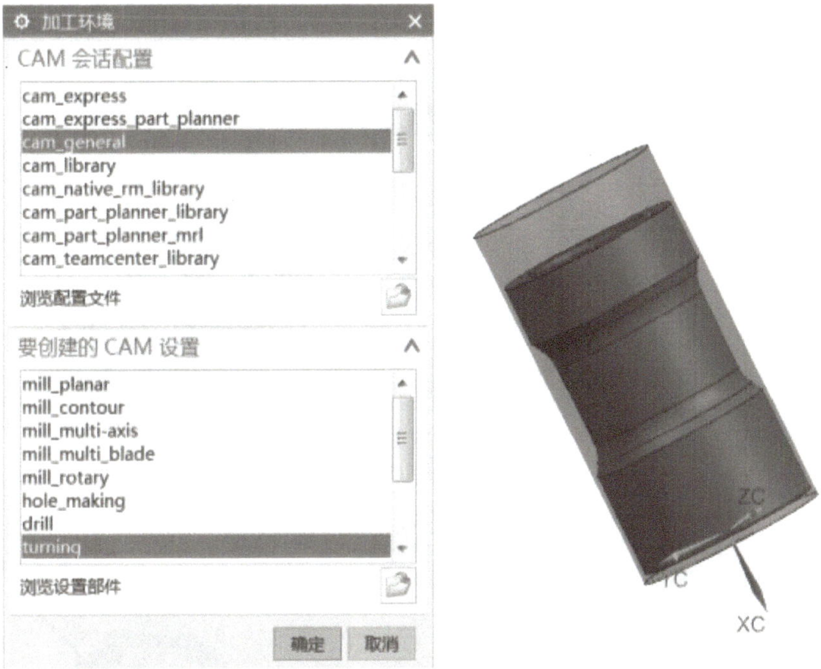

图 4-3-5　加工环境设置

3）在工序导航器空白处单击鼠标右键，再单击“几何视图”，如图 4-3-6 所示。

4）双击工序导航器中的“MCS_SPINDLE”，弹出“MCS 主轴”对话框，设置“指定平面”为“ZM －XM”，如图 4-3-7 所示。

5）单击“指定 MCS”中的“CSYS”，弹出“CSYS”对话框，通过光标拖拽移动、旋转加工坐标系，如图 4-3-8 所示。加工坐标系位于缸体右端面中心，单击“确定”，完成加工坐标系设置。

6）双击工序导航器中的“WORKPIECE”，弹出“工件”对话框。单击“指定部件”，弹出“部件几何体”对话框，选择缸体实体为部件，单击“确定”，完成指定部件。单击

“指定毛坯”，弹出“毛坯几何体”对话框，选择圆柱体为毛坯，单击“确定”，完成指定毛坯，如图4-3-9所示。

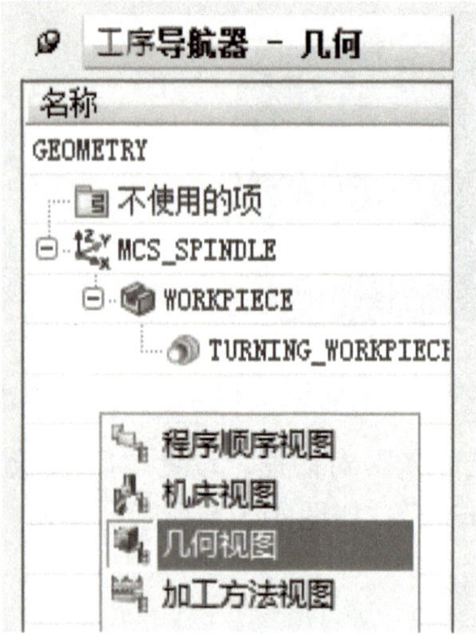

图4-3-6 工序导航器

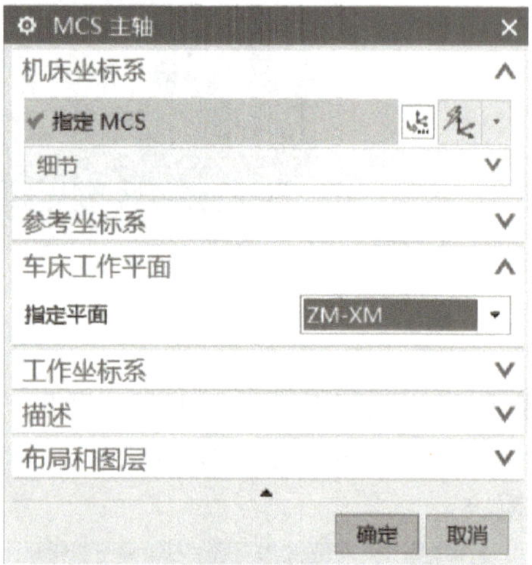

图4-3-7 加工坐标系设置

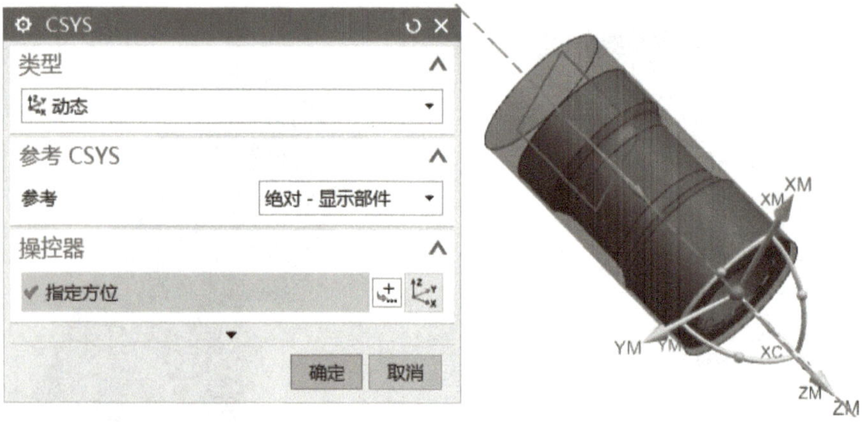

图4-3-8 车削缸体右端加工原点设置

图4-3-9 指定部件和毛坯

7）双击工序导航器中的“TURNING_WORKPIECE”，自动生成车削加工截面和毛坯边界，然后把部件实体和毛坯实体隐藏，如图4-3-10所示。

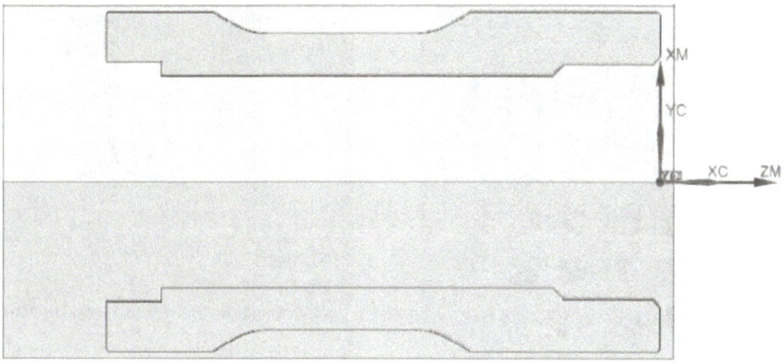

图4-3-10　缸体右端车削加工截面

8）在工序导航器空白处，单击鼠标右键，再单击机床视图，选择“创建刀具”，弹出“创建刀具”对话框，如图4-3-11所示。设置“类型”为“turning”，“刀具子类型”为“DRILL_TOOL”，“刀具”为“GENERIC_MACHINE”，“名称”为“DRILL_D22”，单击“确定”，弹出“钻刀”对话框。设置刀具直径为22mm，其余参数设置如图4-3-12所示，单击“确定”，完成钻刀创建。

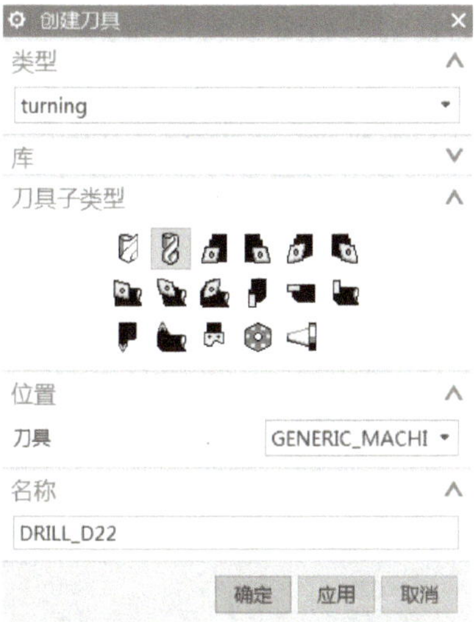

图4-3-11　创建钻刀

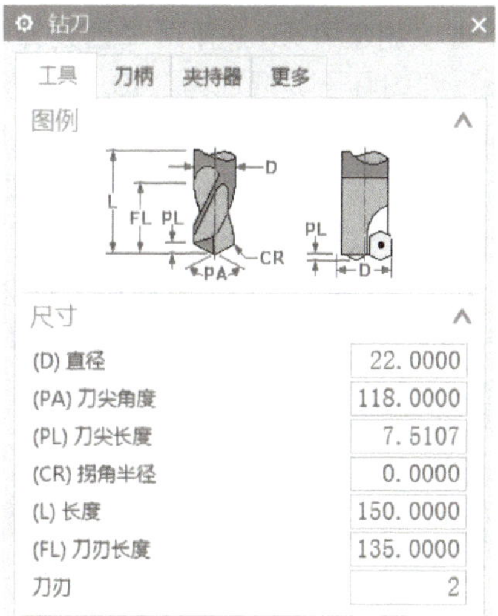

图4-3-12　设置钻刀参数

9）单击“创建刀具”，弹出“创建刀具”对话框，如图4-3-13所示。设置“类型”为“turning”，“刀具子类型”为“OD_80_L”，“刀具”为“GENERIC_MACHINE”，“名称”为“OD_ROUGH_TOOL”，单击“确定”，弹出“车刀－标准”对话框。刀具参数设置如图4-3-14所示，刀片形状为菱形（55°），刀尖半径为0.8mm，方向角度为30°，刀片长度为10mm，刀具号为1，单击“确定”，完成刀具创建。用同样的方法创建刀具2，“类型”为“turning”，“刀具子类型”为“OD_80_L”，“刀具”为“GENERIC_MACHINE”，“名称”为“OD_FINISH_TOOL”，刀尖半径为0.4mm，方向角度为30°，刀具号为2。

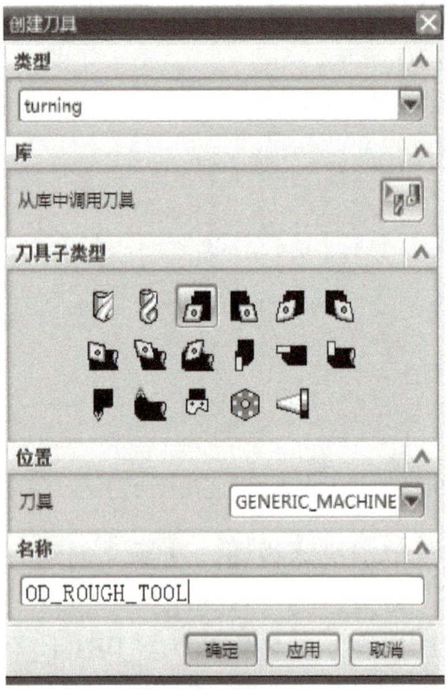

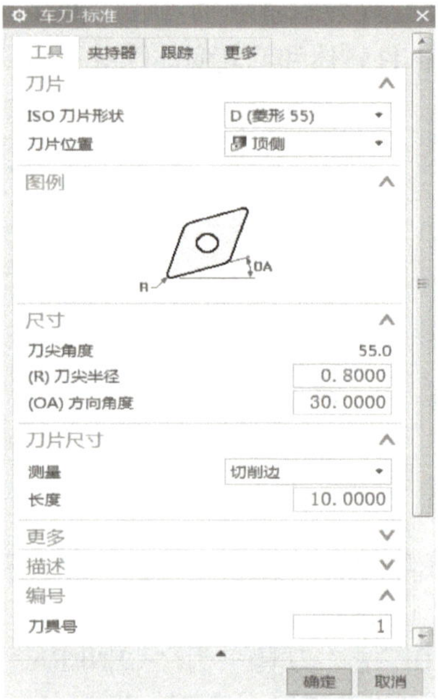

图 4-3-13 创建外圆车刀　　　图 4-3-14 外圆车刀参数设置

10）单击“创建刀具”，弹出“创建刀具”对话框，如图4-3-15所示。设置“类型”为“turning”，“刀具子类型”为“ID_80_L”，“刀具”为“GENERIC_MACHINE”，“名称”为“ID_ROUGH_TOOL”，单击“确定”，弹出“车刀-标准”对话框。刀具参数设置如图4-3-16所示，刀尖半径为0.8mm，方向角度为275°，刀片长度为5mm，刀具号为3，单击“确定”，完成刀具创建。用同样的方法创建刀具4，“类型”为“turning”，“刀具子类型”为“ID_80_L”，“刀具”为“GENERIC_MACHINE”，“名称”为“ID_FINISH_TOOL”，刀尖半径为0.4mm，方向角度为275°，长度为5mm，刀具号为4。

图 4-3-15 创建内孔车刀　　　图 4-3-16 内孔车刀参数设置

11）单击“创建刀具”，弹出“创建刀具”对话框，如图4-3-17所示。设置“类型”为“turning”，“刀具子类型”为“ID_THREAD_L”，“刀具”为“GENERIC_MACHINE”，“名称”为“ID_THREAD”，单击“确定”，弹出“螺纹刀-标准”对话框。刀具参数设置如图4-3-18所示，方向角度为270°，刀片长度为6mm，宽度为3mm，左角为30°，右角为30°，刀尖偏置为1.5mm，刀具号为5，其他采用默认值，单击“确定”，完成内螺纹刀创建。

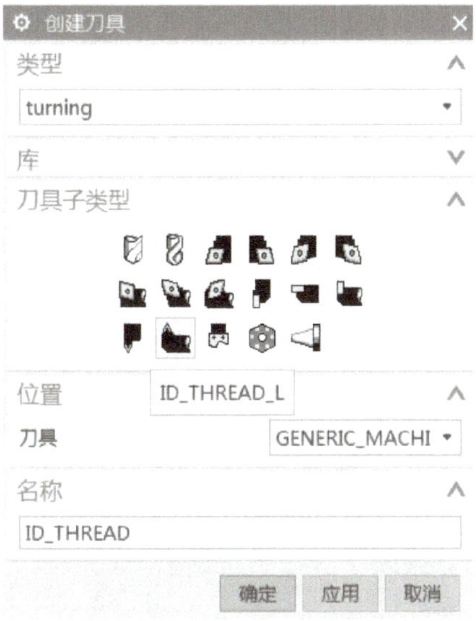

图4-3-17　创建内螺纹刀

图4-3-18　内螺纹刀参数设置

12）单击“创建刀具”，弹出“创建刀具”对话框，如图4-3-19所示。设置“类型”为“turning”，“刀具子类型”为“OD_GROOVE_L”，“刀具”为“GENERIC_MACHINE”，“名称”为“OD_GROOVE”，单击“确定”，弹出“槽刀-标准”对话框。刀具参数设置如图4-3-20所示，刀尖半径为0.2mm，方向角度为90°，刀片宽度为3mm，刀具号为6，其他采用默认值，单击“确定”，完成切断刀创建。

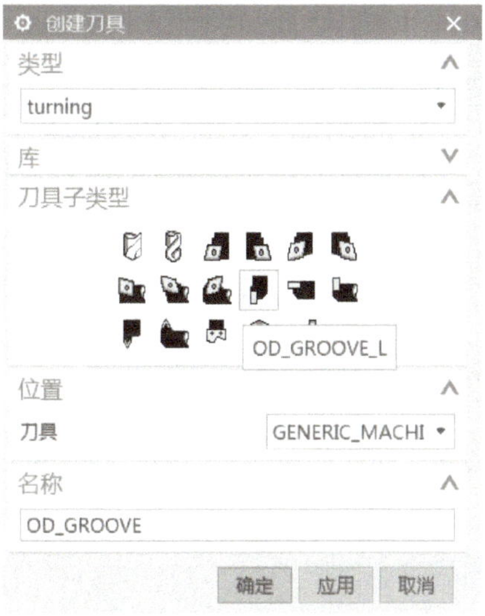

图4-3-19　创建切断刀

图4-3-20　切断刀参数设置

13）所有刀具创建完毕后，刀具列表如图4-3-21所示。

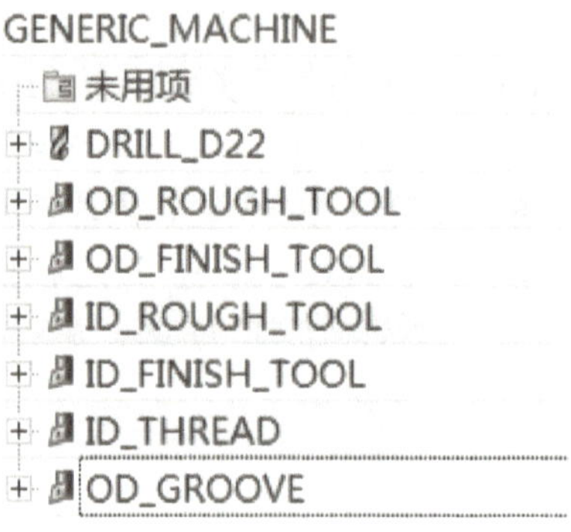

图4-3-21 刀具列表

14）在工序导航器空白处，单击鼠标右键，选择“程序视图”，单击“创建工序”，弹出“创建工序”对话框。设置“类型”为“turning”，“工序子类型”为“drill”，“程序”为“PROGRAM”，“刀具”为“DRILL_D22”，“几何体”为“TURNING_WORKPIECE”，“方法”为“METHOD”，“名称”为“DRILL”，如图4-3-22所示。单击“确定”，弹出“中心线钻孔-[DRILL]”对话框。设置“参考深度”为“刀肩”，“偏置”为“85”，其他采用默认值，如图4-3-23所示。

图4-3-22 创建钻孔操作

图4-3-23 钻孔参数设置

15）单击“进给率和速度”，设置主轴转速为500r/min，进给量为0.07mm/r，单击“确定”，完成进给率和速度设置。单击“生成刀轨”，得到缸体右端钻孔加工的刀具路径，如图4-3-24所示。

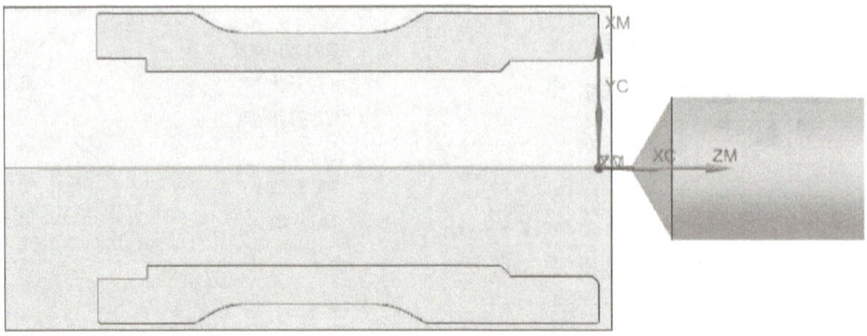

图4-3-24 缸体右端钻孔刀具路径

16）单击“创建工序”，弹出“创建工序”对话框，设置“类型”为“turning”，“工序子类型”为“FACING”，“程序”为“PROGRAM”，“刀具”为“OD_ROUGH_TOOL”，“几何体”为“TURNING_WORKPIECE”，“方法”为“LATHE_FINISH”，“名称”为“FACING”，如图 4-3-25 所示。单击“确定”，弹出“面加工 - [FACING]”对话框。设置切削深度最大值为 2mm，其他采用默认值，如图 4-3-26 所示。

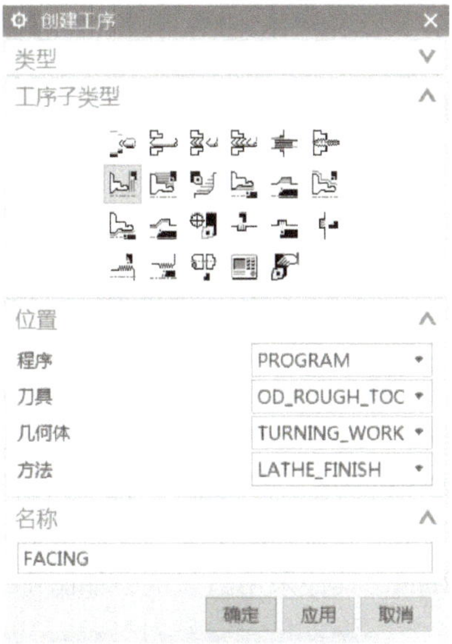

图 4-3-25　创建车端面操作

图 4-3-26　车端面参数设置

17）单击“指定切削区域”，弹出“切削区域”对话框，单击“轴向修剪平面 1”，指定端面上的点，如图 4-3-27 所示。单击“确定”，完成操作。

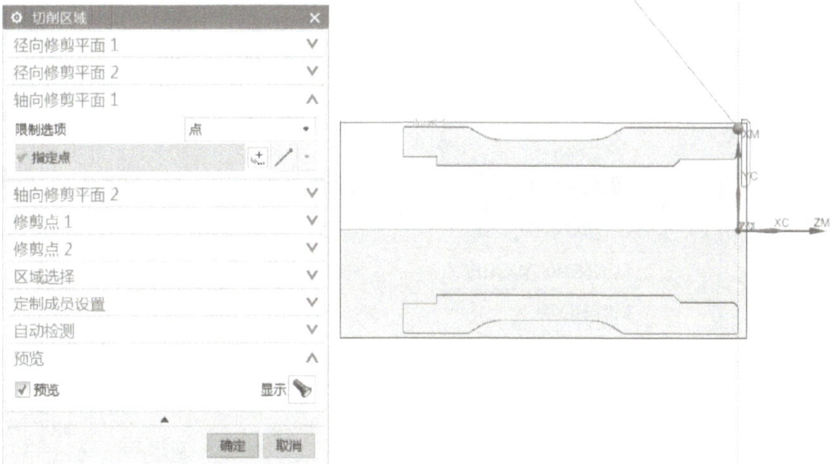

图 4-3-27　指定车右端面切削区域

18）单击“非切削移动”，设置进刀距离为 2mm，退刀距离为 2mm，单击“确定”，完成操作。单击“进给率和速度”，设置主轴转速为 1200r/min，进给量为 0. 1mm/r，单击“确定”，完成进给率和速度设置。单击“生成刀轨”，得到缸体右端面车削刀轨，如图 4-3-28所示。

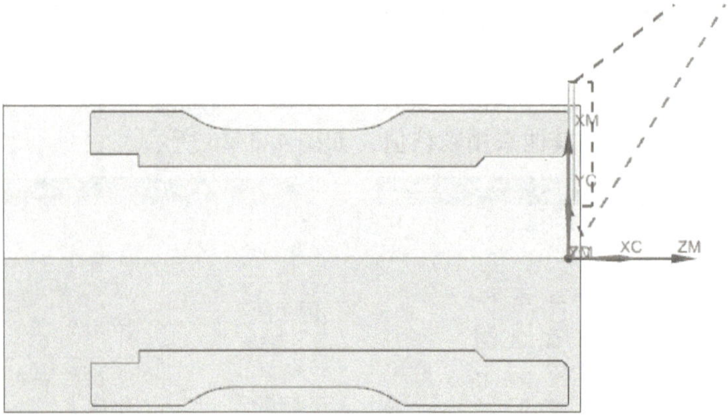

图 4-3-28　缸体右端面车削刀轨

19）单击“创建工序”，弹出“创建工序”对话框，设置“类型”为“turning”，“工序子类型”为“ROUGH_TURNING_OD”，“程序”为“PROGRAM”，“刀具”为“OD_ROUGH_TOOL”，“几何体”为“TURNING_WORKPIECE”，“方法”为“METHOD”，名称为“ROUGH_TURN_OD”，如图 4-3-29 所示。单击“确定”，弹出“外径粗车 - [ROUGH_TURN_OD]”对话框，设置切削深度最大值为 2mm，其他采用默认值，如图 4-3-30 所示。

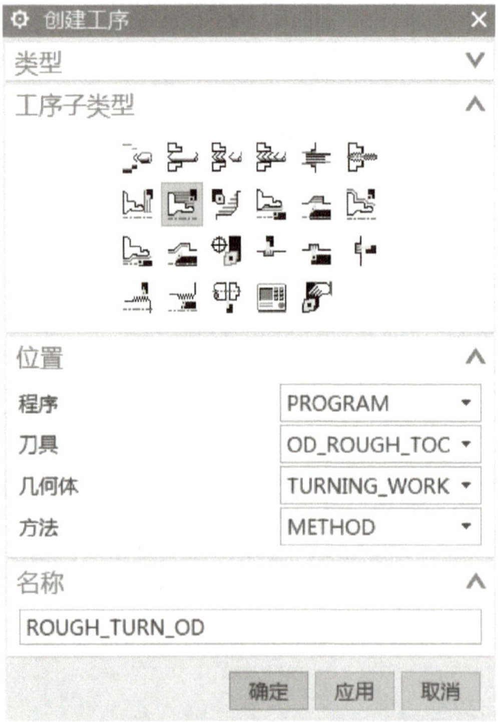

图 4-3-29　创建外径粗车操作

图 4-3-30　外径粗车参数设置

20）单击“指定切削区域”，弹出“切削区域”对话框，单击“轴向修剪平面 1”，指定缸体左端面点，如图 4-3-31 所示。单击“确定”，完成操作。

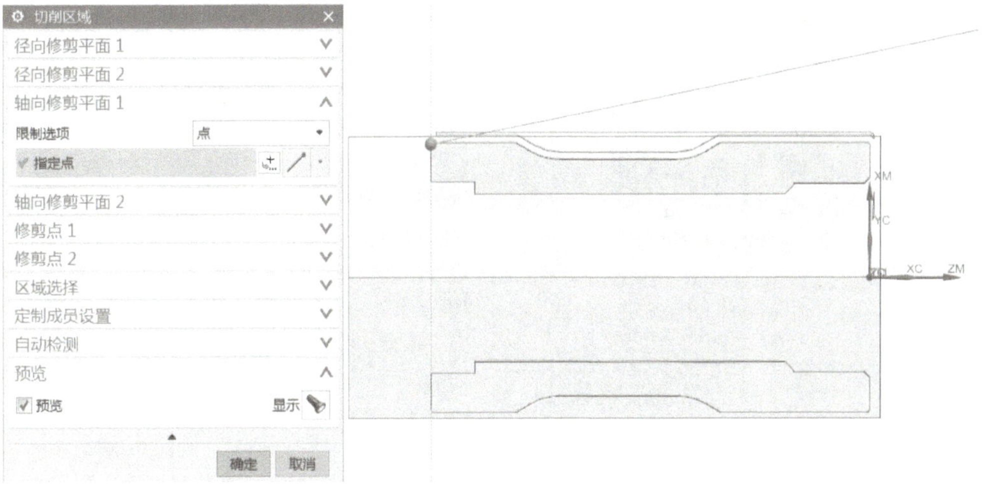

图 4-3-31　缸体右端外圆车削区域

21）单击“切削参数”，选择“余量”，设置“面”为“0.1”，“径向”为“0.5”，单击“确定”，完成切削参数设置。单击“进给率和速度”，设置主轴转速为1200r/min，进给量为0.25mm/r，单击“确定”，完成进给率和速度设置。单击“生成刀轨”，得到缸体右端外径粗车刀轨，如图4-3-32所示。

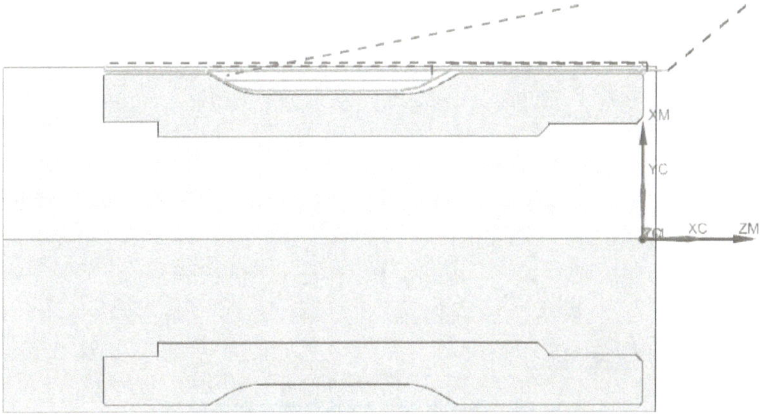

图 4-3-32　缸体右端外径粗车刀轨

22）单击“创建工序”，弹出“创建工序”对话框，设置“类型”为“turning”，“工序子类型”为“FINISH_TURNING_OD”，“程序”为“PROGRAM”，“刀具”为“OD_FINISH_TOOL”，“几何体”为“TURNING_WORKPIECE”，“方法”为“LATHE_FINISH”，“名称”为“FINISH_TURN_OD”，如图4-3-33所示。单击“确定”，弹出“外径精车－[FINISH_TURN_OD]”对话框，如图4-3-34所示。

23）单击“指定切削区域”，弹出“切削区域”对话框，单击“轴向修剪平面1”，指定图4-3-35所示点，单击“确定”，完成操作。

24）单击进给率和速度，设置主轴转速为1500r/min，进给量为0.1mm/r，单击“确定”，完成进给率和速度设置。单击“生成刀轨”，得到缸体右端外径精车刀轨，如图4-3-36所示。

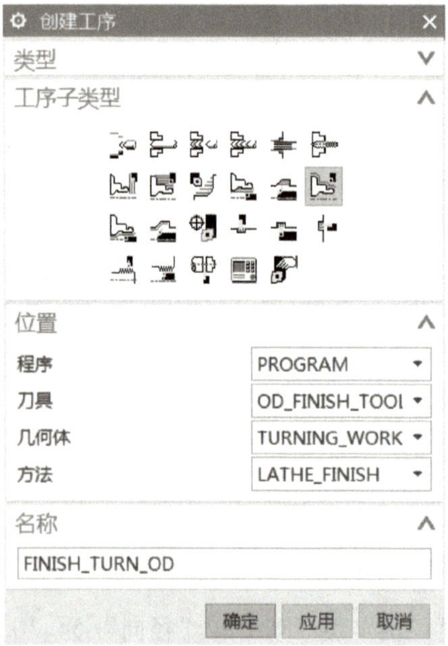

图 4-3-33 创建外径精车操作

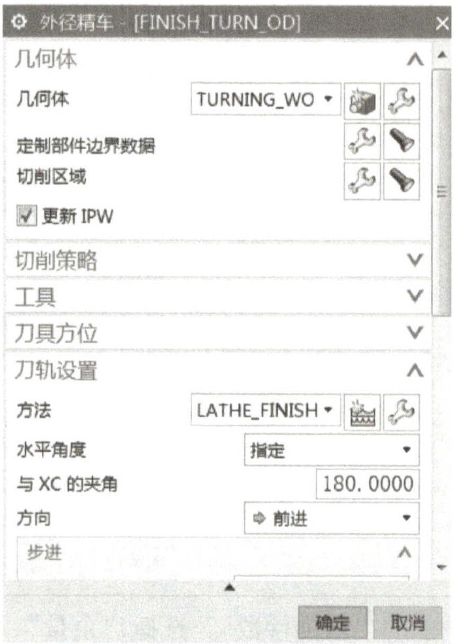

图 4-3-34 外径精车参数设置

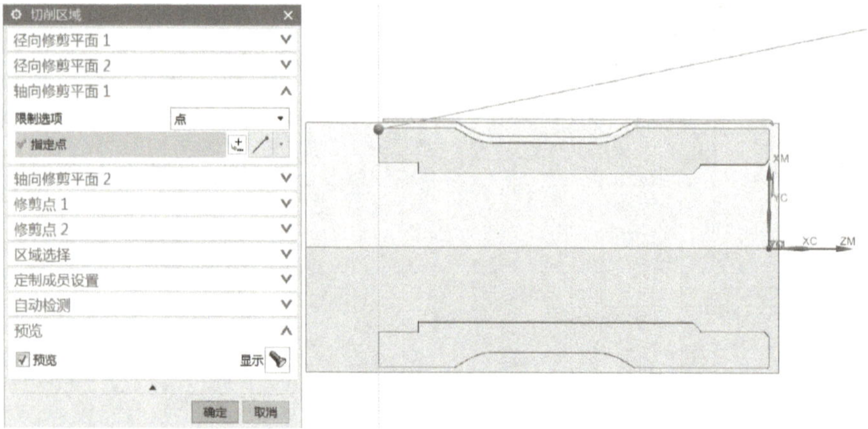

图 4-3-35 指定缸体右端外圆精车切削区域

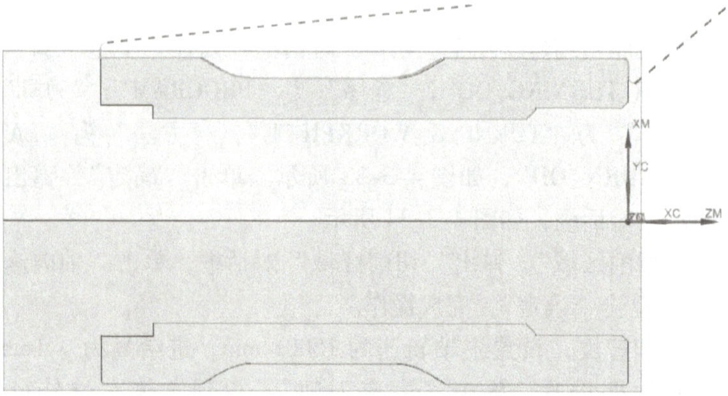

图 4-3-36 缸体右端外径精车刀轨

25）单击“创建工序”，弹出“创建工序”对话框，设置“类型”为“turning”，“工序子类型”为“ROUGH_BORE_ID”，“程序”为“PROGRAM”，“刀具”为“ID_ROUGH_TOOL”，“几何体”为“TURNING_WORKPIECE”，“方法”为“METHOD”，“名称”为“ROUGH_BORE_ID”，如图 4-3-37 所示。单击“确定”，弹出“内径粗镗 -［ROUGH_BORE_ID］”对话框，设置最大切削深度为 2mm，如图 4-3-38 所示。

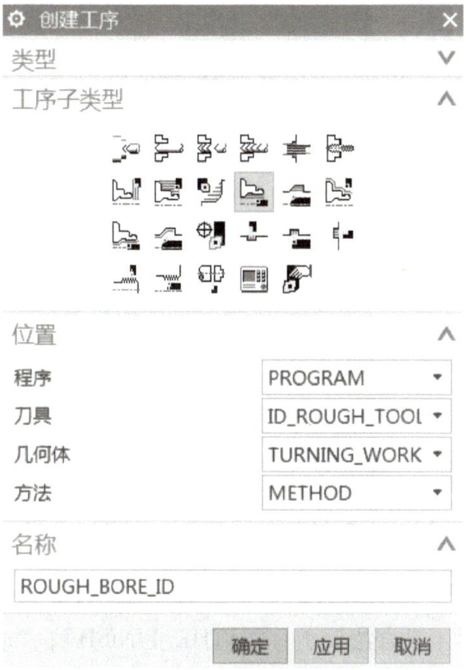

图 4-3-37　创建内径粗镗操作

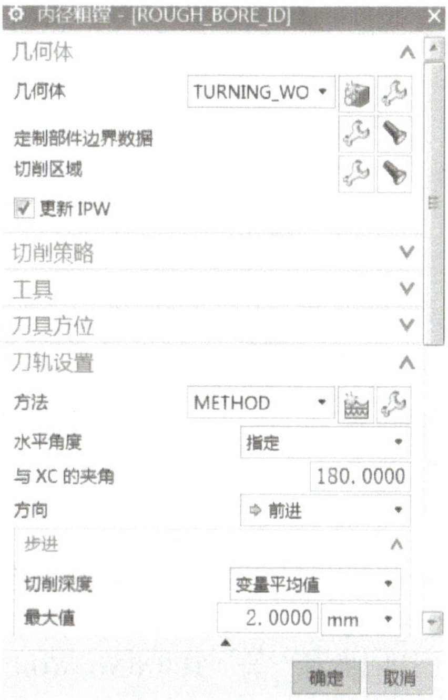

图 4-3-38　内径粗镗参数设置

26）单击“指定切削区域”，弹出“切削区域”对话框，单击“轴向修剪平面 1”，指定图 4-3-39 所示点。单击“确定”，完成操作。

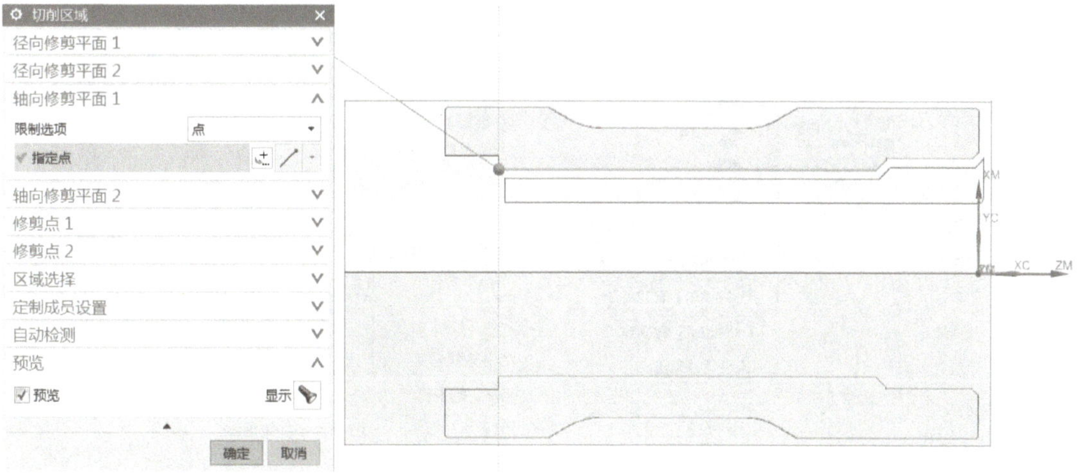

图 4-3-39　缸体右端内径粗镗切削区域

27）单击“切削参数”，选择“余量”选项卡，设置“面”为“0.1”，“径向”为“0.5”，单击“确定”，完成切削参数设置。单击“进给率和速度”，设置主轴转速为1200r/min，进给量为0.2mm/r。单击“确定”，完成操作。单击“非切削移动”，设置进刀距离为2mm，退刀距离为2mm。单击“确定”，完成操作。单击“生成刀轨”，得到缸体内径粗镗刀轨，如图4-3-40所示。

图4-3-40 缸体右端内径粗镗刀轨

28）单击“创建工序”，弹出“创建工序”对话框，设置“类型”为“turning”，“工序子类型”为“FINISH_BORE_ID”，“程序”为“PROGRAM”，“刀具”为“ID_FINISH_TOOL”，“几何体”为“TURNING_WORKPIECE”，“方法”为“LATHE_FINISH”，“名称”为“FINISH_BORE_ID”，如图4-3-41所示。单击“确定”，弹出“内径精镗－[FINISH_BORE_ID]”对话框，如图4-3-42所示。

图4-3-41 创建内径精镗操作

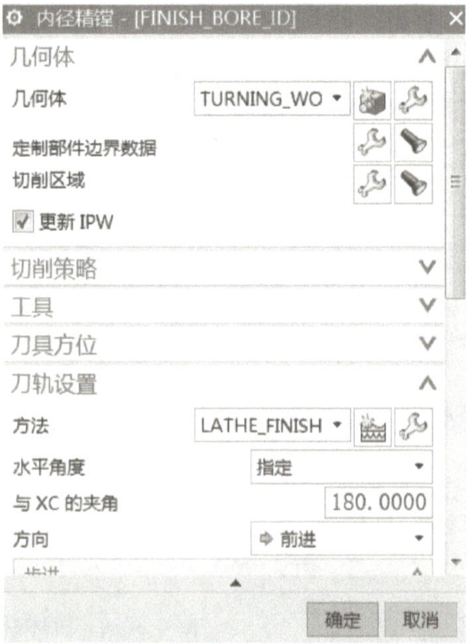

图4-3-42 内径精镗设置

29）采用与内径粗镗一样的方法设置切削区域，单击“进给率和速度”，设置主轴转速为1500r/min，进给量为0.1mm/r。单击“非切削移动”，设置进刀距离为3mm，退刀距离为2mm。单击“生成刀轨”，得到缸体右端内径精镗刀轨，如图4-3-43所示。

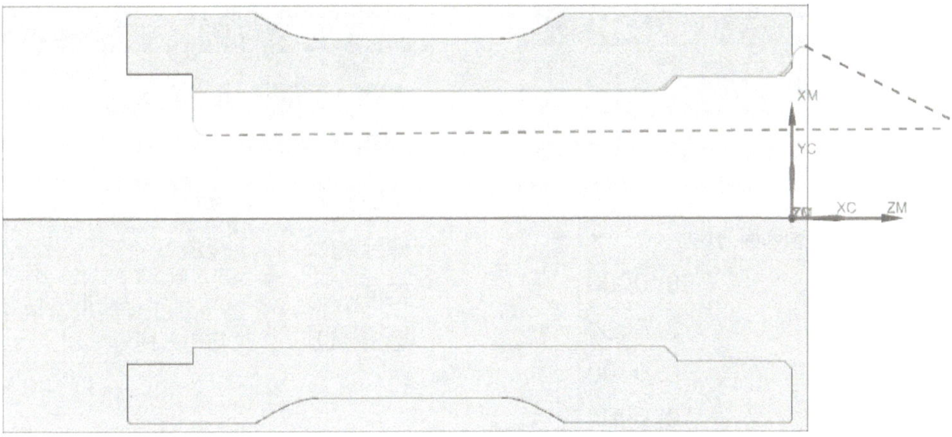

图4-3-43　缸体右端内径精镗刀轨

30）单击“创建工序”，弹出“创建工序”对话框，设置“类型”为“turning”，“工序子类型”为“THREAD_ID”，“程序”为“PROGRAM”，“刀具”为“ID_THREAD”，“几何体”为“TURNING_WORKPIECE”，“方法”为“LATHE_FINISH”，“名称”为“THREAD_ID”，如图4-3-44所示。单击“确定”，弹出“内径螺纹加工－[THREAD_ID]”对话框，选择内螺纹底孔素线为顶线，选择时要点取线的右端，否则方向会发生错误，设置“深度选项”为“深度和角度”，“深度”为“1.05”，“与XC的夹角”为“180”，“起始偏置”为“5”，“终止偏置”为“－1.25”，其他采用默认值，如图4-3-45所示。

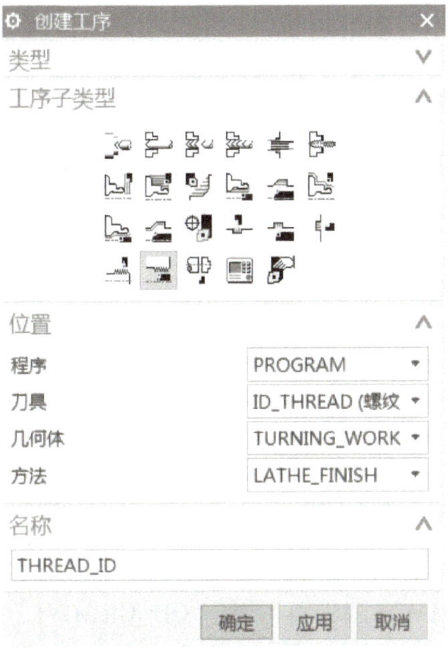

图4-3-44　创建切内螺纹操作

图4-3-45　切内螺纹参数设置

31）单击“切削参数”，选择“策略”，设置“螺纹头数”为“1”，其他采用默认值，如图4-3-46所示。单击“螺距”，设置“距离”为“1.5”，如图4-3-47所示。单击“确定”，完成切削参数设置。

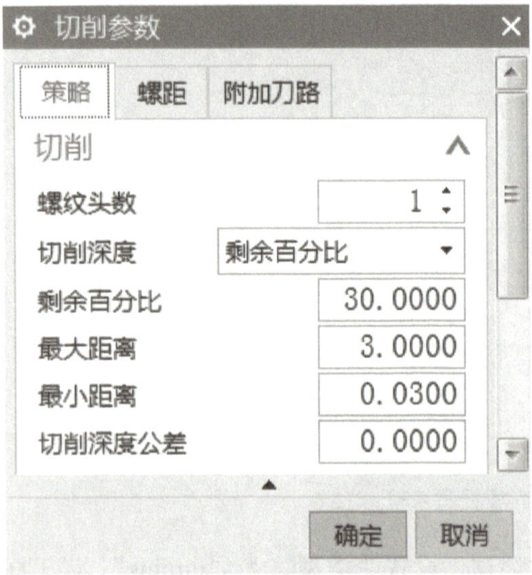

图4-3-46　螺纹加工策略参数设置

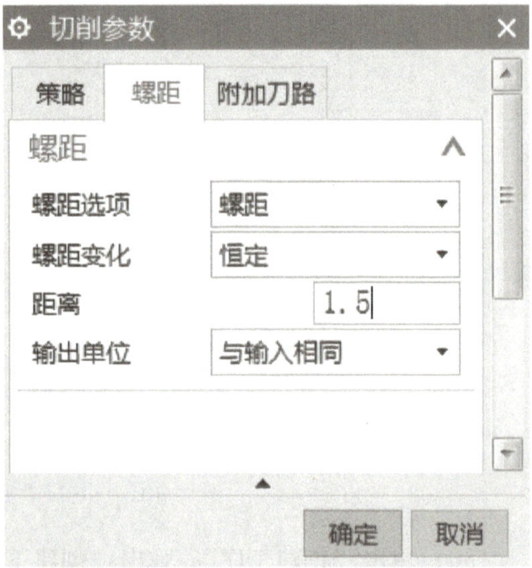

图4-3-47　螺纹加工螺距参数设置

32）单击“进给率和速度”，设置主轴转速为400r/min，进给量为1.5mm/r。单击“生成刀轨”，得到缸体右端内螺纹车削刀轨，如图4-3-48所示。

图4-3-48　缸体右端内螺纹车削刀轨

33）单击“创建工序”，弹出“创建工序”对话框，设置“类型”为“turning”，“工序子类型”为“RARTOFF”，“程序”为“PROGRAM”，“刀具”为“OD_GROOVE”，“几何体”为“TURNING_WORKPIECE”，方法为“METHOD”，名称为“RARTOFF”，如

图 4-3-49所示。单击“确定”，弹出“部件分离 - [PARTOFF]”对话框。设置“策略”为“部件分离”，与 XC 的夹角为“0”，“延伸距离”为“1”，其他采用默认值，如图 4-3-50所示。

图 4-3-49　创建切断操作

图 4-3-50　切断参数设置

34）单击“切削参数”，选择“余量”，设置“面”为“1”，单击“确定”，完成切削参数设置。单击“进给率和速度”，设置主轴转速为 500r/min，进给量为 0. 07mm/r，单击“确定”，完成转速及进给率设置。单击“生成刀轨”，得到缸体切断刀轨，如图 4-3-51 所示。

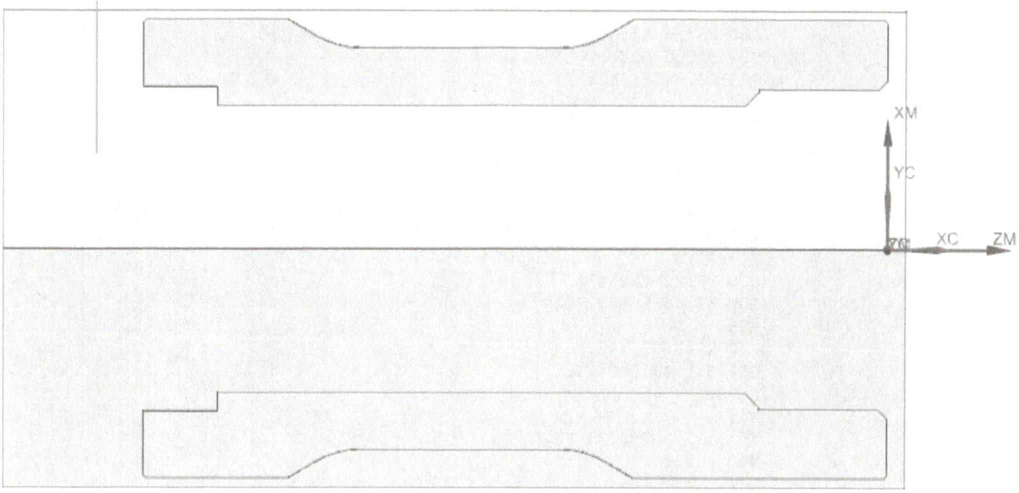

图 4-3-51　缸体切断刀轨

35）在工序导航器中选择“PROGRAM”，单击鼠标右键，单击“刀轨”→“确认”，弹出“刀轨可视化”对话框，单击“3D 动态”→“播放”，开始仿真加工。仿真结果如图4-3-52所示。

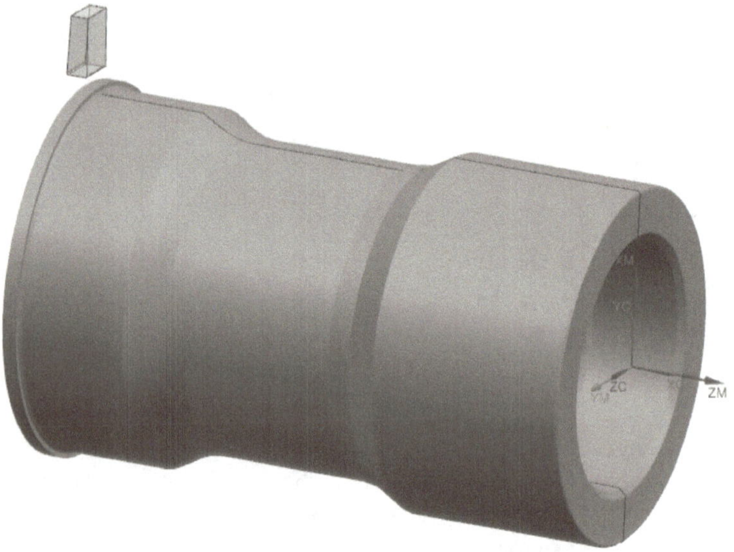

图 4-3-52　缸体右端仿真加工结果

36）在工序导航器中选中所有加工程序，单击鼠标右键，再单击“后处理”，弹出“后处理”对话框。选择与实际所用数控车床所对应的后处理器，此处选择“fanuc_2axis_lathe”，指定合适的文件路径和文件名，单位设置为“公制”，单击“确定”，完成后处理设置，得到车削缸体右端的NC程序，如图4-3-53所示。

```
文件(F)  编辑(E)
O缸体_右端编程
%
G28 U0 W0
T0101
(Tool_name:OD_ROUGH_TOOL; Tool_type:Turning
M08
G00 X57.6 Z1.
G97 S1200 M03
G99 G01 X56. F.1
X18.8
X17.2
G00 Z4.
G00 X57.6
G00 Z0.0
G01 X56.
X18.8
X17.2
G00 X7.296 Z2.476
G00 X91.639 Z28.702
M09
G00 X49. Z3.742
G98 G01 Z2.942 F1.
Z-79.9
X50.
X51.131 Z-79.334 F0.0
G00 Z.566
```

图 4-3-53　缸体右端 NC 程序

2. 编制加工缸体左端的NC程序

1）打开UG10.0软件，单击“文件”→“打开”，选择“缸体_左端编程.prt”文件，单击“确定”，打开文件。打开后的文件内容为缸体的三维模型及加工左端时的毛坯，工作坐标系位于缸体左端面中心，如图4-3-54所示。

17. 缸体左端编程

图4-3-54　缸体三维模型

2）单击“应用模块”→“加工”，弹出“加工环境”对话框，设置“CAM会话配置”为“cam_general”，“要创建的CAM设置”为“turning”，然后单击“确定”，进入加工模块。在工序导航器空白处，单击鼠标右键，选择“几何视图”。双击操作导航器中的“MCS_SPINDLE”，弹出“MCS主轴”对话框，设置“指定平面”为“ZM -XM”。单击“指定MCS”中的“CSYS”，弹出“CSYS”对话框，通过光标拖拽移动、旋转加工坐标系，如图4-3-55所示。加工坐标系位于缸体左端面中心，单击“确定”，完成加工坐标系设置。

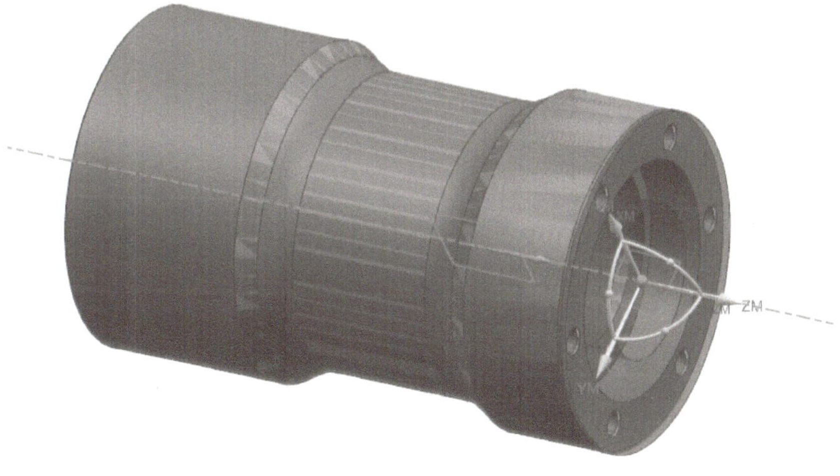

图4-3-55　加工原点设置

3）双击工序导航器中的“WORKPIECE”，弹出“工件”对话框。单击“指定部件”，弹出“部件几何体”对话框，选择缸体实体为部件，单击“确定”，完成指定部件。单击“指定毛坯”，弹出“毛坯几何体”对话框，选择圆柱体为毛坯，单击“确定”，完成指定毛坯，如图4-3-56所示。

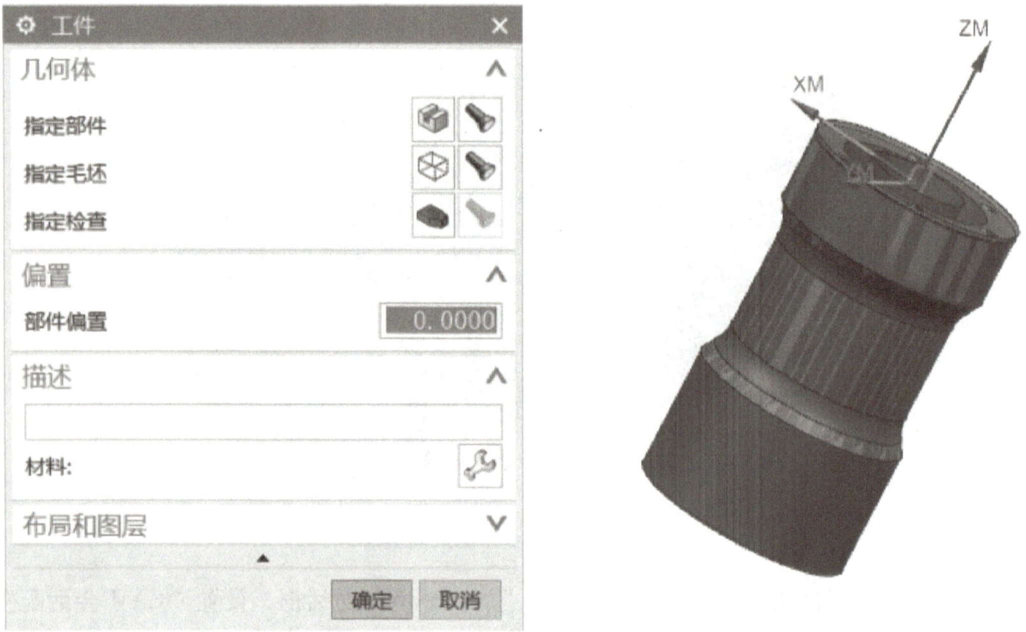

图4-3-56 指定部件和毛坯

4）双击工序导航器中的“TURNING_WORKPIECE”，自动生成车加工截面和毛坯边界面，然后把部件实体和毛坯实体隐藏，如图4-3-57所示。

图4-3-57 缸体左端车削加工截面

5）单击“创建刀具”，弹出“创建刀具”对话框，如图4-3-58所示。设置“类型”为“turning”，“刀具子类型”为“ID_80_L”，“刀具”为“GENERIC_MACHINE”，“名称”为“ID_ROUGH_TOOL”，单击“确定”，弹出“车刀-标准”对话框。刀具参数设置如图4-3-59所示，刀尖半径为0.8mm，方向角度为275°，刀片长度为5mm，刀具号为1，单击“确定”，完成刀具创建。用同样的方法创建内孔精加工刀具，设置“类型”为“turning”，“刀具子类型”为“ID_80_L”，“刀具”为“GENERIC_MACHINE”，“名称”为“ID_FINISH_TOOL”，刀尖半径为0.4mm，方向角度为275°，长度为5mm，刀具号为2。

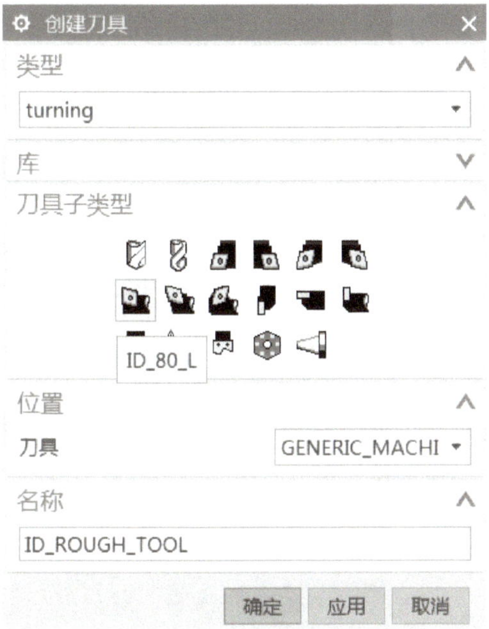

图4-3-58　创建内孔车刀

图4-3-59　内孔车刀参数设置

6）所有刀具创建完毕后，刀具列表如图4-3-60所示。

图4-3-60　刀具列表

7）单击“创建工序”，弹出“创建工序”对话框，设置“类型”为“turning”，“工序子类型”为“FACING”，“程序”为“PROGRAM”，“刀具”为“ID_ROUGH_TOOL”，“几何体”为“TURNING_WORKPIECE”，“方法”为“LATHE_FINISH”，“名称”为“FACING”，如图4-3-61所示。单击“确定”，弹出“面加工－[FACING]”对话框，设置“方向”为“反向”，切削深度最大值为2mm，其他采用默认值，如图4-3-62所示。

图 4-3-61 创建端面车削操作

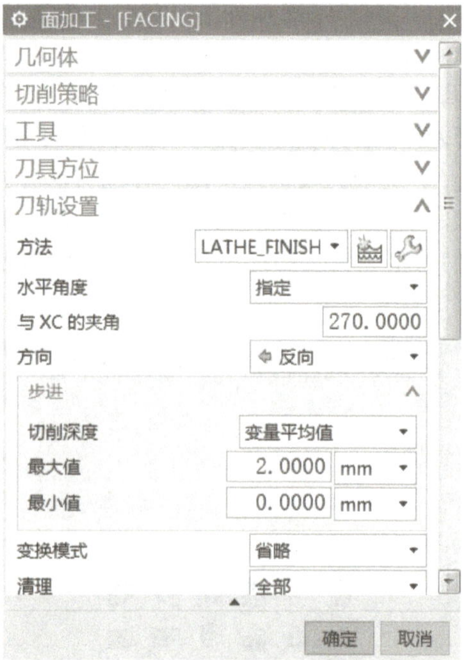

图 4-3-62 端面车削参数设置

8）单击“指定切削区域”，弹出“切削区域”对话框，单击“轴向修剪平面 1”，指定端面上的点，如图 4-3-63 所示。单击“确定”，完成操作。

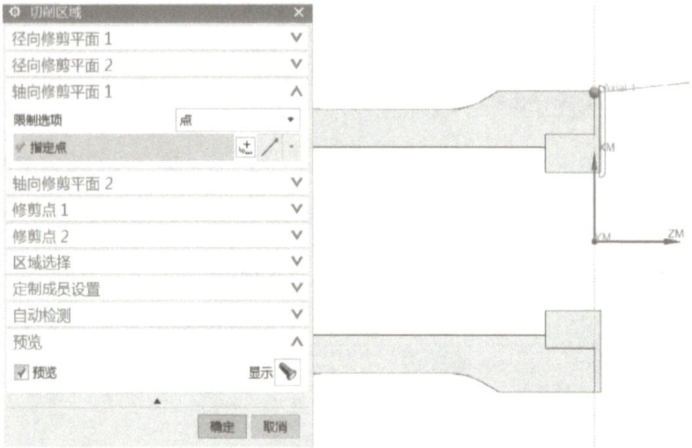

图 4-3-63 指定缸体左端面切削区域

9）单击“非切削移动”，设置进刀距离为 2mm，退刀距离为 2mm，单击“确定”，完成操作。单击“进给率和速度”，设置主轴转速为 1200r/min，进给量为 0.1mm/r，单击“确定”，完成进给率和速度设置。单击“生成刀轨”，得到缸体左端面车削刀轨，如图 4-3-64所示。

10）单击“创建工序”，弹出“创建工序”对话框，设置“类型”为“turning”，“工序子类型”为“ROUGH_BORE_ID”，“程序”为“PROGRAM”，“刀具”为“ID_ROUGH_

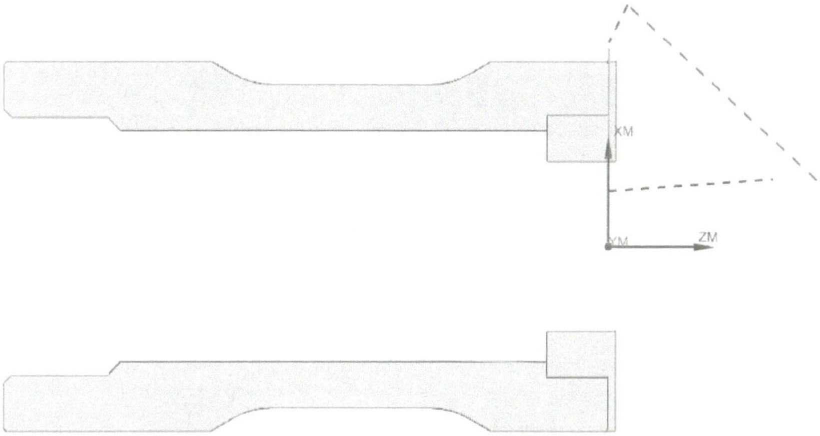

图 4-3-64　缸体左端面车削刀轨

TOOL”，“几何体”为“TURNING_WORKPIECE”，“方法”为“METHOD”，“名称”为“ROUGH_BORE_ID”，如图 4-3-65 所示，单击“确定”，弹出“内径粗镗 - [ROUGH_BORE_ID]”对话框，设置最大切削深度为 2mm，如图 4-3-66 所示。

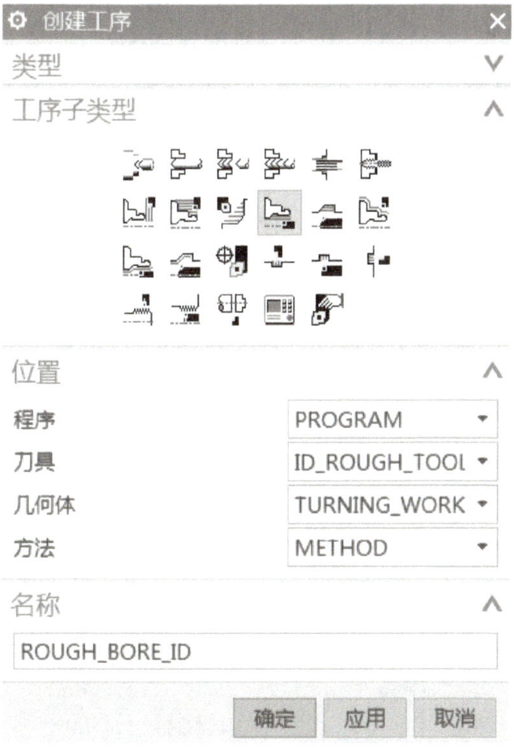

图 4-3-65　创建内径粗镗操作

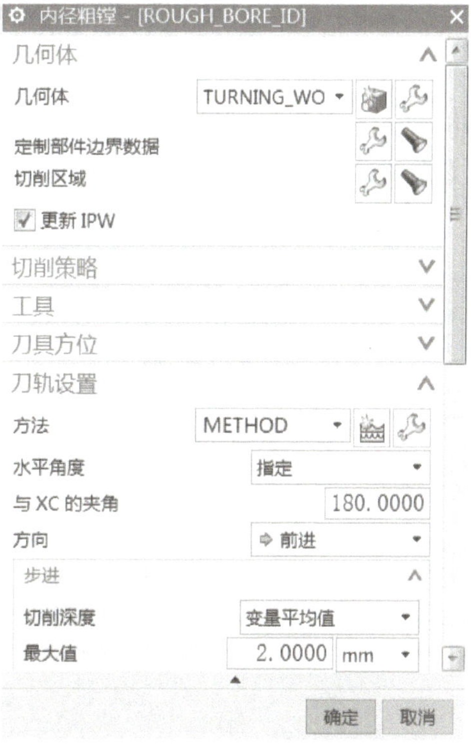

图 4-3-66　内径粗镗设置

11）单击“切削参数”，再单击“余量”，设置“面”为“0.1”，“径向”为“0.5mm”，单击“确定”，完成切削参数设置。单击“进给率和速度”，设置主轴转速为 1200r/min，设置进给量为 0.2mm/r。单击“非切削移动”，设置进刀距离为 2mm，退刀距离为2mm。单击“生成刀轨”，得到缸体左端内径粗镗刀轨，如图4-3-67所示。

图4-3-67　缸体左端内径粗镗刀轨

12）单击“创建工序”，弹出“创建工序”对话框，设置“类型”为“turning”，“工序子类型”为“FINISH_BORE_ID”，“程序”为“PROGRAM”，“刀具”为“ID_FINISH_TOOL”，“几何体”为“TURNING_WORKPIECE”，“方法”为“LATHE_FINISH”，“名称”为“FINISH_BORE_ID”，如图4-3-68所示。单击“确定”，弹出“内径精镗－[FINISH_BORE_ID]”对话框，如图4-3-69所示。

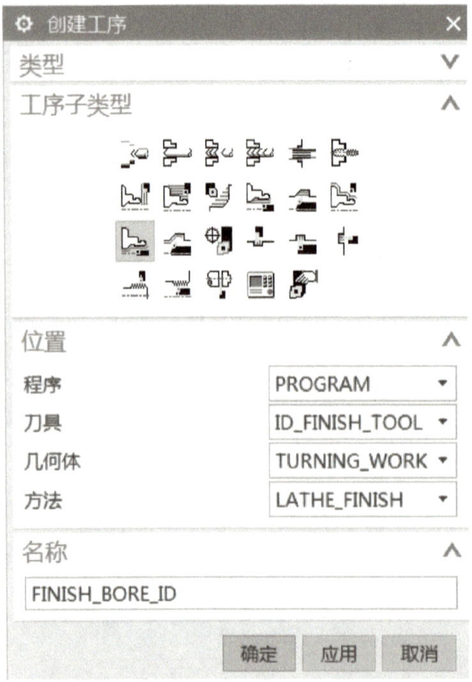

图4-3-68　创建内径精镗操作

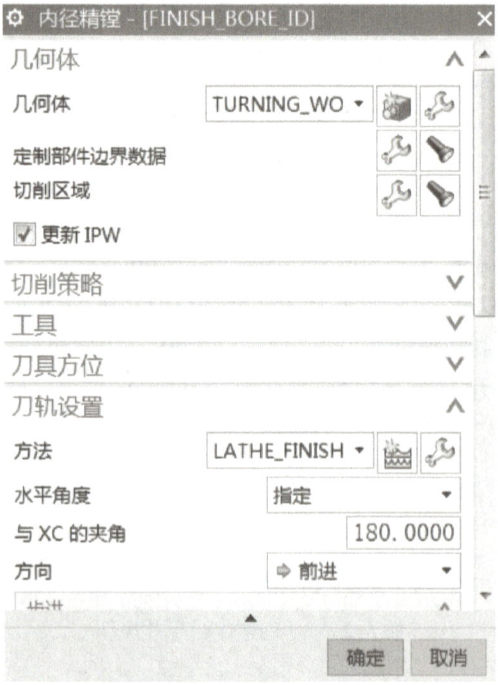

图4-3-69　内径精镗参数设置

13）采用与内径粗镗一样的方法设置切削区域，单击“进给率和速度”，设置主轴转速为1500r/min，进给量为0.1mm/r。单击“非切削移动”，设置进刀距离为3mm，退刀距离为2mm。单击“生成刀轨”，得到缸体左端内径精镗刀轨，如图4-3-70所示。

图4-3-70 缸体左端内径精镗刀轨

14）在工序导航器中选择“PROGRAM”，单击鼠标右键，选择“刀轨”，单击“确认”，弹出“刀轨可视化”对话框，单击“3D 动态”→“播放”，开始仿真加工。仿真结果如图4-3-71所示。

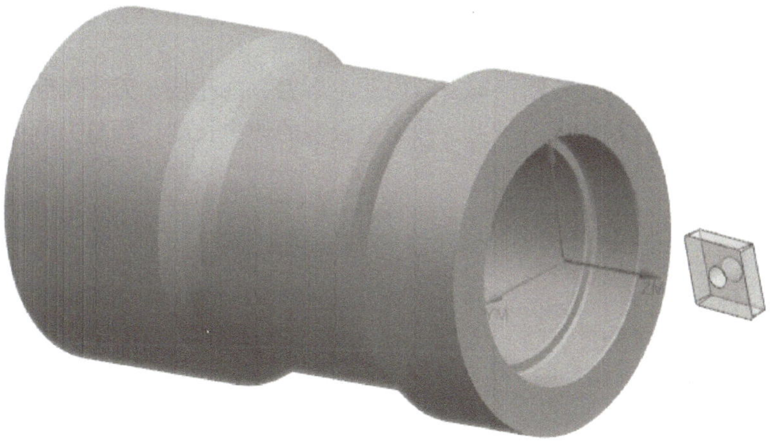

图4-3-71 缸体左端车削仿真结果

15）在工序导航器中选中端面车削、外径粗车、外径精车程序，单击“后处理”。选择与实际所用数控车床所对应的后处理器，此处选择“fanuc_2axis_lathe”，指定合适的文件路径和文件名，设置单位为公制，单击“确定”，完成后处理设置。得到车削缸体左端的NC程序，如图4-3-72所示。

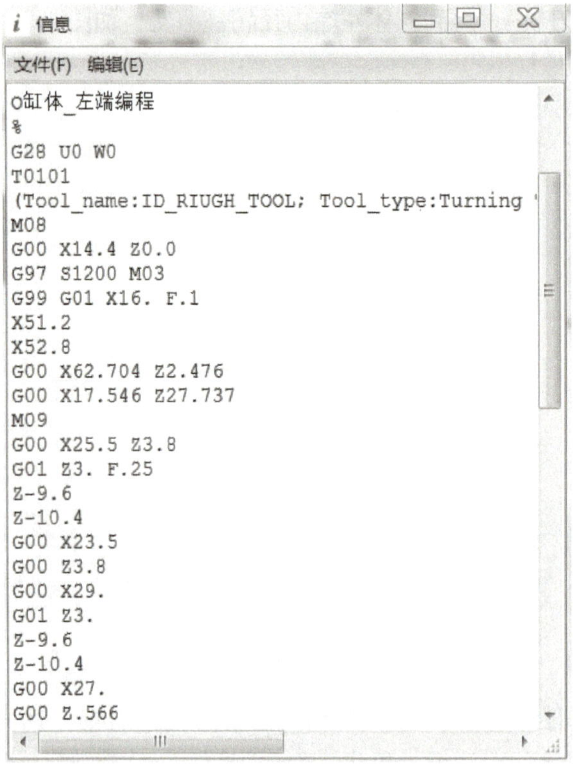


```
O缸体_左端编程
%
G28 U0 W0
T0101
(Tool_name:ID_RIUGH_TOOL; Tool_type:Turning '
M08
G00 X14.4 Z0.0
G97 S1200 M03
G99 G01 X16. F.1
X51.2
X52.8
G00 X62.704 Z2.476
G00 X17.546 Z27.737
M09
G00 X25.5 Z3.8
G01 Z3. F.25
Z-9.6
Z-10.4
G00 X23.5
G00 Z3.8
G00 X29.
G01 Z3.
Z-9.6
Z-10.4
G00 X27.
G00 Z.566
```

图4-3-72　车削缸体左端NC程序

4.3.1.3　加工零件

1. 刀具准备

将可转位式外圆粗车刀、外圆精车刀、内孔粗车刀、内孔精车刀、切断刀和内螺纹刀按照工艺卡序号，安装到数控机床刀塔上，并调整合适的伸出长度，调整刀具中心与主轴轴线等高。

2. 夹具准备

自定心卡盘。

3. 测量工具

外圆：游标卡尺、千分尺。

内孔：内径量表。

螺纹：螺纹塞规。

4. 加工零件

工件第一次装夹完毕后，完成外圆粗车刀、外圆精车刀、内孔粗车刀、内孔精车刀、切断刀、内螺纹刀的对刀。

工件第二次装夹完毕后，完成内孔粗车刀、内孔精车刀的对刀。

4.3.1.4　检测零件

缸体检测表见表4-3-5。

表 4-3-5　缸体检测表　（单位：mm）

考核项目	考核内容及其要求	检测标准	检测结果	分析
1	ϕ48 外圆	外圆直径为 48，公差 ±0.1		
2	ϕ42 外圆	外圆直径为 42		
3	ϕ34 内孔	内孔直径为 34，公差 $^{+0.025}_{0}$；深度为 8 公差		
4	ϕ30 内孔	内孔直径为 30，公差 $^{+0.021}_{0}$		
5	M35 × 1.5 内螺纹	M35 × 1.5 内螺纹，深 14，符合螺纹孔检测		
6	6 × M4 螺纹孔	M4 螺纹孔 6 个，均布		
7	R10 的圆弧	符合图样要求		
8	管螺纹孔	NPT1/8		
9	总长	外圆长度为 80，公差（±0.1）		

4.3.2　总结与拓展

专家点拨

1）加工具有内凹特征的外轮廓时，可以采用副偏角较大的尖头刀进行加工，也可以采用切槽刀进行加工。

2）加工具有内孔且壁厚不大的管状零件时，要注意调节装夹时的夹紧力，防止夹紧力过大造成零件变形。

4.3.3　课后训练

1. 操作题

完成图 4-3-73 所示零件的加工程序编制和仿真。

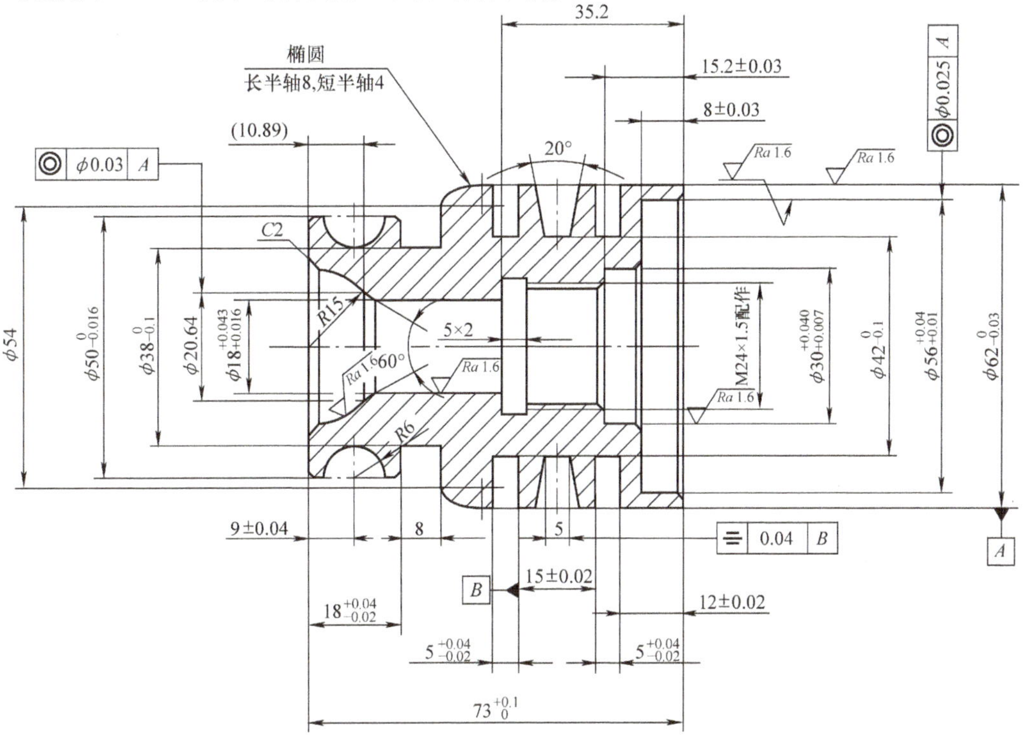

图　4-3-73

2. 思考题

1）落料的时候要考虑哪些问题？

2）钻孔的时候，如何选择钻头的大小？

任务4.4 加工有杆腔端盖

【教学目标】

知识目标：

1）掌握UG10.0软件内沟槽的编程方法。

2）掌握UG10.0软件中有杆腔端盖的编程与仿真加工。

3）掌握有杆腔端盖的车削库工和检测优化方法。

能力目标：

1）能使用UG10.0软件完成内沟槽的编程。

2）能完成零件的检测，并对零件的加工工艺进行优化。

【任务导读】

有杆腔端盖属于盘盖类零件，是典型的车削加工零件。该有杆腔端盖的主要特征有外圆、外螺纹、内孔、外槽、内槽等，在实际生产中，可以采用圆棒料或六角棒料作为毛坯。

学生以企业制造部门数控技术员的身份完成本次任务，根据有杆腔端盖的结构特征，选择合适的刀具和工艺参数、制订合理的数控加工工艺，编制数控加工程序，操作数控车床进行零件的加工与检测，并对操作过程中存在的问题进行研讨和交流，最终完成有杆腔端盖的制作全过程。

4.4.1 工作过程

读懂有杆腔端盖零件图样，设计加工工艺，采用UG10.0软件编制车削加工程序，操作数控机床完成有杆腔端盖的加工。

4.4.1.1 制订加工工艺

1. 分析有杆腔端盖图样

有杆腔端盖结构如图4-4-1所示，外六角最大对角线距离46.2mm，总长20mm。由于零件直径较大，长度方向装夹含量较少，可以采用软爪装夹，有杆腔端盖加工内容及加工要求见表4-4-1。

2. 制订加工路线

1）备料：直径为50mm的AL8081棒料，长22mm。

2）软爪夹毛坯外圆，伸出长度15mm，打ϕ22mm通孔。

3）车左端面见光。

4）粗车外圆：车34.8mm螺纹大径，留0.5mm余量。

5）精车外圆：车螺纹大径至34.8mm。

6）粗车内孔：车ϕ24mm的内孔，留0.5mm余量。

7）精车内孔：车ϕ24mm的内孔至图样尺寸。

8）切槽：车$\phi 32_{-0.1}^{0}$mm退刀槽。

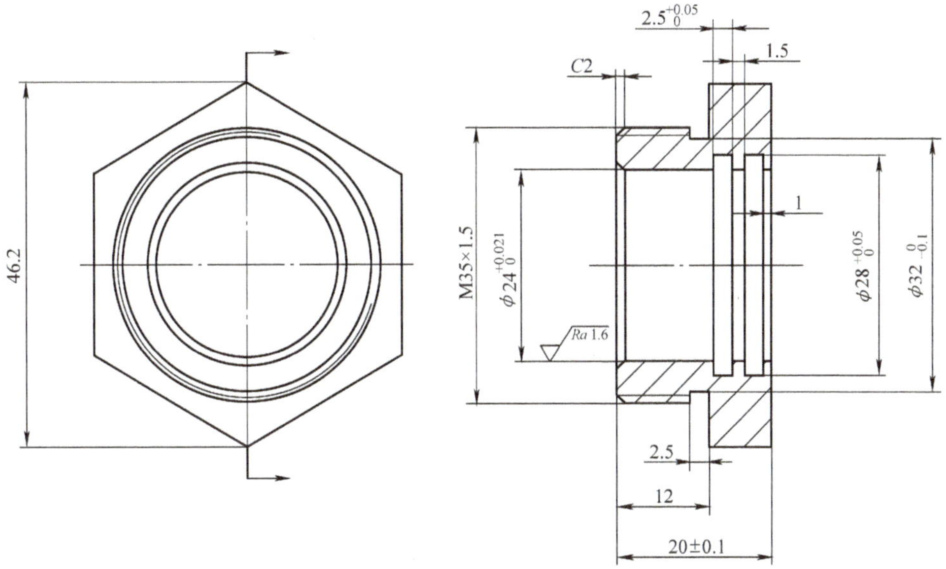

图4-4-1　有杆腔端盖

表4-4-1　加工内容及要求　（单位：mm）

内　　容	要　　求
外六角	最大对角线距离46.2
M35×1.5螺纹	符合螺纹规检测要求
ϕ24内孔	内孔直径为$24^{+0.021}_{0}$，通孔
外沟槽	槽底直径$32^{0}_{-0.1}$槽宽2.5
内沟槽	槽宽$2.5^{+0.05}_{0}$，槽底直径为$28^{+0.05}_{0}$
倒角	C2
总长	总长为20±0.1

9）车螺纹：车M35×1.5螺纹，通规进，止规止。

10）内切槽：车内切槽$\phi28^{+0.05}_{0}$mm至图样尺寸。

11）调头，车右端面，保证总长。

12）铣外六角。

3. 选用加工设备

选用纽威NL201E型斜床身数控车床，该机床为45°整体斜床身，贴塑导轨高刚性、易排屑；主轴精度高、跳动小；8工位液压刀架工作平稳、换刀速度快、可靠性高；适合盘盖类、轴套类零件的大批量生产。

4. 选用毛坯

采用ϕ50mm×22mm的短棒料作为毛坯，材料型号为AL8081，为铝合金材料，切削性能较好，毛坯如图4-4-2所示。

5. 选用夹具

选用数控车床加工，考虑到零件直径较大，长度方向装夹余量较少，故采用软爪装夹。先车削左端。调头车削右端面时，可以采用带内螺纹的弹性套，保护螺纹。

（1）弹性套介绍　自定心卡盘的夹紧力通过具有一定刚性的弹性套的传递，转变成使工件受力均匀的面夹紧，以减小工件在夹紧过程中的变形，保证工件具有较好的形状精度和位置精度。利用弹性套的均匀弹性变形，可以消除定位尺寸偏差，实现准确定心或对中。所以，弹性套是一种自定心夹具元件。该有杆腔端盖调头车削时，螺纹不能直接装夹，故设计带内螺纹的弹性套，在调头装夹的时候，可以保护螺纹。

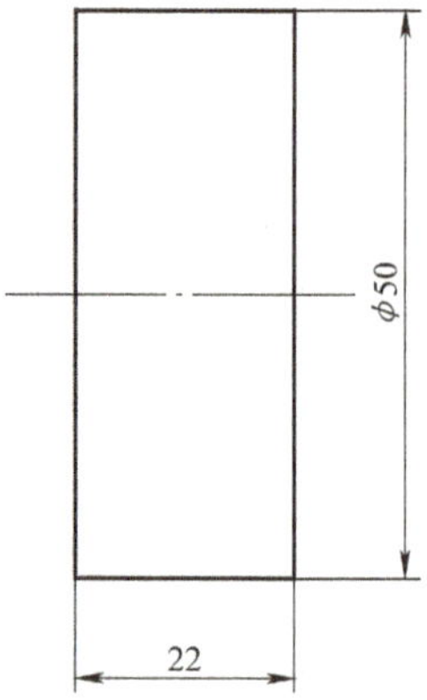

图4-4-2　毛坯

弹性套的设计要求：薄壁，壁厚为3mm左右，故建议外圆尺寸为ϕ42mm×12mm，车M35×1.5内螺纹，与工件外螺纹相配。开槽 ，槽宽2～3mm，保护弹性。

（2）装夹方案设计　有杆腔端盖车削装夹方案设计见表4-4-2。

表4-4-2　装夹方案设计

装夹次数	装夹示意图
第一次装夹	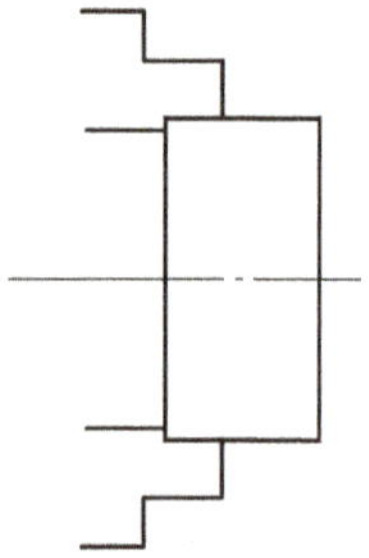
第二次装夹	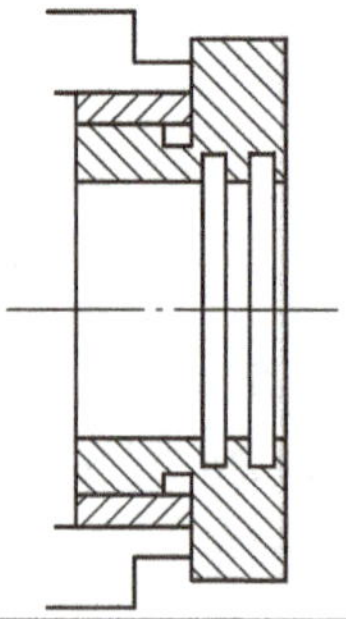

6. 制订加工工序

（1）选择刀具　端盖是典型的回转体轴类零件，没有特殊要求，故选择机夹式外圆刀切削端面和外圆，如图4-4-3a所示；内孔车刀用于车削内孔，如图4-4-3b所示；切槽刀如图4-4-3c所示；螺纹刀如图4-4-3d所示；内切槽刀如图4-4-3e所示。在实际操作中，可以在选定刀具后，查阅刀具和切削用量表来决定切削用量。

（2）制作加工工艺卡　根据切削用量的选择原则，以一次装夹作为一个工序，制作有杆腔端盖加工工艺卡，见表4-4-3～表4-4-5。

a)　b)　c)　d)　e)

图 4-4-3　车刀

表 4-4-3　有杆腔端盖的加工工艺卡（1）

零件号：		工艺版本号：	工艺流程卡_工序清单			
YGQDUANGAI_04		0				
工序号	工序内容	工位	页码：1		页数：3	
001	备料(AL8081, ϕ50mm)	外协	零件号：YGQDUANGAI_04		版本：0	
002	粗车/精车左端	数车	零件名称：有杆腔端盖			
003	粗车/精车右端	数车	材料：AL8081			
004	铣外六角	加工中心	材料尺寸：ϕ50mm×22mm			
005			更改号	更改内容	批准	日期
006						
007			01			
008						

拟制：	日期：	审核：	日期：	批准：	日期：	××工业职业技术学院

表 4-4-4　有杆腔端盖的加工工艺卡（2）

零件号：		工序名称：	工艺流程卡_工序单
YGQDUANGAI_04		粗车/精车左端	
材料：AL8081	页码：2	工序号：01	版本号：0
夹具：自定心卡盘+软爪	工位：数控车床	数控程序号：00001.NC	

刀具及参数设置

刀具号	刀具规格	加工内容	主轴转速/(r/min)	进给量/(mm/r)
	D20麻花钻	打孔	500	0.07
T01	DCLNL2020M09, CNMG090408-PR	粗车外圆	1200	0.25
T02	DCLNL2020M09, CCMT090404-PF	精车外圆	1500	0.1
T03	S20M-SCLCR06, CNMG060408-PR	粗车内孔	1200	0.2
T04	S20M-SCLCR06, CCMT060404-PF	精车内孔	1500	0.1
T05	N123G2-0300-0001-CF, C6-RF123G20-45065B	车退刀槽至尺寸	800	0.07
T06	266RFG-2525-22, 266RG-22MM02A250	车螺纹	400	1.5
T07	RAG123D04-16B, N123D2-0150-CM	车内切槽	600	0.07

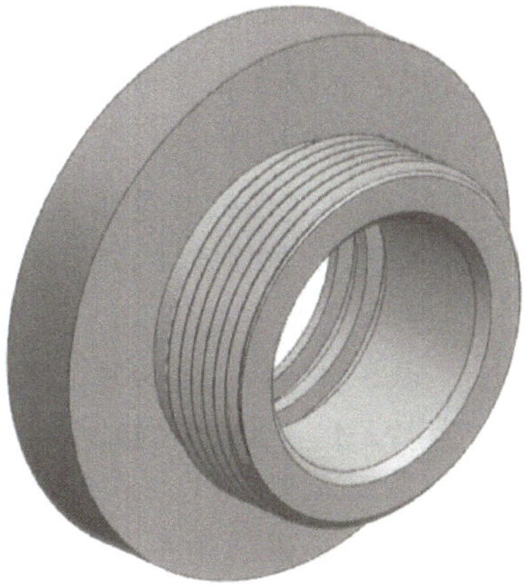

所有尺寸参阅零件图，锐边加0.3mm倒角

02			
01			
更改号	更改内容	批准	日期

拟制：	日期：	审核：	日期：	批准：	日期：

××工业职业技术学院

表 4-4-5 有杆腔端盖的加工工艺卡（3）

零件号: YGQDUANGAI_04		工序名称: 精车右端		工艺流程卡_工序单	
材料: AL8081	页码: 3		工序号: 02		版本号: 0
夹具: 自定心卡盘+弹性套	工位: 数控车床		数控程序号: 00002.NC		
刀具及参数设置					
刀具号	刀具规格	加工内容	主轴转速/(r/min)	进给量/(mm/r)	
T01	DCLNL2020M09, CNMG090408-PR	车右端面	1200	0.1	
					所有尺寸参阅零件图，锐边加0.3mm倒角
02					
01					
更改号	更改内容	批准	日期		××工业职业技术学院
拟制:	日期: 审核: 日期:	批准:	日期:		

4.4.1.2 自动编程

该有杆腔端盖车削加工分两次装夹，主要加工内容在左端，此处采用 UG10.0 软件编制车削左端的加工程序。车削右端时仅需要车端面，控制总长即可，程序比较简单，此处不再叙述。

18. 有杆腔端盖编程

1）打开 UG10.0 软件，单击“文件”→“打开”，选择“前盖.prt”文件，单击“确定”，打开文件。打开后的文件内容为有杆腔端盖的三维模型及加工毛坯，工作坐标系位于有杆腔端盖左端面中心，如图 4-4-4 所示。

2）单击“应用模块”→“加工”，弹出“加工环境”对话框，设置“CAM 会话配置”为“cam_general”，“要创建的 CAM 设置”为“turning”，如图 4-4-5 所示。然后单击“确定”，进入加工模块。

3）在工序导航器空白处，单击鼠标右键，单击“几何视图”，如图 4-4-6 所示。

4）双击工序导航器中的“MCS_SPINDLE”，弹出“MCS 主轴”对话框，设置“指定平面”为“ZM - XM”，如图 4-4-7 所示。

5）单击“指定 MCS”中的“CSYS”，弹出“CSYS”对话框，通过光标拖拽移动、旋转加工坐标系，如图 4-4-8 所示。再单击“确定”，完成加工坐标系设置。

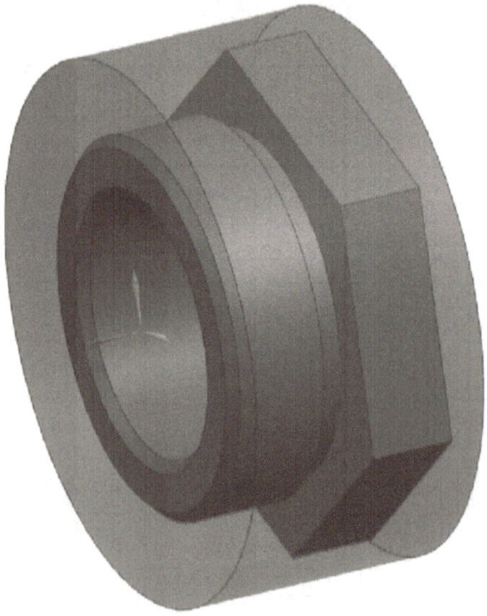

图 4-4-4 有杆腔端盖三维模型及加工毛坯

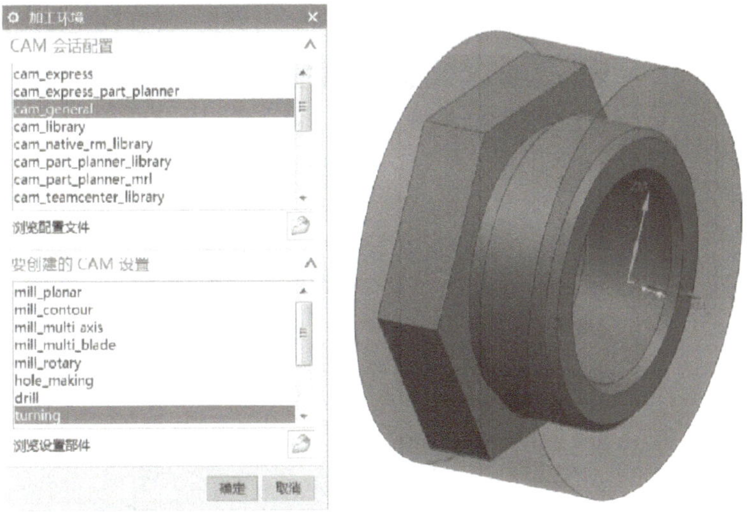

图 4-4-5　加工环境设置

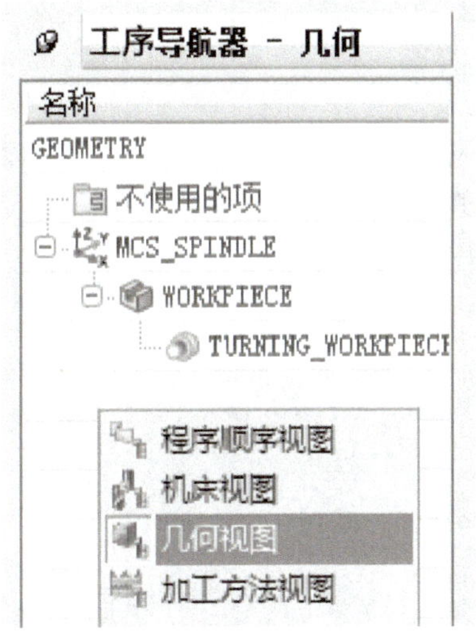

图 4-4-6　工序导航器

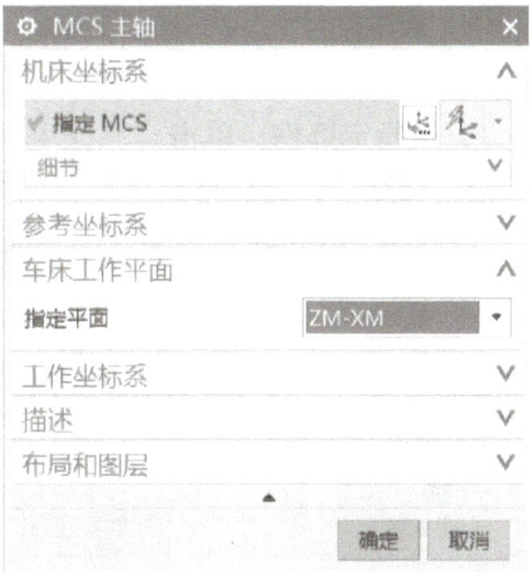

图 4-4-7　加工坐标系设置

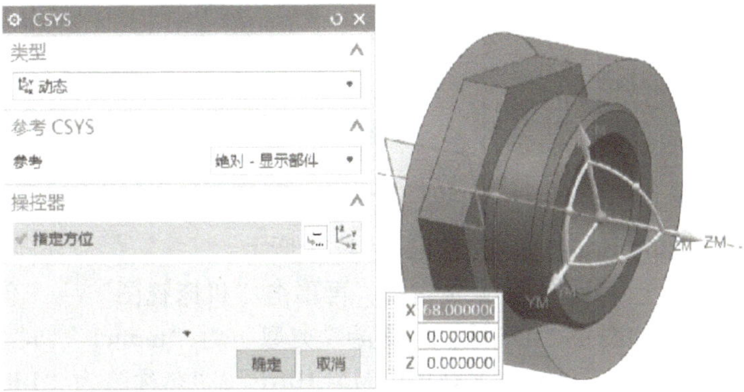

图 4-4-8　加工原点设置

6）双击工序导航器中的“WORKPIECE”，弹出“工件”对话框，如图 4-4-9 所示。

图 4-4-9 工件设置

7）单击“指定部件”，弹出“部件几何体”对话框，选择有杆腔端盖实体为部件，单击“确定”，完成指定部件。单击“指定毛坯”，弹出“毛坯几何体”对话框，选择圆柱体为毛坯 ，单击“确定”，完成指定毛坯，如图 4-4-10 所示。

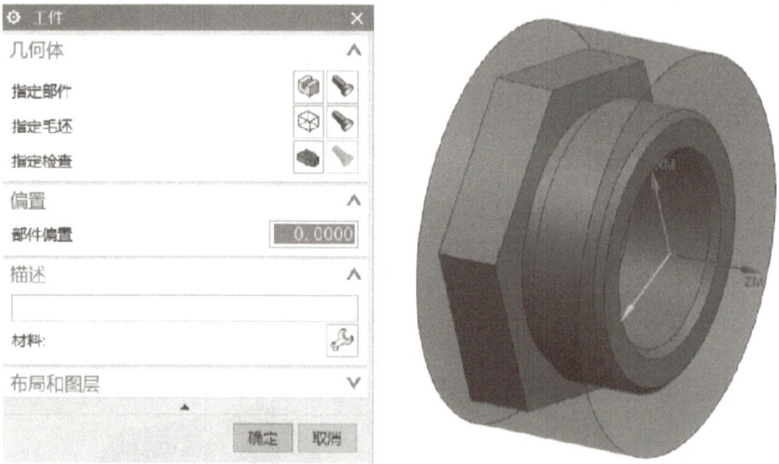

图 4-4-10 指定部件和毛坯

8）双击工序导航器中的“ TURNING_WORKPIECE”，自动生成车削加工截面和毛坯边界，然后把部件实体和毛坯实体隐藏，如图 4-4-11 所示。

9）在工序导航器空白处，单击鼠标右键，再单击“机床视图”→“创建刀具”，弹出“创建刀具”对话框，如图 4-4-12 所示。设置“类型”为“turning”，“刀具子类型”为“DRILLING_TOOL”，“刀具”为“GENERIC_MACHINE”，“名称”为“DRILL_D20”，单击“确定”，弹出“钻刀”对话框。设置刀具直径为 20mm，其余参数设置如图 4-4-13 所示。

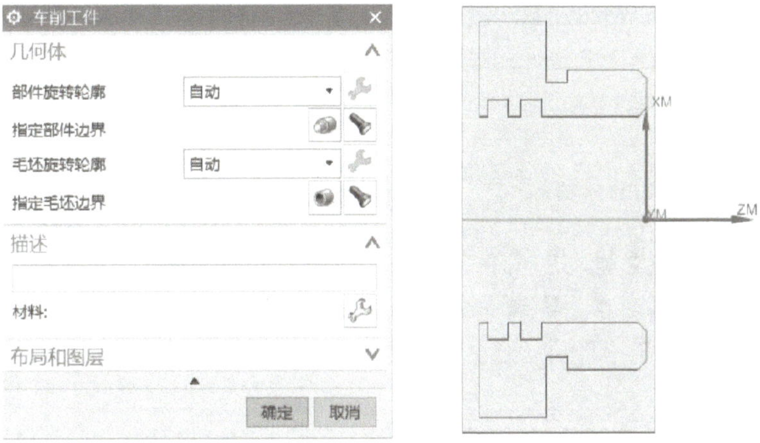

图 4-4-11　车削加工截面

单击“确定”，完成钻刀的创建。

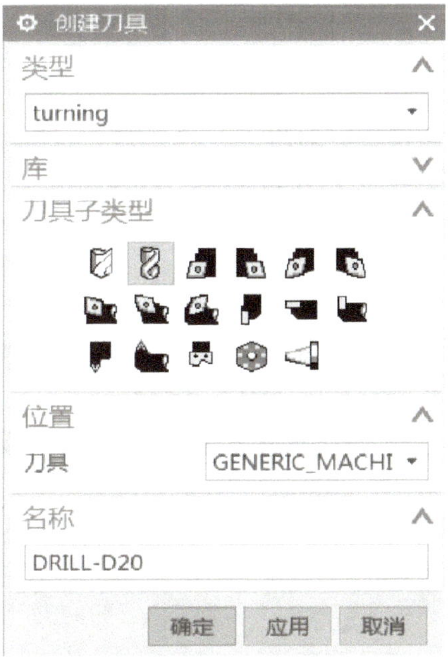

图 4-4-12　创建钻刀

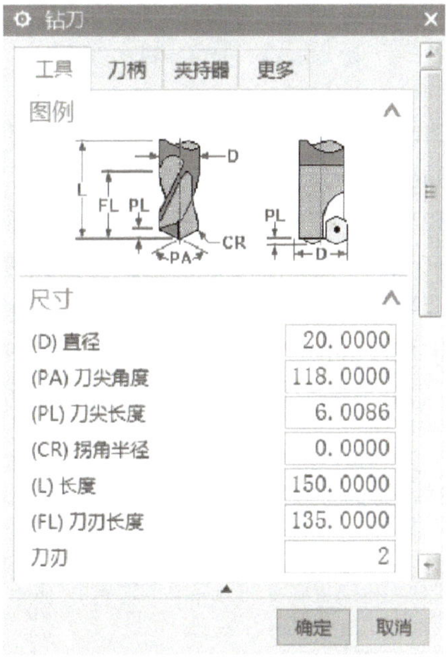

图 4-4-13　设置钻刀参数

10）单击“创建刀具”，弹出“创建刀具”对话框，如图 4-4-14 所示。设置“类型”为“turning”，“刀具子类型”为“OD_80_L”，“刀具”为“GENERIC_MACHINE”，“名称”为“OD_ROUGH_TOOL”，单击“确定”，弹出“车刀－标准”对话框。外圆刀参数设置如图 4-4-15 所示，刀尖半径为 0.8mm，方向角度为 5°，刀具号为 1，单击“确定”，完成刀具创建。用同样的方法创建刀具 2，设置“类型”为“turning”，“刀具子类型”为“OD_80_L”，“刀具”为“GENERIC_MACHINE”，“名称”为“OD_FINISH_TOOL”，刀尖半径为 0.4mm，方向角度为 5°，刀具号为 2。

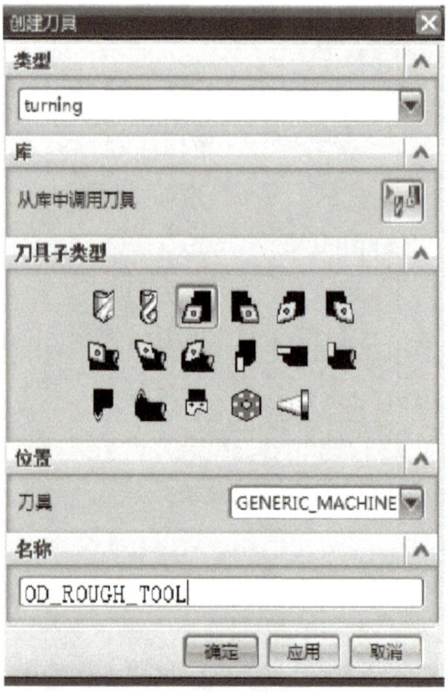

图 4-4-14 创建外圆车刀

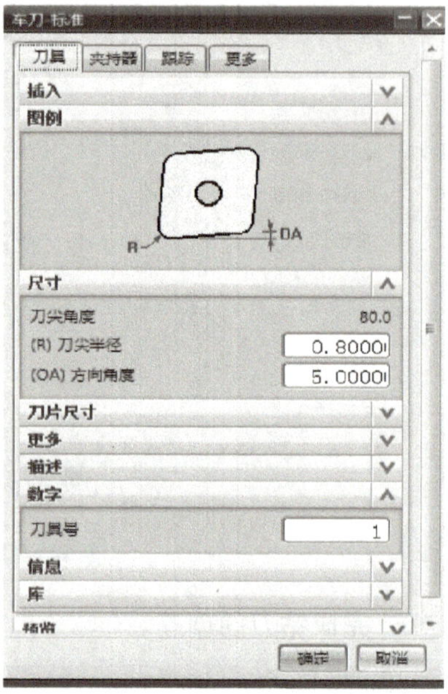

图 4-4-15 外圆车刀参数设置

11）单击“创建刀具”，弹出“创建刀具”对话框，如图 4-4-16 所示。设置“类型”为“turning”，“刀具子类型”为“ID_80_L”，“刀具”为“GENERIC_MACHINE”，“名称”为“ID_ROUGH_TOOL”，单击“确定”，弹出“车刀－标准”对话框。刀具参数设置如图 4-4-17 所示，刀尖半径为 0.8mm，方向角度为 275°，刀片长度为 5mm，刀具号为 3，单击“确定”，完成刀具创建。用同样的方法创建刀具 4，设置“类型”为“turning”，“刀具子类型”为“ID_80_L”，“刀具”为“GENERIC_MACHINE”，“名称”为“ID_FINISH_TOOL”，刀尖半径为 0.4mm，方向角度为 275°，长度为 5mm，刀具号为 4。

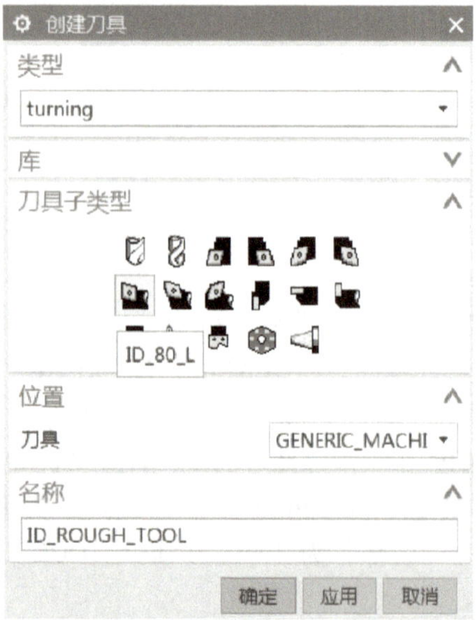

图 4-4-16 创建内孔车刀

图 4-4-17 内孔车刀参数设置

12）单击“创建刀具”，弹出“创建刀具”对话框，如图4-4-18所示。设置“类型”为“turning”，“刀具子类型”为“OD_GROOVE_L”，“刀具”为“GENERIC_MACHINE”，“名称”为“OD_GROOVE”，单击“确定”，弹出“槽刀-标准”对话框。刀具参数设置如图4-4-19所示，刀尖半径为0.2mm，方向角度为90°，刀片宽度为2mm，刀具号为5，其他采用默认值，单击“确定”，完成外槽刀创建。

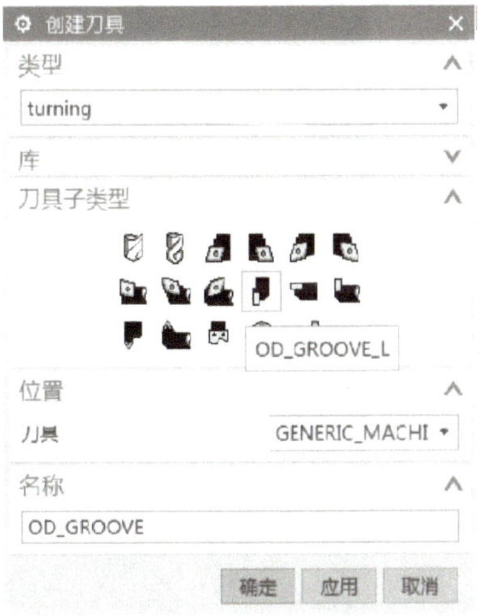

图4-4-18　创建外槽刀

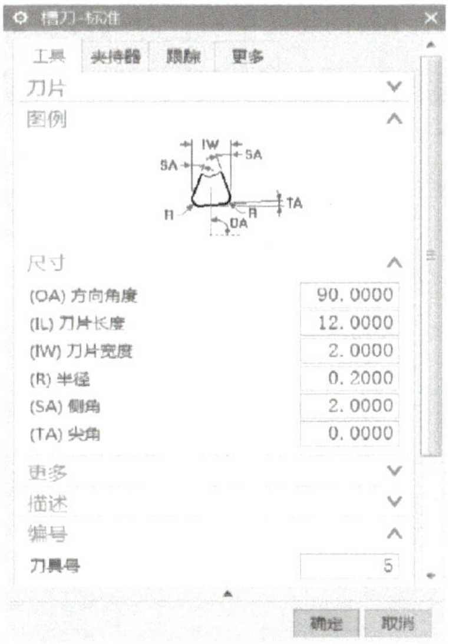

图4-4-19　外槽刀参数设置

13）单击“创建刀具”，弹出“创建刀具”对话框，如图4-4-20所示。设置“类型”为“turning”，“刀具子类型”为“OD_THREAD_L”，“刀具”为“GENERIC_MACHINE”，“名称”为“OD_THREAD”，单击“确定”，弹出“螺纹刀-标准”对话框。刀具参数设置如图4-4-21所示，方向角度为90°，刀片长度为5mm，宽度为4mm，左角为30°，右角为30°，刀尖偏置为2mm，刀具号为6，其他采用默认值，单击“确定”，完成外螺纹刀创建。

图4-4-20　创建外螺纹刀

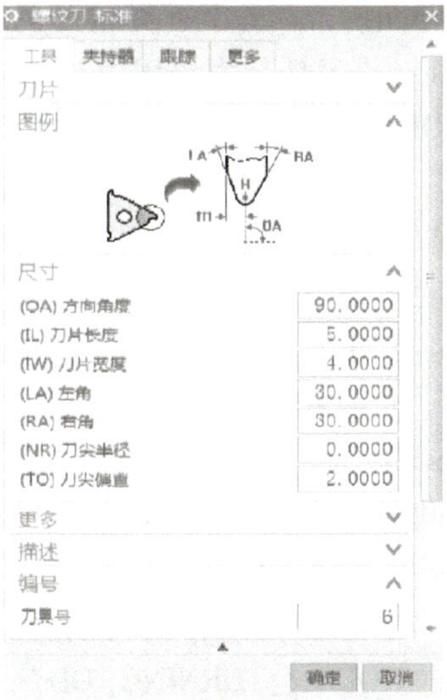

图4-4-21　外螺纹刀参数设置

14）单击“创建刀具”，弹出“创建刀具”对话框，如图4-4-22所示。设置“类型”为“turning”，“刀具子类型”为“ID_GROOVE_L”，“刀具”为“GENERIC_MACHINE”，“名称”为“ID_GROOVE”，单击“确定”，弹出“槽刀－标准”对话框。刀具参数设置如图4-4-23所示，方向角度为270°，刀片长度为4mm，宽度为2mm，刀具号为7，其他采用默认值，单击“确定”，完成内槽刀创建。

15）所有刀具创建完毕后，刀具列表如图4-4-24所示。

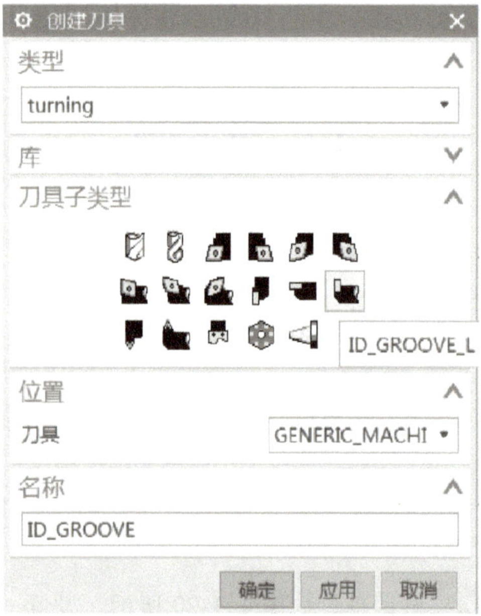

图4-4-22　创建内槽刀

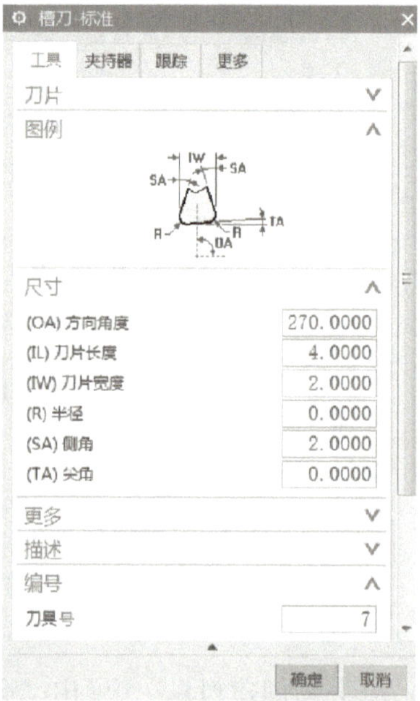

图4-4-23　内槽刀参数设置

16）在工序导航器空白处，单击鼠标右键，单击“程序视图”→“创建工序”，弹出“创建工序”对话框，设置“类型”为“turning”，“工序子类型”为“drill”，“程序”为“PROGRAM”，“刀具”为“DRILL_D20”，“几何体”为“TURNING_WORKPIECE”，“方法”为“LATHE_AUXILIAR”，“名称”为“DRILL－D20”，如图4-4-25所示。单击“确定”，弹出“中心线钻孔－［DRILL_D20］”对话框，设置“参考深度”为“刀肩”，“偏置”为“26”，其他采用默认值，如图4-4-26所示。

图4-4-24　刀具列表

17）单击“进给率和速度”，设置主轴转速为500r/min，进给量为0.1mm/r，如图4-4-27所示。单击“确定”，完成进给率和速度设置。单击“生成刀轨”，得到有杆腔端盖钻孔刀轨，如图4-4-28所示。

18）单击“创建工序”，弹出“创建工序”对话框，设置“类型”为“turning”，“工序子类型”为“ROUGH_TURNING_OD”，“程序”为“PROGRAM”，“刀具”为“OD_ROUGH_TOOL”，“几何体”为“TURNING_WORKPIECE”，“方法”为“LATHE_AUXIL-

IAR”，“名称”为“ROUGH_TURN_OD”，如图 4-4-29 所示。单击“确定”，弹出“外径粗车 - [ROUGH_TURN_OD]”对话框，设置切削深度最大值为 2mm，其他采用默认值，如图 4-4-30 所示。

图 4-4-25　创建钻孔操作

图 4-4-26　钻孔参数设置

图 4-4-27　钻孔切削参数

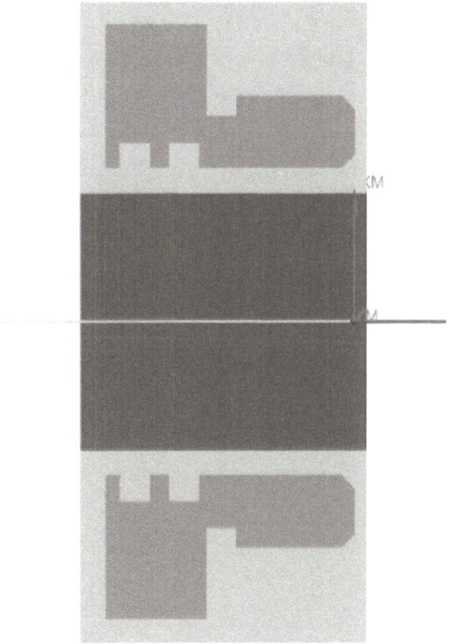

图 4-4-28　钻孔刀轨

图 4-4-29 创建外径粗车操作

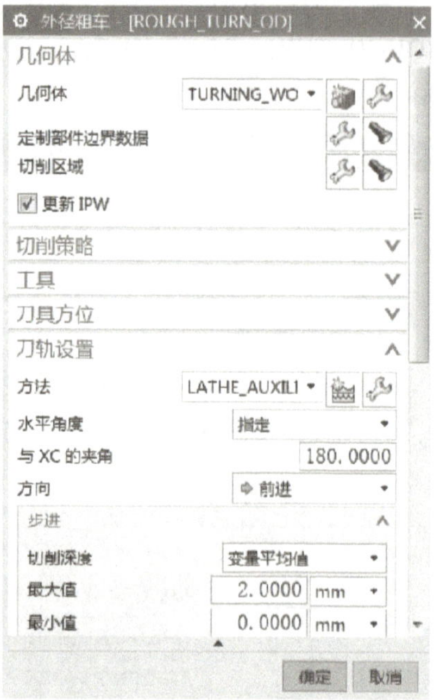

图 4-4-30 外径粗车参数设置

19）单击“指定切削区域”，弹出“切削区域”对话框。单击“轴向修剪平面 1”，指定图 4-4-31 所示点，单击“确定”，完成操作。

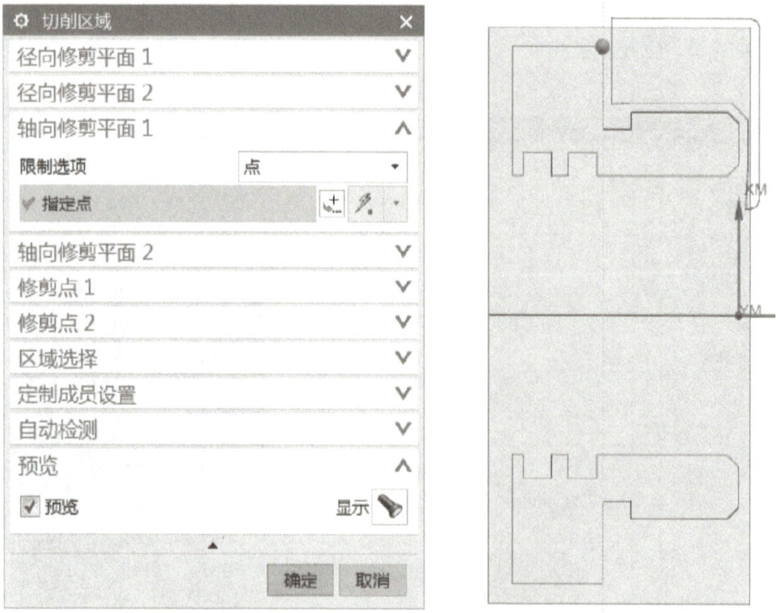

图 4-4-31 指定切削区域

20）单击“切削参数”，选择“余量”，设置“面”为“0.1”，“径向”为“0.5”，如图 4-4-32 所示。单击“确定”，完成切削参数设置。

图 4-4-32　余量设置

21）单击“非切削移动”，弹出“非切削移动”对话框，设置进刀方式，如图 4-4-33 所示；设置退刀方式，如图 4-4-34 所示。单击“确定”，完成操作。

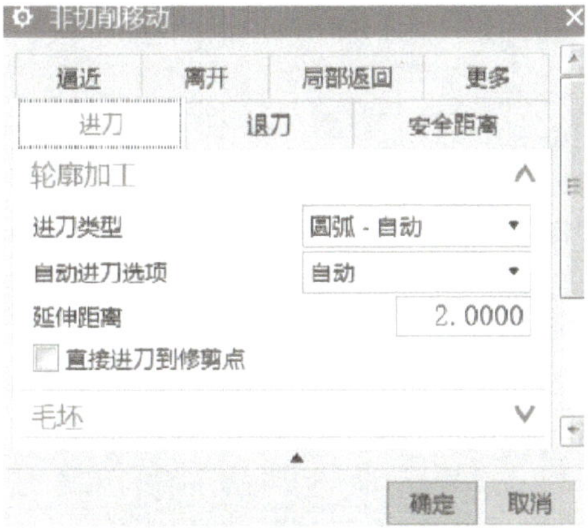

图 4-4-33　进刀设置

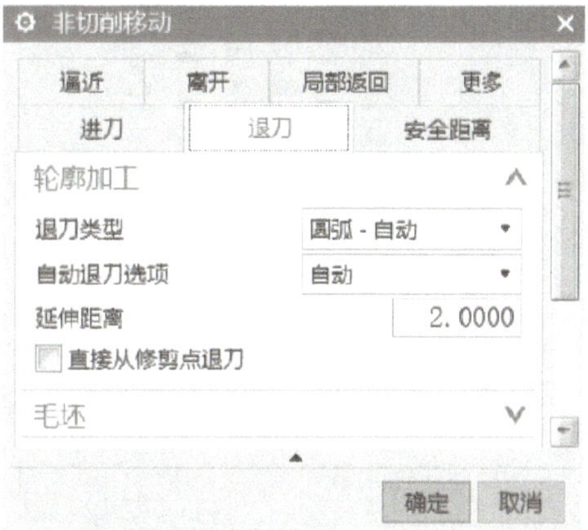

图 4-4-34　退刀设置

22）单击“进给率和速度”，弹出“进给率和速度”对话框，设置主轴转速为 1200r/min，进给量为 0.25mm/r，如图 4-4-35 所示。单击“确定”，完成进给率和速度设置。单击“生成刀轨”，得到有杆腔端盖外径粗车刀轨，如图 4-4-36 所示。

23）单击“创建工序”，弹出“创建工序”对话框，设置“类型”为“turning”，“工序子类型”为“FINISH_TURNING_OD”，“程序”为“PROGRAM”，“刀具”为“OD_FINISH_TOOL”，“几何体”为“TURNING_WORKPIECE”，“方法”为“LATHE_AUXILIAR”，“名称”为“FINISH_TURN_OD”，如图 4-4-37 所示。单击“确定”，弹出操作设置对话框，如图 4-4-38 所示。

图 4-4-35 进给率和速度设置

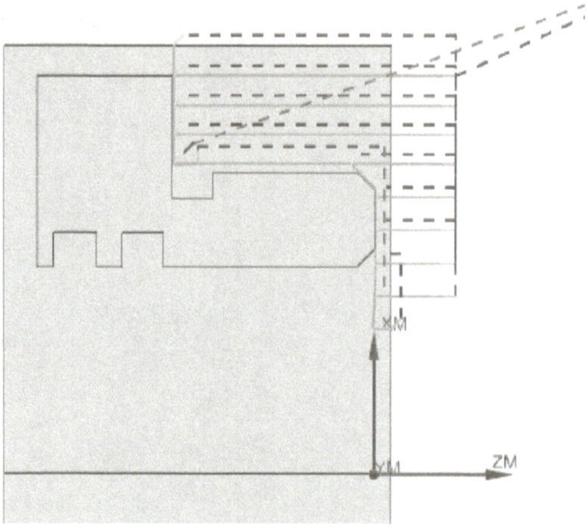

图 4-4-36 外径粗车刀轨

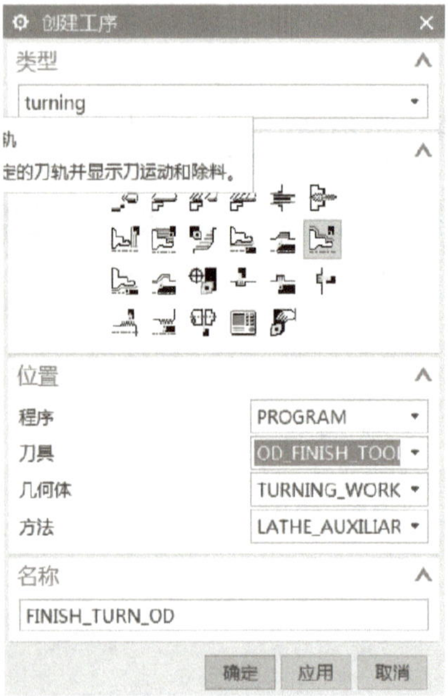

图 4-4-37 创建外径精车操作

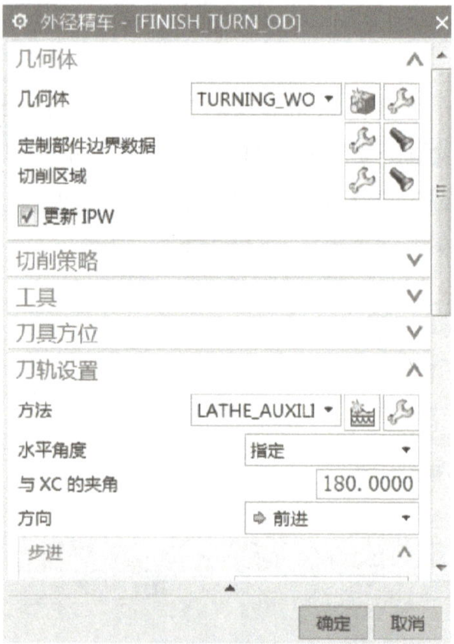

图 4-4-38 外径精车参数设置

24）单击“指定切削区域”，弹出“切削区域”对话框，单击“轴向修剪平面 1”，指定图 4-4-39 所示点，单击“确定”，完成操作。

25）单击“进给率和速度”，设置主轴转速为 1500r/min，进给量为 0.1mm/r，如图 4-4-40所示。单击“确定”，完成进给率和速度设置。单击“生成刀轨”，得到有杆腔端盖外径精车刀路，如图 4-4-41 所示。

26）单击“创建工序”，弹出“创建工序”对话框，设置“类型”为“turning”，“工序子类型”为“ROUGH_BORE_ID”，“程序”为“PROGRAM”，“刀具”为“ID_ROUGH_TOOL”，“几何体”为“TURNING_WORKPIECE”，“方法”为“LATHE_AUXILIAR”，“名

称”为“ROUGH_BORE_ID”，如图4-4-42所示。单击“确定”，弹出“内径精镗-[ROUGH_BORE_ID]”对话框，设置“最大切削深度”为“2”，“清理”为“无”，如图4-4-43所示。

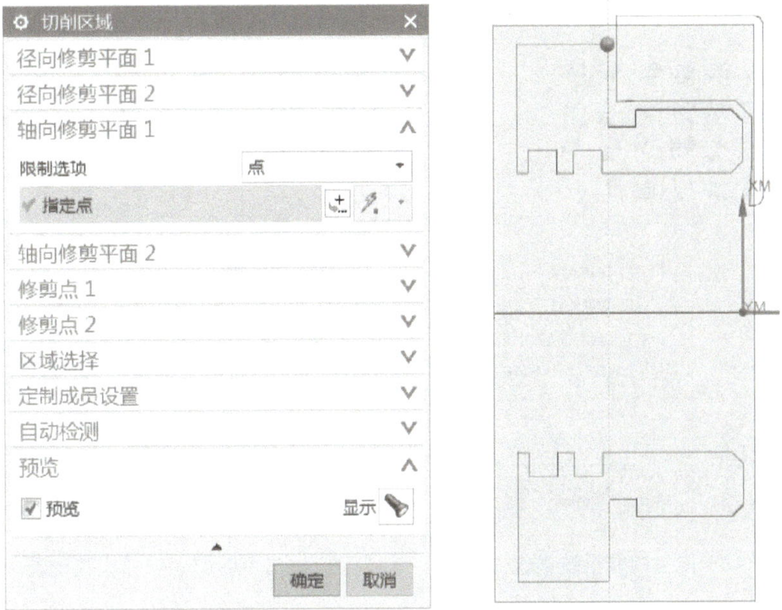

图4-4-39　指定切削区域

图4-4-40　外径精车进给率与速度设置

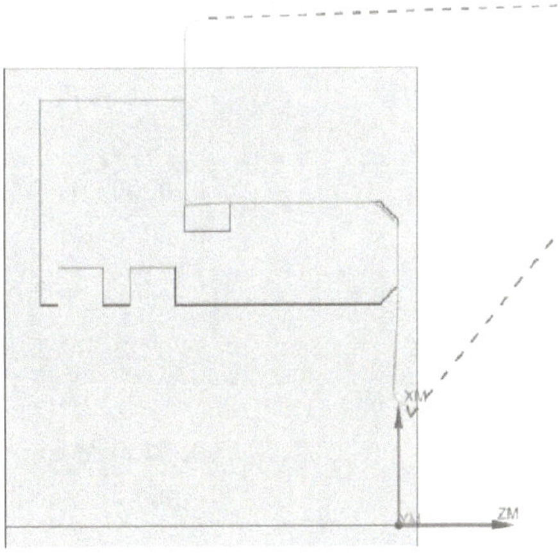

图4-4-41　外径精车刀轨

27）单击“切削参数”，选择“余量”，设置“面”为“0”，“径向”为“0.5”，如图4-4-44所示。单击“确定”，完成切削参数设置。单击“进给率和速度”，设置主轴转速为1200r/min，进给量为0.2mm/r，如图4-4-45所示。单击“非切削移动”，设置进刀距离为2mm，退刀距离为2mm。单击“生成刀轨”，得到有杆腔端盖内径粗镗刀具轨迹，如图4-4-46所示。

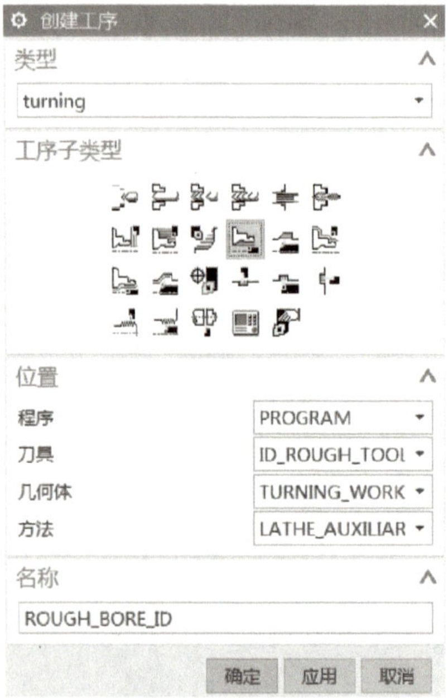

图4-4-42　创建内径粗镗操作

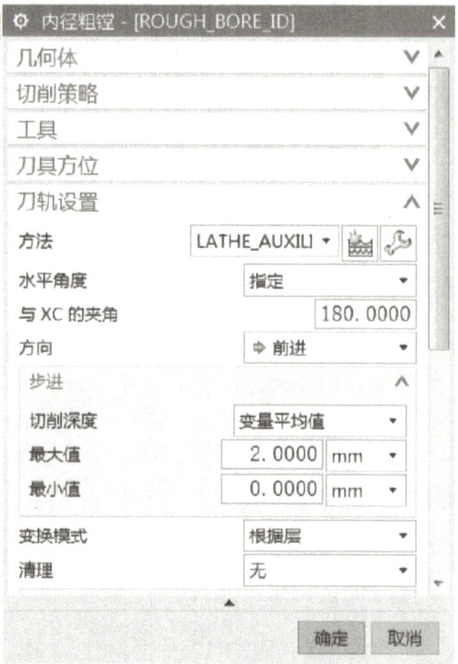

图4-4-43　内径粗镗设置

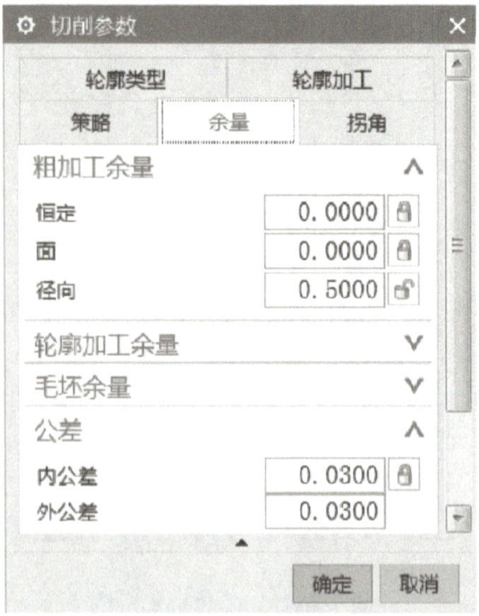

图4-4-44　余量设置

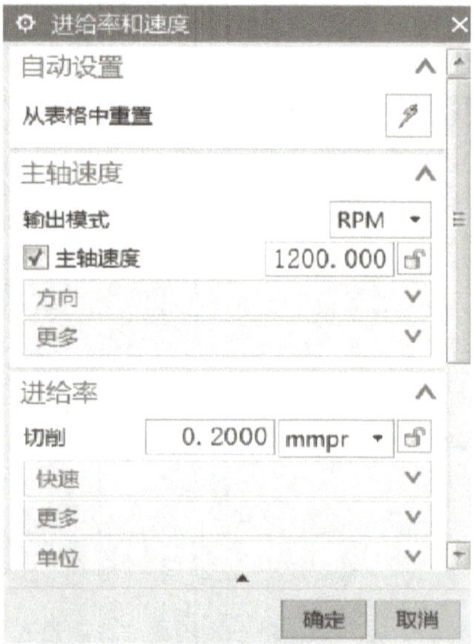

图4-4-45　转速与进给率设置

28）单击“创建工序”，弹出“创建工序”对话框，设置“类型”为“turning”，“工序子类型”为“FINISH_BORE_ID”，“程序”为“PROGRAM”，“刀具”为“ID_FINISH_TOOL”，“几何体”为“TURNING_WORKPIECE”，“方法”为“LATHE_AUXILIAR”，“名称”为“FINISH_BORE_ID”，如图4-4-47所示。单击“确定”，弹出“内径精镗－[FINISH_BORE_ID]”对话框，勾选“省略变换区”，其他采用默认值，如图4-4-48所示。

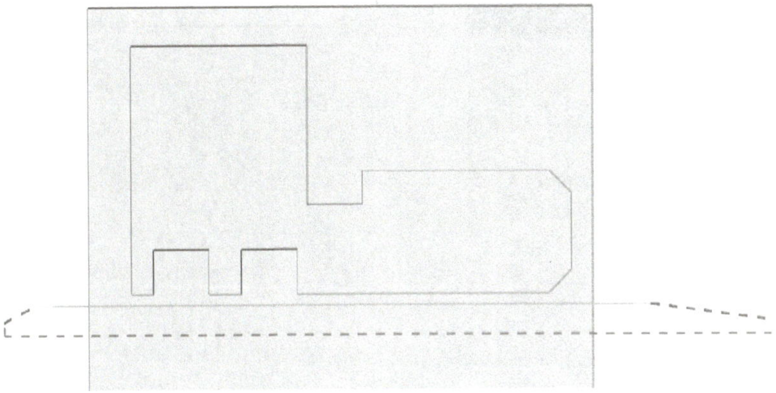

图 4-4-46　内径粗镗刀具轨迹

图 4-4-47　创建内径精镗操作

图 4-4-48　内径精镗设置

29）单击“进给率和速度”，设置主轴转速为 1500r/min，进给量为 0.1mm/r，如图 4-4-49所示。单击“非切削移动”，设置进刀距离为 3mm，退刀距离为 2mm。单击“生成刀轨”，得到有杆腔端盖内径精镗刀轨，如图 4-4-50 所示。

30）单击“创建工序”，弹出“创建工序”对话框，设置“类型”为“turning”，“工序子类型”为“GROOVE_OD”，“程序”为“PROGRAM”，“刀具”为“OD_GROOVE”，“几何体”为“TURNING_WORKPIECE”，“方法”为“LATHE_FINISH”，“名称”为“GROOVE_OD”，如图 4-4-51 所示，单击“确定”，弹出“外径开槽 - [GROOVE_OD]”对话框，如图 4-4-52 所示。

图 4-4-49 内径精镗转速与进给率设置

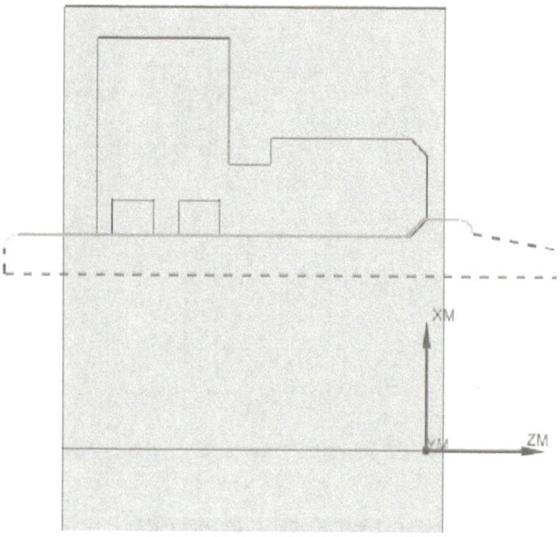

图 4-4-50 内径精镗刀轨

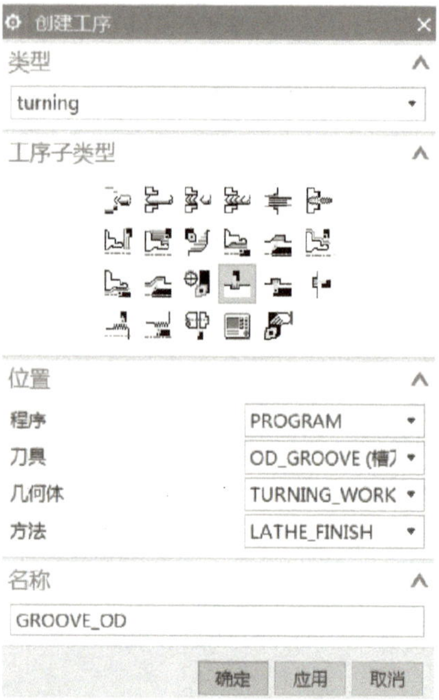

图 4-4-51 创建切外槽操作

图 4-4-52 切槽参数设置

31）单击“指定切削区域”，弹出“切削区域”对话框，分别指定“轴向修剪平面 1”和“轴向修剪平面 2”，如图 4-4-53 所示。单击“确定”，完成操作。

32）单击“进给率和速度”，设置主轴转速为 800r/min，进给量为 0.07mm/r，如图 4-4-54所示。单击“非切削移动”，设置进刀距离为 2mm，退刀距离为 2mm。单击“生成刀轨”，得到有杆腔端盖外沟槽切削刀轨，如图 4-4-55 所示。

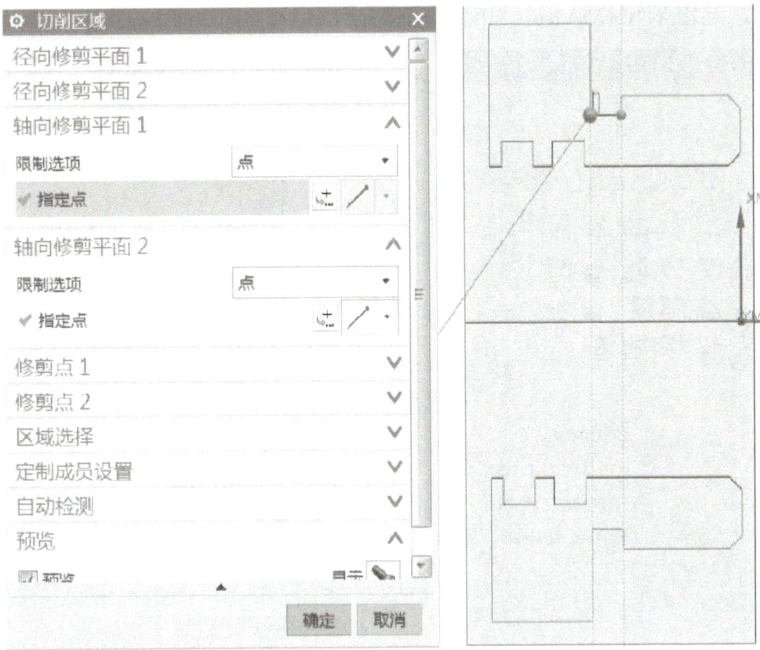

图 4-4-53　指定切槽区域

图 4-4-54　切外槽转速和进给率设置

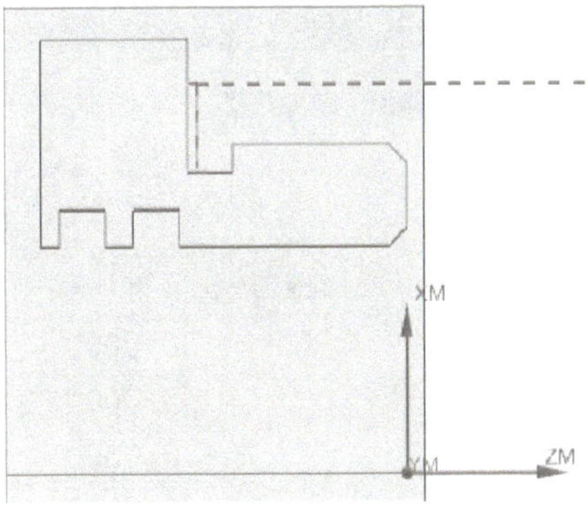

图 4-4-55　切外槽刀轨

33）单击“创建工序”，弹出“创建工序”对话框，设置“类型”为“turning”，“工序子类型”为“THREAD_OD”，“程序”为“PROGRAM”，“刀具”为“OD_THREAD”，“几何体”为“TURNING_WORKPIECE”，“方法”为“LATHE_FINISH”，名称为“THREAD_OD”，如图 4-4-56 所示。单击“确定”，弹出“外径螺纹加工 - [THREAD_OD]”对话框，选择螺纹大径为顶线，选择时要单击线的右端，否则方向会发生错误，“深度选项”设为“深度和角度”，深度为 1.05mm，角度为 180°，设置起始偏置为 3mm，终止偏置为1.25mm，其他采用默认值，如图4-4-57所示。

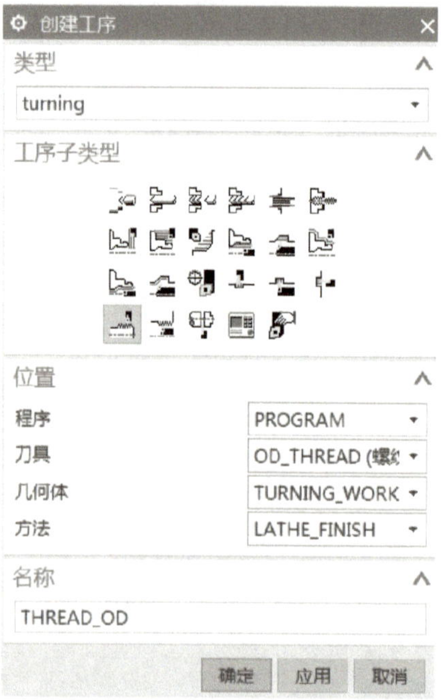

图4-4-56 创建切外螺纹操作

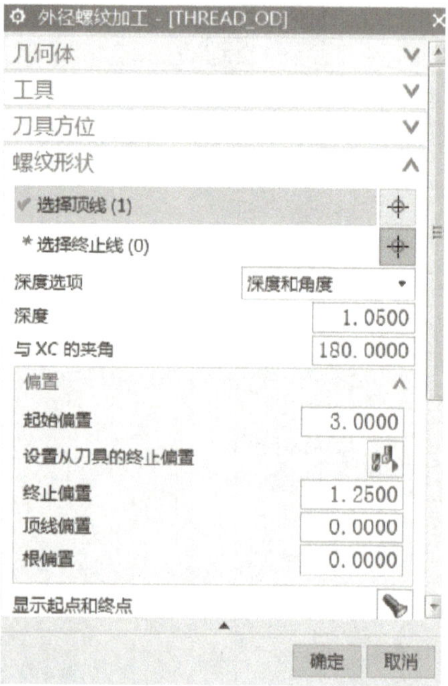

图4-4-57 切外螺纹参数设置

34）单击“切削参数”，选择“策略”，设置“螺纹头数”为“1”，其他采用默认值，如图4-4-58所示，单击“螺距”，设置“距离”为1.5mm，如图4-4-59所示。单击“确定”，完成切削参数设置。

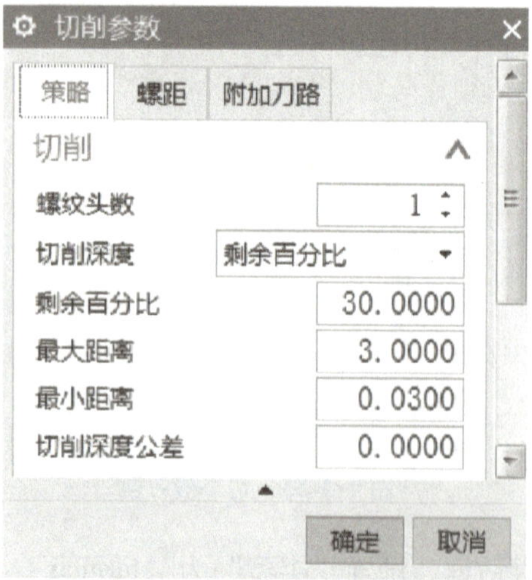

图4-4-58 螺纹加工策略设置

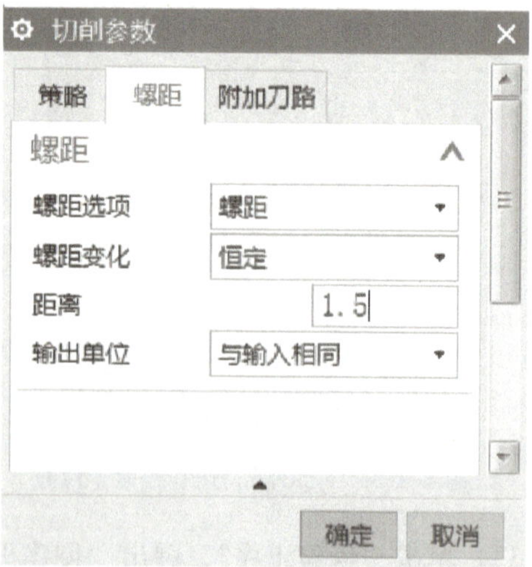

图4-4-59 螺纹螺距设置

35）单击“进给和速度”，设置主轴转速为500r/min，进给量为1.5mm/r，如图4-4-60所示。单击“生成刀轨”，得到有杆腔端盖螺纹车削刀轨，如图4-4-61所示。

图 4-4-60　车螺纹转速和进给率设置

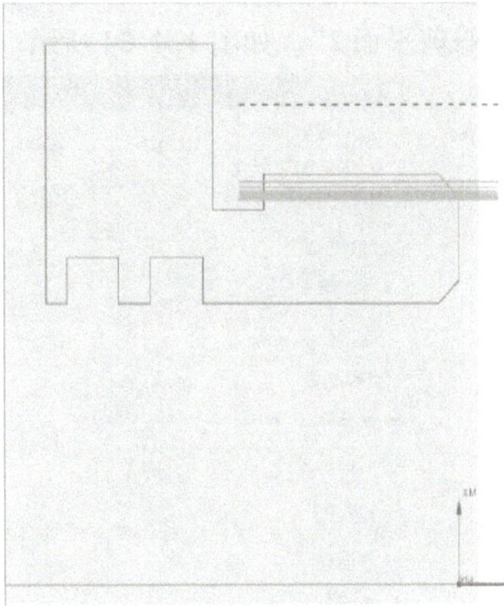

图 4-4-61　车螺纹刀轨

36）单击“创建工序”，弹出“创建工序”对话框，设置“类型”为“turning”，“工序子类型”为“GROOVE_ID”，“程序”为“PROGRAM”，“刀具”为“ID_GROOVE”，“几何体”为“TURNING_WORKPIECE”，“方法”为“LATHE_FINISH”，“名称”为“GROOVE_ID”，如图 4-4-62 所示。单击“确定”，弹出“内径开槽 - [GROOVE_ID]”对话框，勾选“省略变换区”，其他采用默认值，如图 4-4-63 所示。

图 4-4-62　创建切内槽操作

图 4-4-63　切内槽参数设置

37）单击“指定切削区域”，弹出“切削区域”对话框，分别指定“轴向修剪平面1”和“轴向修剪平面2”，如图4-4-64所示。单击“确定”，完成操作。

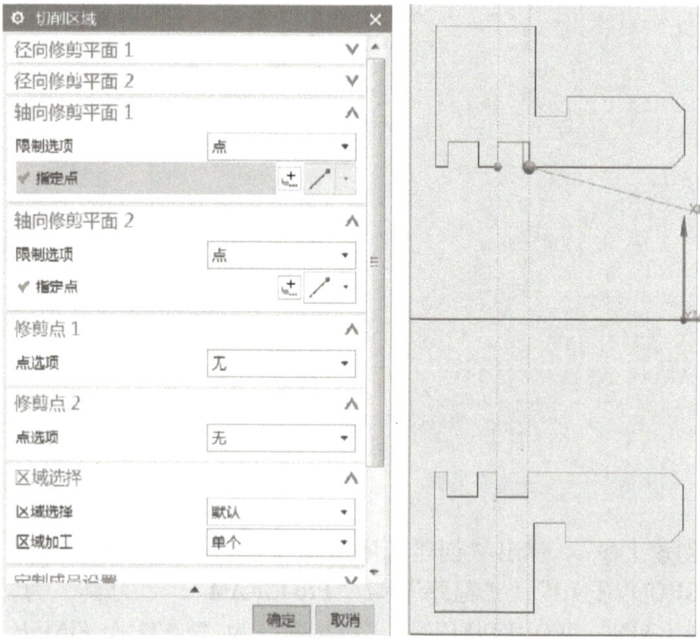

图4-4-64　设置切内槽区域

38）单击“进给率和速度”，设置主轴转速为600r/min，进给量为0.1mm/r，如图4-4-65所示。单击“生成刀轨”，得到有杆腔端盖第一个内槽切削刀轨。采用同样的方法，修改切削区域，得到切第二个内槽的加工刀轨，如图4-4-66所示。

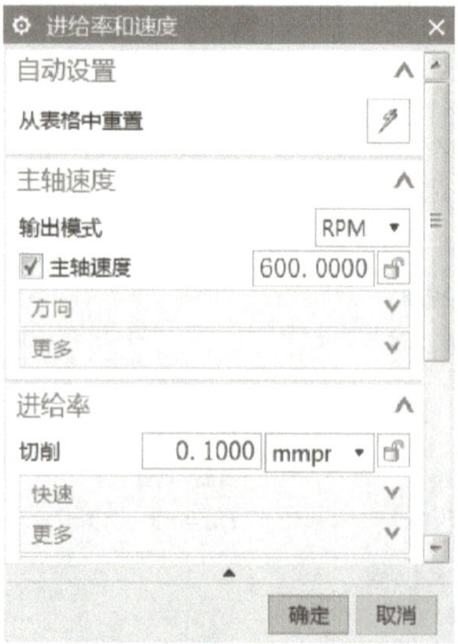

图4-4-65　切内槽速度与进给率设置

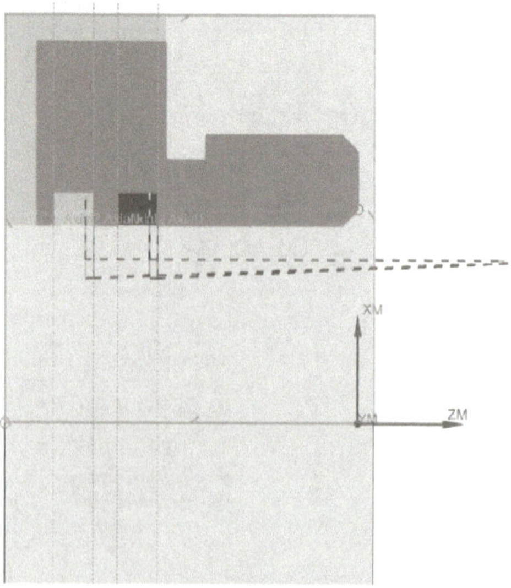

图4-4-66　切内槽刀轨

39）在工序导航器中选择“PROGRAM”，单击鼠标右键，单击“刀轨”→“确认”，如图4-4-67所示，弹出“刀轨可视化”对话框，单击“3D动态”，如图4-4-68所示，单击“播放”，开始仿真加工。仿真结果如图 4-4-69 所示。

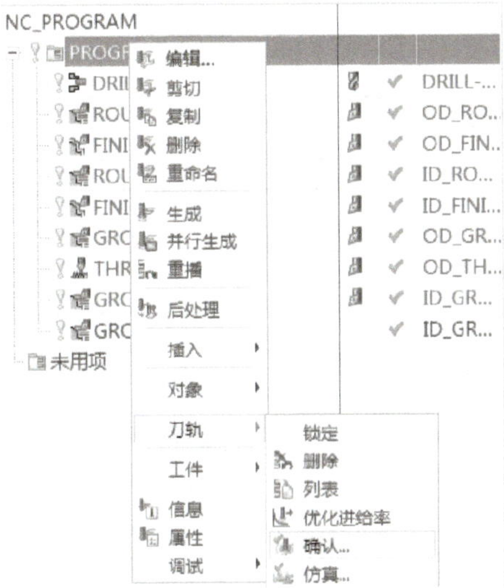

图 4-4-67　刀轨仿真命令

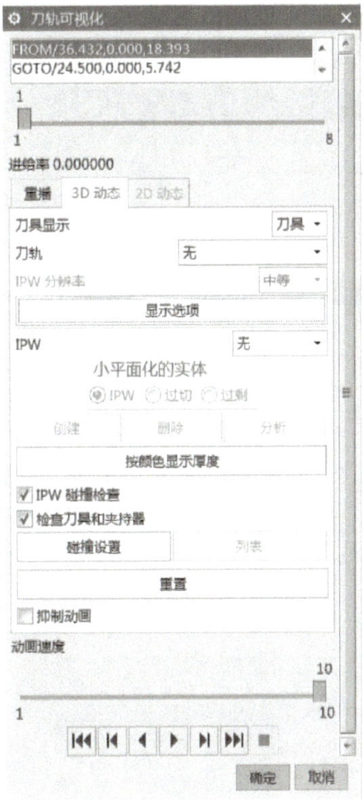

图 4-4-68　刀轨可视化设置

40）在工序导航器中选中外圆粗车、外圆精车、内孔粗车、内孔精车，外槽车削、外螺纹车削、内槽车削程序，单击“后处理”，如图 4-4-70 所示。

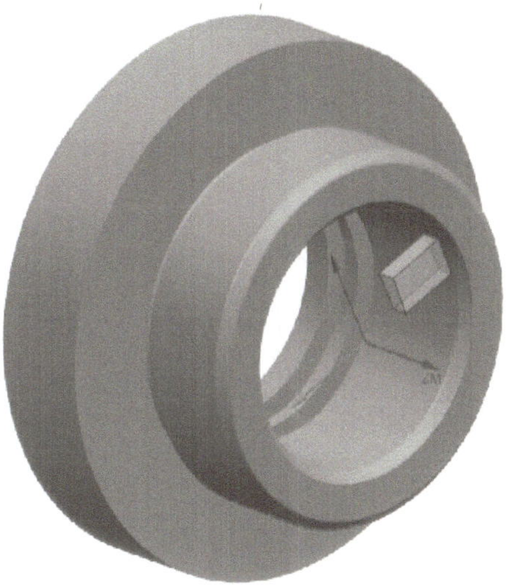

图 4-4-69　仿真结果

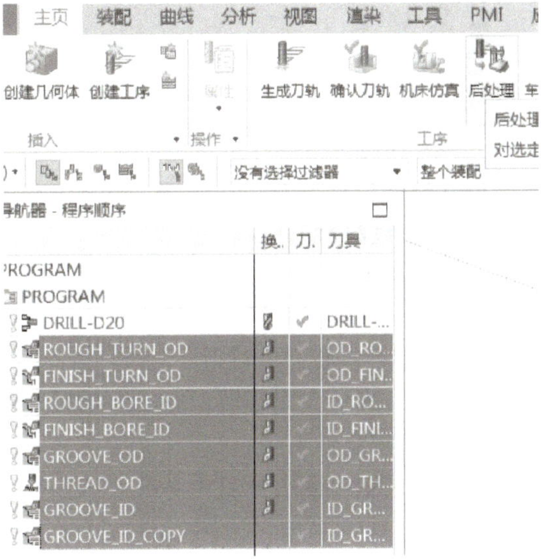

图 4-4-70　后处理命令

41）弹出“后处理”对话框，选择与实际所用数控车床所对应的后处理器，此处选择“fanuc_2axis_lathe”，指定合适的文件路径和文件名，设置单位为公制，如图4-4-71所示，单击“确定”，完成后处理设置。得到有杆腔端盖的NC程序，如图4-4-72所示。

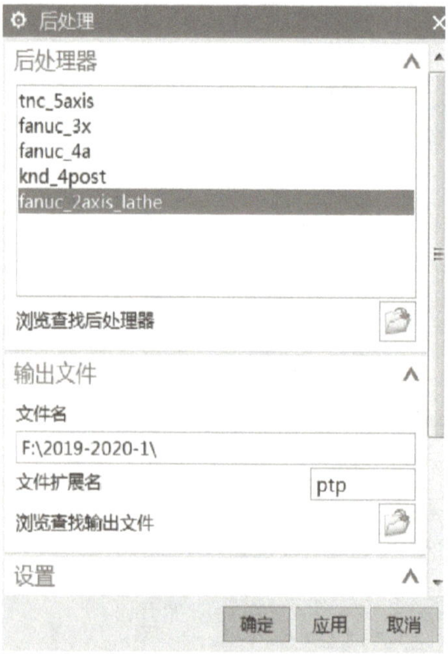

图4-4-71 后处理设置

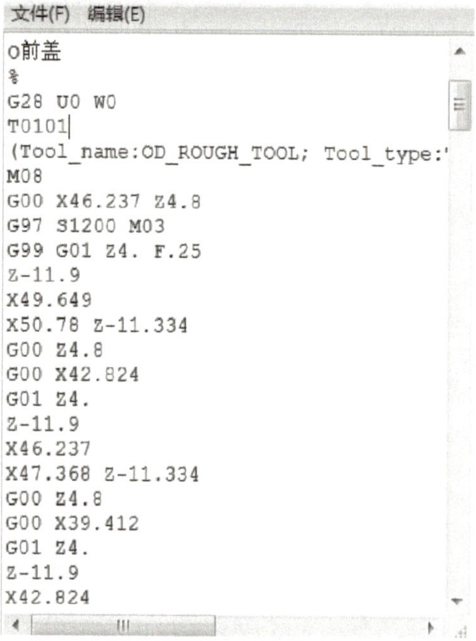

图4-4-72 NC程序

4.4.1.3 加工零件

1. 刀具准备

机夹外圆车刀（粗车刀、精车刀）、内孔车刀（粗车刀、精车刀）、切槽刀、螺纹刀。

2. 夹具准备

自定心卡盘。

3. 测量工具

外圆：游标卡尺、千分尺。

内孔：内径百分表。

螺纹：螺纹环规。

4. 加工零件

工件第一次装夹完毕后：完成外圆车刀（粗车刀、精车刀）、内孔车刀（粗车刀、精车刀）、切槽刀、螺纹刀的对刀。

工件第二次装夹完毕后：完成外圆刀（粗车刀、精车刀）的对刀。

4.4.1.4 检测零件

有杆腔端盖检测表见表4-4-6。

表 4-4-6 有杆腔端盖检测表 （单位：mm）

考核项目	考核内容及其要求	检测标准	检测结果	分析
1	外六角	最大对角线距离 46.2		
2	M35 ×1.5 螺纹	通规进，止规止		
3	ϕ24 内孔	内孔直径为 $24^{+0.021}_{0}$，通孔		
4	退刀槽	槽底直径为 $32^{0}_{-0.1}$，槽宽 2.5		
5	内切槽	槽宽 $2.5^{+0.05}_{0}$，槽底直径为 $28^{+0.05}_{0}$		
6	倒角	C2		
7	表面粗糙度	外圆的表面粗糙度为 *Ra*3.2μm，内孔为 *Ra*1.6μm		
8	总长	总长为 20 ±0.1		

4.4.2 总结与拓展

专家点拨

有杆腔端盖零件属于盘盖类零件，长度方向加工余量较小，通过车削工艺台阶和软爪装夹，保证了装夹的可靠，减少废料的产生。

4.4.3 课后训练

1. 操作题

完成图 4-4-73 所示零件程序编制和仿真。

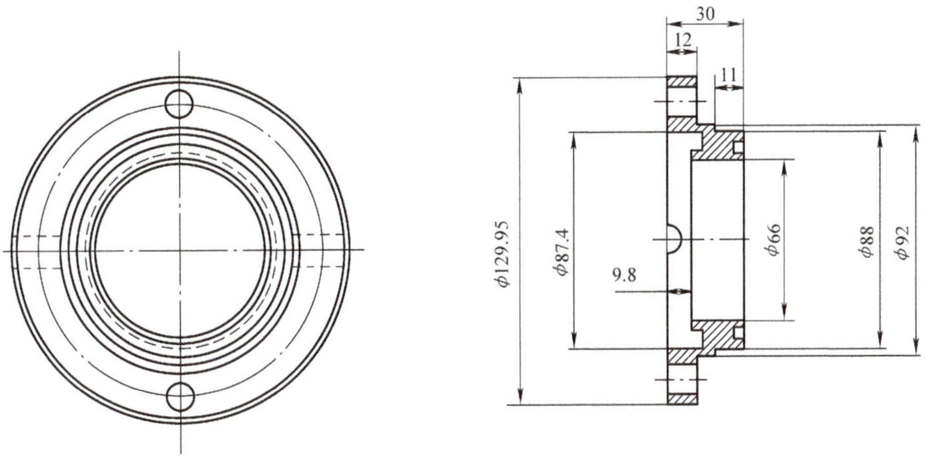

图 4-4-73 法兰盘零件图

2. 思考题

1）内螺纹的小径如何计算？

2）内螺纹如何检测？

参考文献

[1] 刘蔡保. 数控编程从入门到精通 [M]. 北京：化学工业出版社，2019.
[2] 韩鸿鸾. 数控加工工艺学 [M]. 4 版. 北京：中国劳动社会保障出版社，2018.
[3] 孙令真，詹建新. 数控机床操作与编程 [M]. 北京：北京希望电子出版社，2020.
[4] 陈伟强，刘鹏玉，王林强. 数控车床编程 100 例 [M]. 2 版. 北京：机械工业出版社，2018.
[5] 金属加工杂志社. 数控刀具选用指南 [M]. 2 版. 北京：机械工业出版社，2018.
[6] 陈为国. 数控车床加工编程与操作图解 [M]. 2 版. 北京：机械工业出版社，2017.